U0142359

實用花卉園藝技術

蝴蝶蘭
栽培與生產

五南圖書出版公司 印行

市橋正一、三位正洋　著

邱永正、許世炫、沈榮壽
徐善德、蔡娟婷、陳彥銘　譯

陳福旗　審訂

目前日本國內流通的蝴蝶蘭品種

● 白色、白花紅脣色系 ─────────────────

1	2	3
4	5	6
7	8	9

1 蝴蝶蘭 *Phal.* 'White Day'
2 朵麗蝶蘭 *Dtps.* 'Lipstick'
3 蝴蝶蘭 *Phal.* 'White Mark'
4 蝴蝶蘭 *Phal.* 'Kinu White Emperor'
5 蝴蝶蘭 *Phal.* 'White Tiger'

6 蝴蝶蘭 *Phal.* Sogo Yukidian 'V3'
7 蝴蝶蘭 *Phal.* 'White Love'
8 蝴蝶蘭 *Phal.* 'Ever Spring Angel'
9 蝴蝶蘭 *Phal.* 'Dream Maker'

照片提供：Toyoake Kaki Co., Ltd.

● 粉紅色系

1	2	3
4	5	6
7	8	9

1 朵麗蝶蘭 *Dtps.* 'Raspberry'
2 蝴蝶蘭 *Phal.* '夢櫻'
3 蝴蝶蘭 *Phal.* 'Venus'
4 蝴蝶蘭 *Phal.* Beauty Sheena 'Rin Rin'
5 蝴蝶蘭 *Phal.* 'Misty Honey'

6 蝴蝶蘭 *Phal.*
Malibu Madonna 'Centrair Honoka'
7 朵麗蝶蘭 *Dtps.* Kinu Pink Candy
8 蝴蝶蘭 *Phal.* Beauty Sheena 'Ran Ran'
9 蝴蝶蘭 *Phal.* Beauty Sheena 'Candy'

● Midi 品系（中小花系）

1	2
3	4	5
6	7	8

1 蝴蝶蘭 *Phal.*
(Shirane x *lueddemanniana*) 'Harugasumi'
2 朵麗蝶蘭 *Dtps.* 'Spring Star'
3 蝴蝶蘭 *Phal.* Golden Age 'El Dorado'
4 蝴蝶蘭 *Phal. amabilis*

5 蝴蝶蘭 *Phal.* Hatsuyuki 'Nagoriyuki'
6 蝴蝶蘭 *Phal.* Little Mary
7 朵麗蝶蘭 *Dtps.* Sogo Vivien
8 朵麗蝶蘭 *Dtps.* Queen Beer '滿天紅'

照片提供：Toyoake Kaki Co., Ltd.

花梗腋芽培養獲得的擬原球體（PLB）及癒合組織。利用花梗基部腋芽作為培殖體培養，可獲得擬原球體及相對少量的癒合組織。與原培殖體分離後，經過穩定增殖，可形成如左圖之癒合組織形態，而此癒合組織於相同培養基培養增殖，有多數癒合組織可轉變為擬原球體。

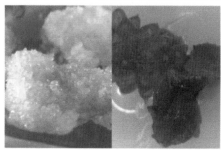

癒合組織（左）與擬原球體。利用花梗腋芽獲得的癒合組織及擬原球體，測試再生最適培養基試驗。繼代培養可使用相同培養基維持再生形態。

懸浮培養細胞。癒合組織轉移至液體培養基培養。經過震盪培養（左），可看見微小的細胞團塊增殖發生（右）。此細胞團塊可作為農桿菌接種及原生質體分離的材料。

已導入目標基因之農桿菌菌株。冷凍保存之農桿菌菌株，透過細菌增殖洋菜培養基培養後，取一部分菌液再使用液體培養基進行增殖後，便可進行癒合組織及擬原球體為培殖體的農桿菌感染接種。

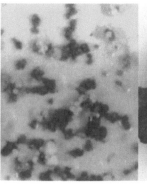

選拔擬轉殖癒合組織（左）及報導基因 GUS 染色。農桿菌接種感染後，培殖體培養於含有篩選抗生素的培養基上。若有成功轉殖導入外源基因則可存活及再生（黃色癒合組織），未轉殖成功之培殖體則會逐漸褐化死亡。存活的癒合組織透過 GUS 染色，若 GUS 基因（β-葡萄糖醛酸酶）能與受質 X-Gluc 發生反應，培殖體會轉變成為藍色。此藍色反應出現可確認目標基因成功導入。

照片提供：三位正洋
（內文第 36 頁）

基因轉殖之擬原球體及幼苗形態，以及 GUS 基因染色現象。培養於具篩選抗生素培養基存活的癒合組織，經由擬原球體路徑分化成幼苗。

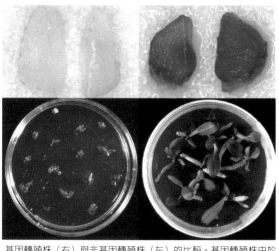

基因轉殖株馴化及開花。已發根的基因轉殖株與一般蘭花組培苗栽培相同，使用水苔進行栽植。此單株於生長箱栽培 2 年後開花。

基因轉殖株（右）與非基因轉殖株（左）的比較。基因轉殖株由於具 GUS 基因，故染色後可發現其藍色表現（上）。非基因轉殖株培養於含有篩選抗生素（hygromycin）的培養基，其培殖體白化、死亡。

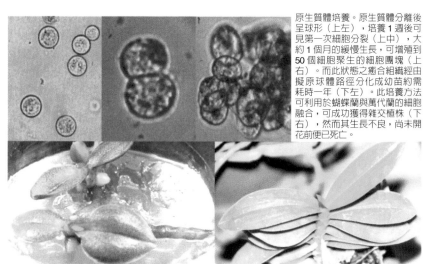

原生質體培養。原生質體分離後呈球形（上左），培養 1 週後可見第一次細胞分裂（上中），大約 1 個月的緩慢生長，可增殖到 50 個細胞聚生的細胞團塊（上右）。而此狀態之癒合組織經由擬原球體路徑分化成幼苗約需耗時一年（下左）。此培養方法可利用於蝴蝶蘭與萬代蘭的細胞融合，可成功獲得雜交植株（下右），然而其生長不良，尚未開花前便已死亡。

日本國內蝴蝶蘭生產

埼玉縣
森田洋蘭園

設施總面積 5600 m²
年出貨盆數 10 萬盆
（白色系 48%，白花紅脣色系
19%，粉色系 19%，中小花品系
14%）

催花房覆蓋材料採用氟化物 F-CLEAN 塑膠膜。保溫用被覆材料採用白色及銀色塑膠布。此外溫室內外分別裝置遮光率 45-50% 的遮光網。

具備冷、暖氣的設施。催花房溫度設定日間為 25-26℃，溼度為 60-70%，最高不超過 90%。為了避免溼度飽和，溼度高時會啟動除溼機。

（上）於溫室內靠近植物體區域裝置溫度感應元件。
（右）溫室外裝設光度計，外界氣溫及雨水感應元件，並透過電腦統一管理收集數據。

採用 ESD 公司開發的 Green Kit 溫室管理系統。並使用該公司開發的洋蘭生產專用溫室管理系統，可透過該系統專用的螢幕軟體「DL-400」輸入相關栽培管理數值以進行溫室調控。

● 瓶苗出瓶

1 委託出瓶的瓶苗。
2 利用棒子取出瓶內苗株，並充分水洗。
3 根據苗株大小進行分級，此外為避免細菌感染，會噴施殺菌劑（歐索磷酸 1000 倍稀釋液）。
4 苗株以水苔裹覆並種植於 Diffy 盆。
5 殺菌劑澆灌植株（針對菌絲狀真菌）（Tachigaren 1000 倍稀釋液）。

攝影：田中一臣

● 上盆

1. 自 2.5 號盆升盆至 3.5 號盆。突出盆器的根會進行修剪
2. 上盆使用的器具必須使用磷酸鈉（Na_3PO_4）進行消毒
3. 將苗株根部與水苔緊密捲合，捲成與盆器吻合的圓錐體，再將苗株種植於盆內。水苔為紐西蘭生產。
4. 以手指將上述水苔體積壓製為 2/3-1/2 的體積。

● 生長情況

照片由左至右：① 從瓶內取出剛種植於 Diffy 盆（可能是 Jiffy）的情況。② 要移植至 2.5 號盆的情況。③ 剛種植於 2.5 號盆的情況。④ 2.5 號盆要移植至 3.5 號盆的植株情況。⑤ 3.5 號盆植株種植情況。⑥ 要進入催花房前的植株狀態。

照片從左開始：①進入催花房 2 個月的情況。②催花 3 個月後。③催花 4 個月後要出貨前的狀態。

使用人工澆水。澆水區域根據紅色指標進行。此外透過盆器內水苔溼度（water space）進行判斷，約每 5 天到一週澆水一次。

3.5 號盆植株生長情況。盆器使用素燒瓦盆，其為電子鍋回收再利用製成。

剛移入催花溫室植株的狀況。

催花溫室花梗伸長的植株狀態。進入催花房 2.5 個月。

要出貨階段的植株狀態。植株盛開的狀態。

● 出貨

組盆、立支柱以及捆包出貨的工作室情況。

利用支柱彎曲花梗角度，以調整花的方向使彼此能夠互相搭配。

等待出貨的蝴蝶蘭盆花。

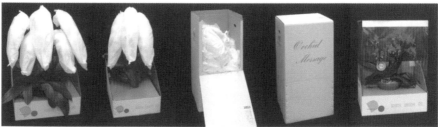

多樣化的商品出貨型態。

日本國內接力栽培蝴蝶蘭生產

設施總栽培面積 8910 m²
年出貨盆數 20 萬盆（白色系 50%，白花紅脣色系 15%，粉色系 30%，中小花系 5%）。溫室內使用雙層保溫用簾子（膜），遮光則是溫室內外各裝置一層遮光網。

空調設施。日間設定 25-28℃，夜間設定 18-20℃。催花溫室與外界氣溫溫差大時會造成植物逆境，故需根據季節調整溫度設定。

從接力栽培者運送過來的植株。此狀態約出瓶栽培 20 個月的狀態。不斷嘗試各種栽培方法及修正錯誤進行調整，目前栽培盆器規格順序為出瓶→3 號盆，3 號盆→4 號盆→裝飾盆。

使用托盤裝置一排 4-5 株，以方便進行搬運及管理。參考愛知縣吉田先生的作法。

● 生長情況

1. 每排間隔 30 公分。照片顯示為 4 號透明塑膠盆栽培情況。培養土使用樹皮。於 2004 年開始使用樹皮。齋藤英夫先生如此描述「水苔栽培於組盆時容易發生根腐情況，為了減少這種現象，便開始調整使用樹皮」。
2. 使用人工澆水。栽培床會張貼澆水紀錄表。栽培床下及栽培走道以水泥鋪設，栽培床下有土部分覆蓋可反射光源及抑制雜草的披覆資材。
3. 栽培 2 個月後，於 3.5 號盆栽培的情況。托盤放置 5 株，花梗利用支柱及夾子固定。
4. 栽培 50 天後即將出貨植株的狀態。4 號盆栽培為每一托盤放置 4 株苗株。
5. 栽培床狀態。為了使植株良好發育，要調整加寬植株株距。

攝影：田中一臣

● 組盆 ━━━━━━━━━━━━━━━━━━━━━━━━━━━━━

挑選開花株以供組盆。

將開花株組盆於裝飾盆。降低植物損傷減少植物逆境
產生，可維護商品良好狀態以供消費者使用。

組盆工作的現場。
作業員熟練利用組盆素材進行高效率工作。

注意調整花的方向，使用支柱時必須
謹慎小心。此為左右商品價值的重要
工作，因此作業空間通常充滿緊張氛
圍。

等待出貨的蝴蝶蘭。在到達最美狀態前進行出貨。

● 出貨作業

包裝作業的情況。為了避免花朵受傷,使用和紙進行　包裝完成等待出貨的蝴蝶蘭。
包覆。

集貨情況。使用有空調的貨車進行
配送服務。

可供花店直接販售的
展示盒蝴蝶蘭盆花。

櫪木縣 Kinu 蘭園工作人員。優秀的工作人員與笑容滿面的齋藤英夫先生合影。

其他國家的蝴蝶蘭生產

● 臺灣 ———————————————————————————— 本文 273 頁

臺灣種苗業者商品樣本溫室。透過組織培養一次增殖，確認有無組織培養變異情況。若無組織培養造成變異情況，便可根據訂單數量利用花梗進行再次增殖。

專業苗株繁殖業者的高壓滅菌釜。利用搬運車滑行至滅菌釜中。

最後階段於溫室內進行太陽光馴化。該業者通常針對委託生產增殖已經可達出貨狀態植株進行此作業。

臺灣栽培設施大多具備多樣且完整的設備。主要為因應出口國之檢疫要求，必須於隔離溫室進行栽培。隔離網及風扇為標準配備，可將溫室與外界環境簡易隔離，避免外界害蟲侵入。

生長狀態良好且排列相當整齊的蝴蝶蘭，此為輸出業者在育苗溫室栽培情況。

阿里山山腰專門租給蝴蝶蘭進行催花的溫室群落。溫室周圍廣布高山茶栽培茶園。

催花處理用的租賃溫室。租用費用根據栽培床數量計算，植物則由出租者進行管理。

攝影：市橋正一

● 印尼 ———————————————————————————— 本文 276 頁

印尼高海拔地區蝴蝶
蘭不會開花。因此透
過不同海拔位置的溫
室移動栽培，可達到
週年開花。

印尼的自然環境最適
合蝴蝶蘭營養生長。
為了生產優良產品，
抵禦熱帶強烈豪雨的
遮雨設施，能減少強
烈陽光照射及溫室內
溫度上升的外部遮光
裝置，以及防止蟲害
的防蟲網均為必要設
施。

優質且工資便宜的人力資源為高品質蝴蝶蘭生產的必要條件。透過人為精準挑選及分級亦為生長品質優良盆花
的確實方法。此外印尼也具備良好的自然環境。

● 泰國 ————————————————————————————— 本文 275 頁

◀ 泰國擁有獨特的組織培養繁殖技術。利用威士忌酒瓶作為增殖容器，必須使用專用的操作工具，並具備熟練的技術。即使以開放式的培養室管理仍可維持乾淨無菌狀態。

▼ 泰國清邁為內陸型氣候。相較泰國其他地區，終年溫度變化明顯。於清邁自然低溫情況即可誘導蝴蝶蘭抽花梗，但低溫期仍須有暖氣設施維持溫度。高溫期為避免強光照射及降低栽培溫度，溫室外部必須裝置遮光設備。

● 中國 ————————————————————————————— 本文 278 頁

▶中國在 2006 年期間，由於急遽大量生產造成產量過剩、價格低迷，溫室內開花株無法出貨情況。其主要原因為生產收益相當低，且需求時期僅侷限於中國春節期間，且交通運輸配送並未發達，成為中國產業發展上的障礙。此外由於區域性差異相當大，無法進行全面性的考量。主要因為中國各區域發展程度不同，因此對其理解程度也有一定差異。

▲中國擁有廣大國土面積，因此也有些情況是日本人無法理解的。例如於中國早期生產階段，會發生暖氣效果不足造成蝴蝶蘭低溫障礙的問題。此外也無法理解某些區域先前曾有過度生產情況發生，但隨後又開始大量栽培生產的情況。

病蟲害

● 鐮胞菌病害 ───────────────────── 本文 284 頁

苗期植株若被感染鐮胞菌（*Fusarium* spp.），病徵會發展地相當迅速，且幾乎無法有正常的生長。如圖中的植株，僅有少量健壯的根，生長幾乎無法再回復健壯狀態，建議提早淘汰。

被鐮胞菌感染的病株情況。感染部位會呈現紅色狀態，通常容易發生於花梗抽出或根部突出部位，病徵會有早期落葉情況，也是造成開花數量減少的原因之一。

● 立枯絲核菌、褐斑病 ───────────────── 本文 285 頁

被立枯絲核菌（*Rhizoctonia solani*）感染的植株，其中一個症狀為植株新葉萎縮。主要因為根部受到感染會阻礙水和養分的吸收，造成新葉生長受阻。此外也容易於盆器上觀察到立枯絲核菌菌系生長情況。

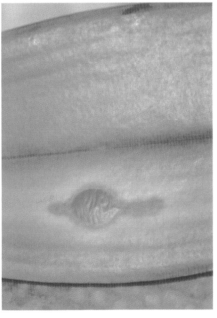

褐斑病（*Pseudomonas cattleyae*）主要由細小傷口進入植體，會造成細胞崩解，導致侵入處產生葉片凹陷病徵。細菌性病害通常可以透過環境乾燥抑制病害發生，然而乾燥環境對蝴蝶蘭生育亦會產生抑制。

● 病毒 ━━━━━━━━━━━━━━━━━━━━━━━━━━ 本文 290 頁

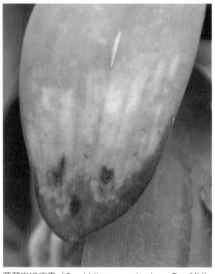 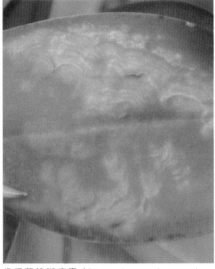

蕙蘭嵌紋病毒（Cymbidium mosaic virus, CymMV）是大多數蘭科植物容易被感染的病毒種類。唯一的處理方式就是使用未感染的無病苗進行栽培。栽培環境光線微弱且過度施用氮肥的話，就會在葉片觀察到馬賽克斑紋，且植株不容易開花。

齒舌蘭輪斑病毒（Odontoglossum ringspot virus, ORSV）與蕙蘭嵌紋病毒同為蘭科植物好發的病毒種類。沒有其他的治療方法，唯一的處理方式就是使用未感染的病毒苗進行栽培。

● 黃斑症，花朵老化 ━━━━━━━━━━━━━━━━━ 本文 292 頁

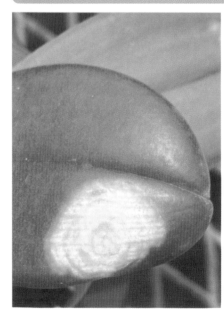 

花朵老化為最近多家栽培場出現的栽培問題。主要為花瓣、萼片脈間的花瓣厚度及質地會變薄，造成原因仍待釐清。

攝影：森田康雄

黃斑症發生原因不明，好發於植株進入催花處理時。如病症輕微發生，植物可回復生長狀態，但除了外觀上的損害，目前仍不清楚是否造成其他生長障礙。

審訂序

　　日本愛知教育大學的市橋正一撰寫的《實用花卉園藝技術 —— 蝴蝶蘭栽培與生產》第一版於 1993 年出版，初次拜讀，雖然不懂日文，仍然被它精彩而充實的內容所吸引，第二版於 2006 年增訂，且與千葉大學園藝學部的三位正洋教授合著，內容更加豐富。在一個機緣下，嘉義大學前副校長沈再木教授介紹該校義工、臺糖退休的邱永正課長，他的日文造詣深厚，將該書大部分內容翻譯當作嘉義大學內部教學參考，本人協助部分名詞修訂，並徵求邱課長是否可以來找一家出版社談中文版授權，也曾與來臺訪問的市橋教授談及此事，後來經由五南圖書出版股份有限公司接洽，終於談成授權合約，於是趕緊將邱課長翻譯的部分，與其他位翻譯找的、對日文有專精的加大畢業生許世炫先生，以及農業試驗所的蔡媚婷博士協助，終於完成整本書的中文翻譯。另外嘉義大學的沈榮壽、徐善德教授對科學名詞的訂正，貢獻很大。書內頁彩色照片之文字及序言委請中興大學園藝系、千葉大學園藝系畢業的陳彥銘助理教授翻譯。部分內容翻譯不夠清楚的，另外央請市橋教授提供英文翻譯，再由筆者轉成正確中文。

　　本書內容涵蓋蝴蝶蘭種原、栽培、育種、組織培養、海外接力栽培及病蟲害，個人覺得其內容極適合蝴蝶蘭栽培、組培業、育種等各方面的產、學、研等之參考。所整理之文獻涵蓋日本、臺灣及外國等相當多期刊文獻，少部分引用資料來源之網路網址經由筆者查證更新，部分可能在原書打字排版上的小錯誤亦已訂正，且部分內容加註新的參考文獻，用法盡量貼近國人使用習慣，但又忠於原版內容的精神，期望本書對高中職、大學等相關教學教師、學生，以及蘭花從業人員的經營有所助益。雖然已經盡最大力量來校對及修訂本書內容，謬誤仍然可能發生，請各界先進不吝指教，有機會再版時再加以訂正。最後要感謝五南圖書出版股份有限公司願意投入書籍出版的功德事業，造就學

子、研究人員以及蘭花產業。同時本人向市橋正一教授致敬，感謝您的畢生精力撰寫這本精闢的蝴蝶蘭栽培與生產的專書，此外也感謝日本誠文堂新光社應允中文版授權。

陳福旗
國立屏東科技大學農園生產系特聘教授

序言

　　先前的著作《花卉專門科學——蝴蝶蘭育種與栽培》很榮幸受到各界好評，並獲得許多友善建議。雖然該書內容已經相對詳盡了，但仍經常收到各界來信詢問。在前著撰寫過程中，對蝴蝶蘭已有所認識，但在栽培仍有許多不明瞭之處，也持續進行蝴蝶蘭的相關研究。基於身為研究者的使命，深感責任重大。因此自此之後，本人一直專注於蝴蝶蘭栽培的研究主題，也逐漸釐清許多前述的蝴蝶蘭相關栽培問題。而這些新的研究發現也透過學會發表、演講以及雜誌《農耕與園藝》刊登介紹給大家。然而為了讓更多人了解及利用，我深切感到必須將這些研究結果統合進行出版。很幸運地，受到出版社「誠文堂新光社」的支持，讓這本著作得以問世。

　　上本著作出版之後，洋蘭產業發生巨大變化，產業價格崩壞的浪潮也影響盆花價格。生產者必須花費更多技術及努力以尋求更好的產業發展。然而即便如此，與其他蘭花作物相比，蝴蝶蘭的拍賣單價仍持續上升，蝴蝶蘭與其他蘭花盆花相比，具有以下相對優良的特性：如可整年生產，以及具多樣性品種可供販賣及選擇，都有助銷售。然而蝴蝶蘭以上優勢是否能夠持續仍待考量評估。

　　蘭花從苗期至成品的栽培時間較長，僅透過品種的更新很難達到縮短生產期的效果，降低生產量或許可避免價格低落的現象發生。然而蝴蝶蘭可透過連續栽培增加溫室的利用效率，反而逆向增加生產量。此外由於生產技術的進步，也減少生產成本，亦增加生產量。因此只要盡早降低生產成本即可創造收益。然而降低生產成本並未解決產業生產的基本問題。因為降低生產成本，本為栽培者應努力著重的義務，當然也有同等責任提供優質產品。

　　為了使蝴蝶蘭產業能夠持續擴大，開發與產量相稱的新市場需求為必要重點。開幕、新家落成、通過考試等祝賀用的盆花有一定需求量，但預期不會有太顯著的增加。而創造室內庭院、日光室等居家空間，發展利用盆花裝飾

環境的生活習慣可順勢增加市場需求。因此針對上述市場需求的策略考量，必須提供更方便使用的盆栽作物種類。此外蝴蝶蘭盆花的新市場開發，為產業必須共同面對及努力的重要課題。個別生產者也需尋求自家產品差異化，考量如品種、品質、生產成本、販賣方式及提升附加價值等因素。為了產業生存，生產符合消費者需求的產品，必須持續努力及提升技術水平。基於以上情況，希望這本書能對讀者有所幫助，如果對本書有任何疑問或建議，請寄信到VYJ00627@nifty.ne.jp，我會盡快回覆。

　　最後，由衷感謝千葉大學園藝學部三位正洋教授於百忙中振筆書寫本書，感謝相關研究者提供各種研究數據，感謝「誠文堂新光社」的編輯御園英伸先生。

市橋正一

2006 年 8 月

CONTENTS · 目錄

第一章

蝴蝶蘭與近緣屬間的親緣性
Phalaenopsis and its Related Genera

　　園藝上的蝴蝶蘭並非僅指種間的雜交種，尚包含與朵麗蘭屬（*Doritis*）之間的屬間雜交種（編按：朵麗蘭屬在分類上已經歸併於蝴蝶蘭屬）。蝴蝶蘭可能與多個屬間相互雜交，故由此育出新園藝品種之可能性亦很大，但是蘭科植物分類體系尚有未確定部分，所以蝴蝶蘭與近緣屬間之相關性，仍透過分子生物學進行研究，因此蝴蝶蘭屬也可能在分類上再出現變動。總而言之，蝴蝶蘭為可育出多樣化的雜交種。在園藝品種改良上，除了雜交授粉外，倍數體的利用亦是有效方法。最近在蝴蝶蘭四倍體的利用中，即可透過流式細胞儀技術（Flow cytometry）簡單檢測出品種的倍數性。

蝴蝶蘭作為園藝品種的買賣，多半由蝴蝶蘭屬（*Phalaenopsis*）與朵麗蘭屬的原生種交配選拔培育而來。「原生種」一詞為與交配種相對應的園藝品種用詞。從植物分類學上而言，並無「原生種」的概念存在。原生種係「現今某園藝品種育出前的起源野生種」之意，為育種上或園藝上的表現。因此對於現在栽培的蝴蝶蘭品種群之成立具有相同的「種」，則是蝴蝶蘭園藝品種的原生種。蝴蝶蘭屬與朵麗蘭屬，均屬於蘭科、樹蘭亞科（Epidendroideae）、萬代蘭族（Vandeae）、指甲蘭亞族（Aeridinae）。尤其和這些「屬」可雜交之近緣屬達 20 屬以上，所以已育出許多新雜交屬、新雜交種（表 1-1），因此今後極有可能育出更多樣化之蝴蝶蘭品種群。

一、蝴蝶蘭種的親緣性

　　種（species）之意義為和其他族群間的生殖，會受到某一種原因阻礙，成為與他種在生殖上隔離的生物族群，然而在其族群內則可互相雜交，交換各自的遺傳基因。雖可顯示和其他族群的不同形質，但在同族內，其形質是均一的。生殖受到阻礙的組織，則生息於相互不能雜交的環境裡，亦即「地理上的隔離」、開花期不同的「生態上的隔離」、雜交後採不到種子（不稔實）的「遺傳上的隔離」等等。

　　在蘭科植物中，就種間或屬間無法生殖之標準中，有許多無法充分確立的「遺傳上的隔離」，此點可由自然雜交種的存在獲得證明。另在栽培環境下，透過人工雜交技術，容易形成在自然界不存在的新屬、新雜交種。

　　雜交的得當與否，必須在實務上試行雜交作業後才能得知。但

在分類學上，愈近緣者更容易產生雜交種，又從雜交種中再次獲得次世代者，即可思維爲更近緣品種。分類學上的近緣性，主要依據花器官的構造共同性的形態分類、染色體數、染色體形狀（細胞核型分析）、雜交的得當與否等要素的細胞遺傳學方法來檢查。最近都依遺傳基因 DNA 序列之共通性程度（保守性），由分子生物學的方法來檢查。不管哪一個方法，就是要檢查遺傳基因的共通性程度。在園藝上、育種上，都和分類學上的觀點不同，重點是如何獲得雜交種，所以經過雜交後，得以創造新植物，才具有意義。

表 1-1　蝴蝶蘭屬與其近緣屬經過雜交育出之新屬

屬名	省略形	屬的構成	屬名	省略形	屬的構成
Aerides	Aer.		Eurynopsis	Eunps.	Echn.×Phal.
Arachnis	Arach.		Glanzara	Glz.	Dor.×Rhy.×Vdps.
Ascoglossum	Ascgm.		Hagerara	Hgra.	Dor.×Phal.×V.
Ascocentrum	Asctm.		Hausermannara	Haus.	Dor.×Phal.×Vdps.
Cleisocentron	Clctn.		Himoriara	Hmra.	Asctm.×Phal.×Rhy.×V.
Diploprora	Dpra.		Hugofreedara	Hgfda.	Asctm.×Dor.×King.
Doritis	Dor.		Isaoara	Isr.	Aer.×Asctm.×Phal.×V.
Eurychone	Echn.		Kippenara	Kpa.	Asctm.×Dor.×Rhy.×V.
Esmeralda	Esmrls.	自然屬	Laipenchihara	Lpca.	Asctm.×Dor.×Neof.×Rhy.×V.
Gastrochilus	Gchls.		Laycockara	Lay.	Arach.×Phal.×Vdps.
Kingidium	Ki.		Lichtara	Licht.	Dor.×Gchls.×Phal.
Kingiella	King.		Luinopsis	Lnps.	Lsa.×Phal.
Luisia	Lsa.		Lutherara	Luth.	Phal.×Ren.×Rhy.
Neofinetia	Neof.		Macekara	Maka.	Arach.×Phal.×Ren.×V.×Vdps.
Paraphalaenopsis	Pps.		Meechaiara	Mchr.	Asctm.×Dor.×Phal.×Rhy.×V.
Pelatantheria	Pthia.		Meirmosesara	Mei.	Asctm.×Pps.×Phal.×V.
Phalaenopsis	Phal.		Morieara	Moi.	Dor.×Neof.×Phal.×Rhy.

屬名	省略形	屬的構成	屬名	省略形	屬的構成
Renanthera	*Ren.*	自然屬	*Nakagawaara*	*Nkgwa.*	*Aer.×Dor.×Phal.*
Rhynchostylis	*Rhy.*		*Neostylopsis*	*Nsls.*	*Neof.×Phal.×Rhy.*
Sarcanthopsis	*Sarc.*		*Owensara*	*Owsr.*	*Dor.×Phal.×Ren.*
Sarcochilus	*Sarco.*		*Parnataara*	*Pam.*	*Aer.×Arach.×Phal.*
Sedirea	*Sed.*		*Paulara*	*Plra.*	*Asctm.×Dor.×Phal.×Ren.×V.*
Tricoglottis	*Trgl.*		*Pelatoritis*	*Pltrs.*	*Dor.×Pthia.*
Vanda	*V.*		*Pepeara*	*Ppa.*	*Asctm.×Dor.×Phal.×Ren.*
Vandopsis	*Vdps.*		*Phalaenidium*	*Phd.*	*Ki.×Phal.*
Aeridopsis	*Aerps.*	*Aer.×Phal.*	*Phalaerianda*	*Phda.*	*Aer.×Phal.×V.*
Arachnopsirea	*Aps.*	*Arach.×Phal.×Sed.*	*Phalandopsis*	*Phdps.*	*Phal.×Vdps.*
Arachnopsis	*Arnps.*	*Arach.×Phal.*	*Phalanetia*	*Phnta.*	*Neof.×Phal.*
Asconopsis	*Ascps.*	*Asctm.×Phal.*	*Phaleralda*	*Pid.*	*Esmrls.×Phal.*
Ascovandoritis	*Asvts.*	*Asctm.×Dor.×V.*	*Phaliella*	*Phlla.*	*King.×Phal.*
Beardara	*Bdra.*	*Asctm.×Dor.×Phal.*	*Phalphalaenopsis*	*Phph.*	*Pps.×Phal.*
Bogardara	*Bgd.*	*Asctm.×Phal.×V.×Vdps.*	*Pooleara*	*Polra.*	*Asctm.×Ascgm.×Phal.×Ren.*
Bokchoonara	*Bkch.*	*Arach.×Asctm.×Phal.×V.*	*Renanthopsis*	*Rnthps.*	*Phal.×Ren.*
Chinheongara	*Chi.*	*Asctm.×Phal.×Rhy.*	*Richardmizutaara*	*Rcmza.*	*Asctm.×Phal.×Vdps.*
Cleisonopsis	*Clnps.*	*Clctn.×Phal.*	*Roseara*	*Rsra.*	*Dor.×King.×Phal.×Ren.*
Devereuxara	*Dvra.*	*Asctm.×Phal.×V.*	*Sappanara*	*Sapp.*	*Arach.×Phal.×Ren.*
Diplonopsis	*Dpnps.*	*Dpra.×Phal.*	*Sarcalaenopsis*	*Srl.*	*Phal.×Sarc.*
Dorandopsis	*Ddps.*	*Dor.×Vdps.*	*Sarconopsis*	*Srnps.*	*Phal.×Sarco.*
Doredirea	*Drd.*	*Dor.×Sed.*	*Sidranara*	*Sidr.*	*Asctm.×Phal.×Ren.*
Doricentrum	*Dctm.*	*Asctm.×Dor.*	*Sladeara*	*Slad.*	*Dor.×Phal.×Sarco.*
Doridium	*Drdm.*	*Dor.×Ki.*	*Stamariaara*	*Stmra.*	*Asctm.×Phal.×Ren.×V.*
Doriella	*Drlla.*	*Dor.×King.*	*Sutingara*	*Sut.*	*Arach.×Asctm.×Phal.×V.×Vdps.*
Doriellaopsis	*Dllps.*	*Dor.×King.×Phal.*	*Trautara*	*Trta.*	*Dor.×Lsa.×Phal.*
Dorifinrtia	*Dfta.*	*Dor.×Neof.*	*Trevorara*	*Trev.*	*Arach.×Phal.×V.*
Doriglossum	*Drgm.*	*Ascgm.×Dor.*	*Trichonopsis*	*Trnps.*	*Phal.×Trgl.*
Doriopsisium	*Drps.*	*Dtps.×Ki.*	*Uptonara*	*Upta.*	*Phal.×Rhy.×Sarco.*
Dorisia	*Drsa.*	*Dor.×Lsa.*	*Vandaenopsis*	*Vdnps.*	*Phal.×V.*

（續下頁）

屬名	省略形	屬的構成	屬名	省略形	屬的構成
Doristylis	Dst.	*Dor.×Rhy.*	*Vandewegheara*	Vwga.	*Asctm.×Dor.×Phal.×V.*
Doritaenopsis	Dtps.	*Dor.×Phal.*	*Vandoritis*	Vdts.	*Dor.×V.*
Dorthera	Dtha.	*Dor.×Ren.*	*Waibengara*	Wai.	*Aer.×Asctm.×Phal.×Rhy.×V.*
Dresslerara	Dres.	*Ascgm.×Phal.×Ren.*	*Wikara*	Wlk.	*Asctm.×Phal.×Neof.*
Edeara	Edr.	*Arach.×Phal.×Ren.×Vdps.*	*Yapara*	Yap.	*Phal.×Rhy.×V.*
Ernestara	Entra.	*Phal.×Ren.×Vdps.*	*Yeepengara*	Ypsa.	*Aer.×Phal.×Rhy.×V.*

註：由 2004 年版 Wildcatt Orchid Database 整理寫成。

表 1-2　依 Sweet（1980）的蝴蝶蘭屬分類

屬（Genus）	節（Section）	亞節（Subsection）	種（Species）	DNA含量（pg/2c）
Phalaenopsis	*Phalaenopsis*		*amabilis*	*(7.8-8.1)*
			aphrodite	*2.8(7.9-7.2)*
			sanderiana	*2.74*
			leucorrhoda	
			intermedia	
			veitchiana	
			schilleriana	*(3.8)*
			stuartiana	*3.13-3.14*
	Proboscidioides		*lowii*	
	Aphyllae		*wilsonii*	
			stobartiana	
	Parishianae		*gibbosa*	
			appendiculata	
			mysorensis	
			parishii	*16.61*
			lobbii	
	Polychilos		*pantheriana*	
			cornu-cervi	*6.44*
			x valentinii	
			lamelligera	
			mannii	*13.50-13.61*
	Stauroglottis		*equestris*	
			lindenii	
			celebensis	
	Fuscatae		*viridis*	
			fuscata	
			kunstleri	
			cochleris	
	Amboinenses		*amboinensis*	*14.36-14.50*
			javanica	
			micholitzii	*6.49*
			gigantea	*5.28*
			robinsonii	

（續下頁）

屬（Genus）	節（Section）	亞節（Subsection）	種（Species）	DNA含量（pg/2c）
Phalaenopsis	Zebrinae	Zebrinae	speciosa sumatrana corningiana	6.62
		Lueddemannianae	pulchra reichenbachiana fasciata fimbriata hieroglyphica lueddemanniana violacea	6.37 6.56 6.49 15.03
		Hirsutae	pallens mariae	6.48
		Glabrae	modesta maculata	5.15
Paraphalaenopsis			serpentilengua denevei laycockii	

註：DNA 含量（pg/2C）由 Lin 等（2001）、Kao 等（2001）發表。

二、蝴蝶蘭屬之分類

　　蝴蝶蘭屬分布在斯里蘭卡、印度南部、中南半島、馬來半島、印尼、巴布亞紐幾內亞、澳洲、中國南部、臺灣、菲律賓。蝴蝶蘭種的數量未必已經確定下來，也可能發生變更。除了發現新種導致數量增加之外，因分類基準重新修正，也會導致原認為另一種者，修正歸類為同一種；或認定為同一種者，經修正而分離為別的一種。而最近因分子遺傳學的分類，也使用於「種」的分類上，常有新資訊積存其中，因此以往的分類體系有必要重新研究並再做討論。

　　Sweet（1980）根據花瓣寬度與唇瓣形態將蝴蝶蘭屬分成 9 節（section），其中一節 Zebrinae 分類為 4 亞節，合計共 47 種（表 1-2）。另外 Christenson（2001）將蝴蝶蘭屬分類為 5 亞屬，並將其中 2 亞屬各分類為 4 節，合計為 62 種（表 1-3）。以往 Doritis pulcherrima 一直被當作別屬，但現今已改為 Phal. pulcherrima。

三、分子系統分類

　　最近蝴蝶蘭及其近緣屬已在進行分子系統解析，所以將可得到新的分類學上知識。Kim 等（2003）依據葉綠體 DNA（chloroplast DNA）之 *tran-L—tran-F* 核酸序列進行分析時，*Phalaenopsis* 屬可細分為 *Phalaenopsis*、*Aphylae*、*Parishianae*、*Polychilos* 的 4 亞屬群，與依據 Christenson 的形態分類得來的結果（表 1-3）一致。亞屬 *Aphylae* 與 *Parishianae* 關聯較深，此種程度和亞屬 *Phalaenopsis* 之關聯亦深，亞屬 *Polychilos* 則形成更為遠緣的別群。根據 Christenson 分類方法進行比較，在蝴蝶蘭亞屬內，其節內物種親緣性較節之間相近。亞屬 *Phalaenopsis Esmeralda* 節的 *Phal. buyssoniana* 與 *Phal. pulcherrima* 雖然和別的 *Phalaenopsis* 節的種分離，但仍然含在亞屬 *Phalaenopsis* 之內。亞屬 *Polychilos Amboinenses* 節的 *Phal. bellina* 與 *Phal. floresensis* 則是近緣種，但被視為 *violacea* 之變異體的 *bellina*，與 *violacea* 形成遠緣之情形。*Paraphalaenopsis* 屬與 *Phalaenopsis* 屬則是不同系統，其中 *Pps. denevei* 與 *Pps. serpentilengua* 雖是近緣種，但 *Pps. laycokii* 與 *Pps. labukensis* 卻非近緣種。

　　Tsai 等（2006）利用細胞核糖體核酸（ribosomal DNA）（ITS1, ITS2）的分析結果和 Christenson 的分類法結果與屬的標準一致。*Doritis* 屬與 *Kingidium* 屬包含在 *Phalaenopsis* 屬內，在屬中之亞屬 *Aphyllae* 及亞屬 *Prishianae* 並非單系統群，亞屬 *Probascidioides*、亞屬 *Phalaenopsis* 的 *Esmeralda* 節與 *Deliclosae* 節形成同系統群，此等的「種」有 4 個花粉塊，其分布區域則類似。而且亞屬 *Phalaenopsis* 及亞屬 *Polychilos* 也非單系統群，在亞屬 *Phalaenopsis* 內則只有 *Phalaenopsis* 節為高度單系統群。在裂唇蘭亞屬 *Polychilos* 部分則只有裂

▌圖 1-1　狐狸尾蘭 *Rynchostylis gigantean*。*Rynchostylis* 在蘭展時，雖是廣為人知的蘭類，但尚未到一般營利生產階段。包含 *Phalaenopsis* 屬登錄了 3 屬間雜交種。它有和 *Phalaenopsis* 不同的韻味，同時極有可能育出新品種群。

唇蘭 *Polychilos* 節爲中程度單系統群。*Doritis* 屬與 *Kingidium* 屬，被視爲包含在 *Phalaenopsis* 屬內的結果，於 Goh 等（2005）利用 RAPD 分析所得結果，亦有相同情形。

　　另一方面喜多等（2005）進行蝴蝶蘭與其近緣屬的分子系統解析，① *Doritis*、*Kingidium*、*Nothodoritis* 三個屬，包含在 *Phalaenopsis* 屬內。②在亞屬層次（level）中，*Phalaenopsis*、*Parishianae* 爲多系統群。③在節層次中，*Amboineses*、*Deliciosae* 爲僞系統群或多系統群。④在節間雜交所得的 F1 的花粉 4 分子（tetrad）形成率，減數分裂時 2n 配子形成率，反映出以分子系統爲基礎的類緣性。考慮這些結果與過去雜交實績中的 *Doritaenopsis*（*Dtps.*）屬的存在後，建議將 *Doritis* 屬作爲獨立「屬」重新定義。

▌圖 1-2　*Vandn.* Desir 'La Tuilerie 'AM' RHS。藍色蝴蝶蘭為蝴蝶蘭育種的大目標之
　一。萬代蘭為藍色的美麗蘭花，故會想利用來交配藍色蝴蝶蘭。已經出現萬代蘭
　Vanda coerulea 與蝴蝶蘭 *Phalaenopsis* Henriette Lecoufle 之間的異屬雜交之藍色
　品種 *Vandn.* Desir 'La Tuilerie（上圖）。雖是大型花朵，但藍色色澤尚嫌淡薄。

▌圖 1-3　*Asconopsis* Irene Dobkin。百代蘭 *Ascocentrum miniatum*（現改分類為
　萬代蘭 *Vanda miniata*） 與 *Phalaenopsis* Doris 的雜交種，曾經生產分生苗，以
　前經常看到，但最近已消失。

■ 圖 1-4　*Doritis pulcherrima*。為紅色系品種的雜交親本，它曾經完成重要任務，所以在日本經常看到紅花系個體，但野生種仍以色彩淡薄者多。此白花個體為柬埔寨的露天攤販販售之物。

表 1-3　依據 Christenson（2001）進行的蝴蝶蘭屬之分類

屬 (Genus)	亞屬 (Subgenus)	節 (Section)	種 (Species)	自然雜交種 (Natural Hybrid)
Phalaenopsis	*Proboscidioides*		*lowii*	×*singulflora* (*bellina*×*sumatrana*)
	Aphyllae		*taenialis* *braceana* *minus* *wilsonii* *stobartiana* *haiananensis* *honghenensis*	
	Parishianae		*appendiculata* *gibbosa* *parishii* *lobbii*	
	Polychilos	*Polychilos*	*mannii* *cornu-cervi* *borneensis* *pantheriana*	
		Fuscatae	*cochleris* *viridis* *fuscata* *kunstleri*	

（續下頁）

屬 (Genus)	亞屬 (Subgenus)	節 (Section)	種 (Species)	自然雜交種 (Natural Hybrid)
Phalaenopsis	*Polychilos*	*Amboinenses*	*pulchra* *violacea* *bellina* *micholizii* *fimbriata* *floresensis* *robinsonii* *gigantea* *fasciata* *doweryensis* *luteola* *modesta* *maculata* *javanica* *mariae* *amboinensis* *luddemanniana* *venosa* *reichenbachiana* *pallens* *bastianii* *hieroglyphica*	×*singulflora* (*bellina*×*sumatrana*)
		Zebrinae	*inscriptiosinensis* *speciosa* *tetraspis* *corningiana* *sumatrana*	
	Phalaenopsis	*Phalaenopsis*	*philippinensis* *stuartiana* *amabilis* (syn.*rimestadiana*) *aphrodite* *sanderiana* *schilleriana*	×*amphitrite* (*sanderiana*×*stuartiana*) ×*intermedia* (*aphrotide*×*equestris*) ×*leucorrhoda* (*aphrotide*×*schilleriana*) ×*veitchiana* (*equestris*×*schilleriana*)
		Deliciosae	*chibae* *deliciosa* *mysorensis*	
		Esmeralda	*buyssoniana* *pulcherrima* *regnieriana*	
		Stauroglottis	*equestris* *celebensis* *lindenii*	

註：自然雜交種為學名前有×符號者。

▌圖 1-5　從 *Ascocentrum ampullaceum*（*Vanda ampullacea*）與 *Vanda* 之雜交種（*Ascocenda*，千代蘭屬，為百代蘭與萬代蘭雜交屬，分類上大都已改為萬代蘭屬），已經育出很多極優秀的品種群。為小型蝴蝶蘭（*mini phalaenopsis*）之育種上不可欠缺的親本。

▌圖 1-6　棒葉蝴蝶蘭 *Paraphalaenopsis laycokii*。葉片形狀、開花方式和蝴蝶蘭有不同特徵。雖未曾見過，但已登錄蝴蝶蘭之雜交種。

四、染色體與細胞核 DNA 含量

蝴蝶蘭種的染色體數，除了倍數體外，全部為 2n = 38 的固定形式。但是染色體大小（size），因種不同而有很大差異，雖然菲律賓產的具有細小的對稱染色體，但是非菲律賓產者，則具有大的非對稱的染色體（Shindo and Kamemoto, 1963）。蝴蝶蘭的基因組（genome）根據大小分為 2 群，在群內的相同性很高。*Phal. amabilis*、*Phal. stuartiana*、*Phal. sanderiana*、*Phal. aphrodite*、*Phal. equestris* 形成一群，並具有很小而類似染色體的染色體組。第二個群為 *Phal. lued-demanniana*、*Phal. mannii*、*Phal. amboinensis*，則具有較大的染色體，

但其大小各異，這些群之間的雜交種其染色體組相同性低（Arends, 1970）。染色體的大小，*Phal. amabilis* 爲 0.7-1.3 μm、*Phal. equestris* 及 *Phal. schilleriana* 爲 0.8-1.7 μm，且僅由小型染色體構成，但 *Phal. venosa* 則是 1.3-3.5 μm、*Phal. sumatrana* 則是 1.2-3.6 μm，同時保有數目大略相同的大型及小型染色體，而 *Doritis pulcherrima* 則是 1.7-3.6 μm，多由大型及部分小型染色體構成（青山，1993）。另在蝴蝶蘭屬中的染色體大小、動原體（kinetochore，或中節）的位置等（細胞核型）差異，就可以推想其原因爲異染色質（heterochromatin）的集積程度之差異關係（Kao 等，2001）。

有關染色體與其倍數性的資訊，以前都依染色體觀察做調查。但是觀察染色體需要時間及專業技能，並非任何人都可以簡單從事的工作。近年來，細胞中的細胞核 DNA 含量，已逐漸利用流式細胞儀技術來測定（Flow cytometry, FCM），已可簡單地在短時間內做調查。用此種方法雖然無法直接得知染色體數，但是如能了解參考品種之染色體數或是 DNA 含量，其倍數性可依 DNA 含量來推定。所以利用流式細胞儀，就能在知時間獲得倍數性等育種方面的有用資訊（Jones & Kuenle, 1998；三位等，1997；市橋等，2001；Lin 等，2001）。

蝴蝶蘭類中存在體細胞多倍數性（polysomaty），但報告指出葉片或根尖生長點組織的原來倍數性標準（基本倍數性）較難觀察（三位等，1997）。體細胞多倍數性由於流式細胞儀技術（FCM）的普及，成爲容易了解的現象。自此，可得知很多蘭科植物存在體細胞倍數性。以往的思維中，2 倍體的植物，其所有體細胞都是 2 倍性細胞、4 倍體植物所有體細胞都由 4 倍性細胞構成。但是從細胞核的核酸含量觀查時，就能知道體細胞不一定表示本來的核酸含量，而是本來倍數性的 2 倍、4 倍等高次的倍數性細胞所構成。生殖細胞、根端

細胞等可進行細胞分裂的細胞,雖可表示本來的倍數性,但在細胞成熟後,細胞不能繼續分裂,就不一定可維持本來的倍數性。這種現象謂之「體細胞多倍數性」,在蘭科植物中比較容易見到(Jones and Kuehnle, 1998;市橋等,2001;Fukai 等,2002)。

要調查個體的基本倍數性,最好避開體細胞多倍數性的組織。在蝴蝶蘭方面,在小花子房部位,伸長中的根尖等分裂組織,就有原來的倍數性細胞存在。因而依 FCM 的蝴蝶蘭類之倍數性細胞檢查,建議使用這些組織來分析。

蝴蝶蘭的細胞核 DNA 含量,從最小的 *Phal. sanderiana* Rchb.f 的 2.74 pg/2 倍體細胞核 DNA(2C)至 *Phal. parishii* Rchb.f 的 16.61 pg/2C 為止,差異達 6.07 倍之多,所以 DNA 含量與染色體大小之間具有相關性。又 *Phalaenopsis* 節(Sweet, 1980)的種的體細胞 DNA 含量較小。至於其他的節則為 *Phalaenopsis* 節的 2 倍以上數值,但節內看不到一定的趨數值(Lin 等,2001;表 1-2)。

圖 1-7 中學生的職前鄉土產業體驗學習,為培養從事蝴蝶蘭生產興趣的良好實習機會,務必積極報名參加此項活動。

第二章

蝴蝶蘭的育種與品種改良
Breeding of *Phalaenopsis*

　　欲提高栽培管理的效果，就必須使栽培品種（系）的個體群特性一致。因此育種目的，在於保有優良特性與生產整齊均一的後裔，也就是育出新品種。所以育種作業進步，即可解決栽培管理上的諸多問題。就蝴蝶蘭而言，若以實生繁殖法爲主要增殖方法時，可說無「品種」可言，只能說「大白花色系」或「紫紅花色系」，個體間呈不均一性且有好花率偏低的現象，已成爲栽培上的問題。原本蝴蝶蘭的微體繁殖較東洋蘭（蕙蘭屬 *Cymbidium*）困難，唯生物科技的進步，蝴蝶蘭分生苗的增殖生產也相當快速，最近開始能生產特性一致的品種以供應栽培。

育種與品種改良可說是同義詞，其目的在於以科學的方法改變且符合栽培植物的技術。而要種出哪一種新品種，則因作物栽培目的而異。一般而言，栽培蝴蝶蘭等供觀賞用途的植物時，其重點是做出由消費者認定為「優美」的植物。當蘭花栽培尚處於一種興趣的時代，育種者的目標則會侷限在珍奇交配、稀奇花色或是大輪整形花等較單純的目標。可是在栽培進入以營利為原則的現代，不僅花朵、花序要優美，還必須有透過多樣化觀點進行評價的優秀品種，之後所獲得的優質品種，更需在 RHS 登錄命名，並在各國註冊取得品種專利（品種權），方得以保護獨立市場的銷售利益。

一、品種的重要性

品種（cultivar）一詞，是指均一特性的個體群，因此任何一株即使有多麼優秀的特性，如果不能增殖，此「單株」則不能謂之「品種」（品種不能成立）。至於品種的均一性程度，會根據種子繁殖或營養繁殖產生差異。蘭科植物的品種，一般而言，多採營養繁殖，所以同一品種在遺傳上，應不存在個體差異，但在分生苗繁殖時，就會產生個體間的變異，然其均一性程度仍頗高。

栽培管理上，其生育特性是同型接合體（homozygote）的族群為對象時，較容易獲得效果。如果每一個體均是性質相異的異質接合體（heterozygote）為族群對象時，其栽培管理效果較低。以實生品種為主做栽培時，雖然以同樣方法栽培管理，因個體間存在相異的生長速度，所以須盡早將生育不佳者剔除淘汰，此乃重要的栽培技術。至於開花特性也有相異性存在，但是此種形質在開花前的挑選非常困難，必須等到開花期間，方能進行選拔。

　　在栽培管理上，以遺傳的異質接合體群為對象時，獲得的有效性很低，因對於全部個體都會給予高標準的良好環境管理時，不一定符合任何個體的最適當栽培環境，因此將不同生長特性個體在同一環境，以同樣方法管理，似乎不可行的做法。所以，依栽培管理觀點而言，要以最適當的同一標準模式控制其栽培群時，將會反應同一栽培法的生育，為此，栽培上宜選擇生育特性整齊均一的族群（品種）。

　　以微體繁殖分生苗個體群時，因品種產生的不均一性問題很少，所以用同條件的環境及方法栽培管理時，會產生相同反應並可獲得較整齊的生長趨勢。這種現象對於曾經栽培實生苗與分生苗經驗者而言，應該都能充分理解。雖非最適宜的管理栽培，但品種均可得到同樣的生育及整齊的蘭苗，如用最適切的栽培管理，更易獲得優異結果。以栽培管理控制蘭苗生育時，除須要求設施有效率運作，對於蘭苗則須以生長特性均一，性質良好的個體群（品種）作為標準。

二、育種目標的設定

　　期望產生何種品種？希望哪些新的特性可以導入新品種？其重點須訂在育種目標，否則就無法進行育種作業。在營利為主的生產體系內，可以設定多種目標，但希望導入所有特性並育成新品種，在短期間內是件不可能的任務，因此，欲達成企業目標，其設定宜分為短期、中期與長期目標較妥當。在短期目標，以企業體需要及市場導向為重點，然後集中能力全力以赴並逐步完成。例如：在花朵數、花徑大小、花形、質地、花色等都是品種改良的目標，但除了因個人喜好、市場流行等因素造成差異之外，也會因時代、國家、地域等因素發生不同變化。

如白花色系、淡紅色系在日本較受歡迎，在中國及韓國，則以濃花色系（紅色）較易受到歡迎。另一方面，花梗強度及大小、花柄硬度、花序以及下述的諸多特性，不論在哪一個時代、國家都是不變的重要育種目標。

（一）微體繁殖性質

不論具有多麼優質的特性，個體無法大量增殖時，就不具營利品種的價值。由培養做營養繁殖的增殖難易性，就是蝴蝶蘭「分生苗品種」成立的基本要件。如今蘭花可以大量生產，是因為能大量供應市場所需苗量。對蝴蝶蘭而言，以實生苗法（種子）大量增殖是比較容易的，而微體繁殖的分生苗法增殖方式，不一定可形成效率化生產，因為品種、個體間就有很大的差異特性，利用花莖或腋芽作為培養材料，即有易於產生增殖分生苗、培養困難難以增殖分生苗的情況。因此在育種上，宜利用容易微體繁殖的個體為親本，以進行雜交實務較為妥當，其目的在於所得子代中，較具有容易微體繁殖的特性。所以雜交親本原則上多用分生株，進而從子代中選拔優質個體，就有望確立為容易微體繁殖的品種。

從微體繁殖法增殖的分生苗，「培養變異」的風險也是無法忽視的重要因素。至於「培養變異」的原因，就是存在植物體內的可動性遺傳基因，也就是跳躍子（transposon）的活性化，被視為原因之一（廣近，1996）。假設如此，則帶有跳躍子的品種，或其子代就較易產生「培養變異」。若從實用觀點而言，容易「培養變異」的品種，就不要進行分生苗的增殖，但在現階段，「培養變異」產生的難易度尚無法正確預測。在實際情形中，微體繁殖苗如不等到開花就不易判斷何種系統的品種容易變異或否。同時，需要蓄積多量的研究報告，方有助於了解更多品種的「培養變異」的情形。

▎圖 2-1　葉片花瓣化之變異。此個體在繼續栽培後，則變為正常葉片。

▎圖 2-2　在蝴蝶蘭組培苗中可見的花朵變異。以前被認為是珍奇的花形，而受到特別之照護。常在蘭展中展示，是屬於常見的培養變異。

（二）耐病性

　　病害抵抗性在蝴蝶蘭的育種上是重要的育種目標。多犯性的蕙蘭嵌紋病毒（CymMV）、齒舌蘭輪斑病毒（ORSV）、軟腐病、褐斑病、黃葉病（*Fusarium*）等，在防治上屬於比較難對付之病害，所以栽培管理就格外重要。然對於這些病害的感染性，均可由經驗中得知其存在的原因在於屬間差異、種間差異、品種間差異，所以未來將可藉此育成具抵抗性品種。最近令人頭痛的病害黃斑症，至今尚未了解其形成原因〔編按：據張清安博士等報告，感染番椒黃化病毒（Capsicum chlorosis virus, CaCV）的蝴蝶蘭病毒株 *Phalaenopsis* strain 爲感染源〕。據觀察會因品種不同產生容易感染程度的差異，在育種上也有解決機會。

　　同一品種的分生苗對病害抵抗性程度應該相同，但不同品種或實生苗，在同一環境栽培管理時，即有易感病性與具抵抗性地相異性存

在。育種作業選擇抗病力良好的個體爲親本進行雜交，並自後裔群中選拔耐病性優良個體保留作爲親本，再經多次雜交及選拔，就容易獲得抗病性提升的優良品種。雖要獲得抗病性的優良品種在選拔作業上難度極高，但如果能努力不懈，成功機率並不低。如多數蘭株發病且受害嚴重，唯其中少數蘭苗仍健全存活，即可考慮留爲下次雜交時，作爲親本的有力候補株。

（三）耐蟲性

蝴蝶蘭的抗蟲育種也可能成爲育種作業的項目。如黃色品種易受「僞葉蟎」侵害；有些品種易受「花薊馬」危害等，常聞生產者訴苦。其原因若是由植物體內所含成分所引起，也許可藉育種的方法解決。從其他咀嚼式口器昆蟲嚼食危害及刺吸式口器昆蟲刺吸汁液危害的害蟲，一般認爲植物體內的體味誘引害蟲是危害蘭花的重要原因。

（四）葉態、植株形態

蝴蝶蘭的葉態及植株形態包含節間長度、葉幅、葉長及葉片角度等，這幾個要素組合可產生多樣的形態。葉態可從觀賞價值與栽培管理上的便利性訂定選拔標準。從觀賞價值而言，下垂葉態、水平葉態或是挺直葉態，何優何劣一時仍難以定論，唯從栽培管理言之，目標則相當明確，因挺直葉態的葉片向上斜生而出，是最理想的情況。挺直葉態的品種，其單位面積的栽培數可增加，灌水灌肥容易且作業可自動化，節省管理經費，其結果除蘭苗管理便利外，植株光合成的效率較高，有益蘭苗生長。下垂葉態或水平葉態的植株，葉片易重疊，下位葉間相互遮光，不利於蘭苗的光合作用，影響生長速度。而挺直葉態的品種，下位葉受光量相對增加，有利光合作用進行。

　　爲增加下位葉的光線，節間長度也很重要，葉片之間必須有適度間隔。如果節間長度過短導致單株的葉片過於重疊時，下位葉的日光照射不但容易受到限制，花序生長發育亦不能順暢，容易遭受阻礙。

　　葉片的長出速度與落葉速度，除受栽培時間決定外，兩者的變化情形（快速與否），也會受到栽培管理的影響。在育種上，長葉速度快速的品種也是育成的重要目標，關於葉片數較多的品種，如一片葉受到障礙時，可減輕其危害，且此種品種亦被認爲是容易抽梗的品種。

（五）生長速度

　　營利盆花的生產體系中，自苗出瓶到出貨爲止，其生長速度爲品種選拔的重要關鍵點。不論花形等觀賞價值多麼優秀，如果生長速度緩慢，就無法成爲營利品種。出貨前的栽培期如能縮短，是降低溫室栽培成本的有效手段。所以需要自實生苗選拔生育速度較快的個體，進行微體繁殖並及時增殖分生苗，即可大幅縮減栽培期。生長速度爲最容易選拔的特性，且容易達成的目標。

　　播種在瓶中的種子，經仔細觀察可發現發芽快慢的現象。如發芽迅速，其蘭苗生長也相對快，發芽快慢原因或許受到遺傳限制，因此暫時不予討論，唯從實際情況而論，在瓶苗期間生長迅速的蘭苗，營養生長快速，容易轉變至成熟相而進入開花，對於盆花生產者來說，是一種優良蘭苗（品種）。種子發芽的快慢，可以在最早期進行簡單挑選。以一支培養瓶內的數百個個體作爲對象時，亦可執行選拔作業。故能在瓶苗時即進行選拔，可能有利於提升育種效率。

（六）栽培環境的適應性

因各人觀賞價值不同，雖是同一品種，其評價因人而異。故對於栽培管理難易度認知也有所異同，因而產生評價的差異。一個品種因栽培者不同，有時變成易栽植品種，有時則是極爲難以培育的品種，由此得知雖是相同品種，因栽培者不同而有相異的評價。以少數的栽培管理法的差異及少許環境條件的差異作爲認定理由，不再謹愼研討而做出的錯誤定論，值得進一步省思。所以對生產者而言，需考慮「選擇符合環境條件的品種」之重要性。爲選拔符合自己的栽培品種，要從實際的栽培環境中，進行實生個體的選拔，之後按照既定計畫，力行精選品種作業。

對良好栽培環境的適應性，雖可以給予合適的光強度、溫度、溼度、肥料、灌水及盆內氧氣濃度等條件，但也會因品種關係產生相異。不只是合適條件的差異，在實際栽培時，蘭苗對於不良環境的耐受性究竟如何，才是栽培的要因。不論低溫、高溫，或者強光、弱光都可適應的品種，在極端惡劣環境下，生長都不會遭受致命的障礙，並且在各種條件下，均能具有生長能力的，就是「易栽品種」。雖說品種改良的最高目標爲無論任何人，在任何條件下，都能培育出優質的超級品種，可是對於栽培技術精進者來說，似乎並非必要。

（七）開花特性

蝴蝶蘭只要植株充分成熟，在經低溫刺激後，即可誘導花芽萌發，所以比較容易調控花期。其對溫度的反應性，存有品種間差異性，可追溯到其祖先原生種的生長特性。

在溫度調控開花花期方面，冬季（日本）均以高溫條件抑制花

梗發育，夏季則以低溫條件誘導開花。另外，在冬季不用那麼高溫也能抑梗開花，而且夏季不用低溫即可誘導植株抽梗開花，上述這種兩全其美，且能省下冷暖氣設備成本的品種特性，根本難以實現。因有高溫條件就不抽梗的品種，似為可夏用品種，又高溫時容易抽梗的品種，在低溫或許也容易抽梗開花！所以容易抽梗的品種，可選為促進早熟的品種。低溫期的花梗抑制，似乎採取溫度以外的方法較實際，又較具備經濟效益吧！冬季低溫期只以抑梗為目的者，宜將更需低溫才能發芽分化者，列為優先候補品種備用。但是誘導花梗萌芽時，更需要低溫的品種，就夏季需要降低冷氣房成本而言，就無法解決問題了。

■ 圖 2-3　*Doritis pulcherrima*。為使用於朱紅色系品種改良之親本，為短日開花性之品種，一般認為也可用於花梗直立性之花序改良。

　　日照時間長短也是影響開花的要因，依過往經驗，長日條件下會延遲開花，然 *Doritis* 在長日條件下，是開花會受抑制的短日植物，最近已顯示出這種狀況（Wang 等，2003）。未來或許可以利用 *Doritis* 不依賴溫度調控開花的特性改良品種。

（八）花序與花朵性質

　　花序的出現頻率、花序生長方向、花梗長度（也與生長溫度有

關）、花梗大小、硬度及顏色（赤褐色、青綠色）、朵距、花柄長度、花序趨光性、花朵排列、開花速度等與花序有關的各種性質是遺傳特性，而改善上列各項目，就是育種的重要目標。

一般而言，*Doritis* 的花序是向上生長（圖 2-3），但多數蝴蝶蘭原生種的花序多呈現斜性向上生長或下垂狀生長，這是原生地的生育樣式，也是遺傳性質。期望花序以何種方法培養生長，因人而異，但蝴蝶蘭與蕙蘭屬一樣，都各有不同生長特性的遺傳資源。

蝴蝶蘭的花蕾，是由下而上依序一朵一朵開花，但有時候下面花苞尚未開花，上面花苞就開花。在花朵數多時，所有花蕾至開完為止，所需時間雖很長，但都能開花。以盆花銷售時，在花梗上的花苞不影響開花，唯從花序及花朵持久性來看，仍然奉開花速度快者為上品。以切花出貨的場合，花梗上花苞未開前，就切取花序的開花表現均不佳。如以花全開後切花者，其開花速度大致上不成問題。但切除帶附花苞狀態的花序出貨時，為收穫時期之便，應選擇一朵花全開後，次朵花蕾才逐漸發育成開花的個體。

白花花瓣上略有紅色素者，即被認定為非優質花。實生品種中，一直以減少此類個體為育種目標之一。如為分生苗品種時，這反而不是那麼重要的問題。殘存於花瓣的綠色，可視為葉綠素，與紅色（或粉紅色）比較並無顏色不對色（或配色不佳）問題，其花朵持久性好，也是受喜愛的特性。

（九）落蕾

蝴蝶蘭的花蕾，在開花前常受多種原因影響發生落蕾現象，嚴重損害開花品質。在花苞發育期，花苞細胞肥大，較平常需要更多水分，如水分缺乏，就易導致落蕾現象。至於落蕾原因，亦被認為與水

分缺乏和乾燥的逆境（stress）所產生的乙烯（ethylene）有關。雖在同一環境栽培，但仍有容易落蕾品種及不易落蕾品種之分，這情形意味著品種的差異性存在，解決差異性的辦法可依育種法處理。

（十）花瓣質地與花朵持久性

花朵持久性的優良與否，基本上是考量遺傳基因的性質，透過雜交育種有機會獲得改善。花瓣厚度與花朵持久性有密切關係，花瓣厚者花朵持久性較佳。染色體的倍數化會使花朵大型化、厚瓣化，但是經改良進步的品種，幾乎是倍數體品種，所以需改良的空間不大。蝴蝶蘭的原生種中有厚瓣品種且花冠不枯萎的，故如能導入其形質，即可能研發出花朵持久性更好的品種。

花朵持久性不僅與花瓣質地有關，與環境條件亦有很大的關係。良好的環境中，花朵開花期較長，但在乾燥、高溫、低溫條件下（環境逆境），花朵壽命會明顯縮短。如與溫室內的條件比較，物流、消費流程的環境條件就花朵持久性而言，絕非標準的良好條件。因此針對上述情形，仍然有必要營造出與移出溫室後一樣的環境。

在不良環境下，花朵本身產生乙烯，其壽命會明顯縮短。另外由其他發生源產生乙烯時，同樣會影響花朵壽命，尤其包括蝴蝶蘭在內的蘭科植物的花朵，對乙烯的感受高，只要存在微量乙烯，花朵壽命就會明顯縮短。如能在不良環境下，種植不產生乙烯的品種，或是能育成對乙烯沒有反應的品種，蝴蝶蘭花朵的持久性，即可獲得大幅改善。

（十一）花色

太陽光、螢光燈、高壓鈉燈等不同光源，會使花色呈現差異。一

般情況下，盆花觀賞均不在陽光下，多在人工光照明下觀賞，尤其紅色一紫色系（花青素 anthocyanin 系色素）看起來的顏色會有顯著差異。在溫室陽光下呈現良好色澤的花，如放置在螢光燈下，不一定會呈現好色澤。因此在任何光源照射的環境下，其販售的蘭花，必須先考量放在何處供人觀賞，之後再選擇花色。

花色的愛好因人而異，如一朵胸花作觀賞用途時，使用複雜配色的花朵亦無不可，但以盆花或是集團式組合盆觀賞時，則以單一配色的花色為佳。在日本，白色及淡色（粉紅）花色廣受大眾喜愛，中國、韓國則較愛濃紅色。但是為了促使消費者大量購買，準備多樣化的花色也是重要的課題，開發多樣色彩的品種也是刻不容緩之事。

三、育種的方法

欲雜交育種只要具備實生繁殖技術，任何人都可以實行。所以如有可供育種的素材，就是最有效率又確實的品種改良方法。透過遺傳基因導入法進行的品種改良，雖在原理上是出色方法，但在現實狀況下，可利用的遺傳基因種類有限，專利費用等新品種開發經費能達到回收程度的蘭花產業市場規模並不大，實際運用上也有很多受限情況。另外對於外來遺傳基因導入植物體內，消費者並不如改造食品一樣會產生強烈的反彈。

（一）雜交育種

1. 親本選擇與雜交作業

育種作業切勿貿然雜交，應選擇優質的品種雜交，以選拔符合需

求的優良新品種爲最高目標。育種用的親本特性應依據育種目標來篩
選。如果希望本來導入不存在親本內的遺傳特性，也會把不必要的遺
傳特性從別的品種、原生種及他屬雜交導入。

　育種目標一經決定，一定要即刻選尋欲導入的遺傳性質之親本，
但是蝴蝶蘭有時有自交不親和性，因雜交組合產生不稔性的情況也不
少。爲避開此問題，需要準備多株相同親本並以其進行重複雜交，以
增加成功機率。以外，三倍體品種、遠緣雜交品種等，其花粉的稔實
性較差，以致不易獲得種子。至於自交不親和性則爲花粉雖充實但亦
採不到種子，自花授粉亦是如此。後者因花粉發育不完全，故花粉塊
不充實，因此易於分別。可是三倍體品種，如果不存在不親和性時，
則需要耐性持續不斷予以授粉，否則就不可能獲得種子。因三倍體品
種的花粉稔實比率低，但也含有稔實性花粉。

　父本與母本之選擇基準應如何？一般以考慮蘭株負擔爲準，且
選擇株勢良好者爲母本，另外，考慮到花粉塊壽命較短，應以擁有新
鮮花粉者爲父本。如果想以母系的遺傳形質爲優先考慮而導入，當然
必須以擁有其特性的雌親爲母本，然而何種形質是母系效應的遺傳基
因，均無法充分得知。名花 *Phal.* Joseph Hampton 的遺傳形質，一般
都認定具有母系遺傳效應。

　雜交成功且獲得 F1 個體後，其實生個體群並未達到要求目的的
形質而未受認可時，其遺傳基因即可推測爲隱性（基因型）。故欲知
其基因型，宜速進行自交或回交育種，就容易獲得所求之表現形質的
個體，否則效果不彰。但是切勿失望，而是需進行二世代之雜交作
業，不然不易從子代中了解或是判定雜交育種結果之成功與否。

　雖然透過雜交得到種子與實生個體，但也可能存在非雜交種。這
可謂之單性（無配）生殖（apomixis）之關係，蘭科植物存有這種現

象已為大眾所知（水谷等，2002）。

可透過營養繁殖（分株、埋莖、微體繁殖）的蘭科植物，其雜交個體群中，如能選拔出一株齊備目的特性的個體時，立即可認定為「品種」。在營養繁殖前提下之雜交育種，雖然良品率甚低，但可得優質目的個體組合，以獲得持有多樣特性的各種個體，是何等受到渴望；此種雜交組合，是遺傳性質的異質接合體的組合，亦是頗適合高程度異質接合體的蘭花雜交育種。

2. 實生苗的品種選拔

育種成果和親本選擇有密切關係，但在雜交上究竟需要多少雜交，需要選擇多少實生苗為對象數量也是成正比的。蝴蝶蘭由出瓶至開花所需時間長，導致在暖氣費等生產成本高的日本的育種成本升高，故新品種的育成並不簡單。因此欲在日本境內開發新品種，要盡量提高品種開發效率且必須降低品種開發成本。

關於花朵形質，必須等到開花才能得知，然生育速度在瓶中就可判別。至於播種量需力求多量，並在生育初期即選拔生長快速者並限量栽培，就可將多數個體作為對象做嚴選作業。在瓶內幼苗其初期生育快速者，出瓶後小苗生育亦快，其性質在生產上而言很受歡迎。而耐病性等形質，在幼苗階段也可能判別出來。不管開出何等優質的花，如果不耐病或是生育緩慢者，就無法成為營利品種。非至生育最後階段才能發現的優良特性則另當別論，然而生育的各項形質，可在生育期中的早期階段多做選拔，在早期將選拔株加入以累計更多數量，就容易提升育種效率。

（二）倍數性育種

在洋蘭品種改良歷史中，並無積極性的倍數性育種作業，因此現

在栽培品種大概是三倍體或四倍體品種，原因在於從實生個體進行的選拔過程中，倍數性個體較易獲選為優異品種。二倍體與三倍體、四倍體做比較，後二者不但植物體較大、生育勢佳、易栽培外，花徑較大、品質多屬於上品，所以倍數性個體比較容易成為人為選拔的優秀品種。

　　三倍體出現原因，可能由於細胞減數分裂時無法正常進行而形成不減數配子（unreduced gametes）所導致。在蘭花育種上，不減數配子的形成發揮了重要作用（Arditti, 1992；Dorn & Kamemoto, 1962；青山，1996、2000；Aoyama, 2001；富安等，2004）。蝴蝶蘭的雜交栽培品種幾乎為倍數性品種（青山，1993），所以可以推定蝴蝶蘭亦可形成不減數配子（編按：蝴蝶蘭不減數配子的研究已發表證實，可參考美國園藝學會期刊論文 https://journals.ashs.org/jashs/view/journals/jashs/133/1/article-p107.xml）。

　　三倍體是透過二倍體（2n）個體產生的不減數配子形式（2n），與正常產生的單套配子（n）的個體雜交（2n + n → 3n）產生的。由此形成的雜交個體（3n）就不能進行正常的減數分裂，所以不稔實性配子增多。雖然稔實的可能性甚低，但有時會形成正常配子，育成次世代。此外，有些 3n 個體有時會恰巧產生不減數配子（3n）也具有稔實性，其與正常單套配子（n）結合即可能產生後代（3n + n → 4n），即成為四倍體。這些皆是自然的三倍體、四倍體發生的機制。由此可推想，這樣形成的倍數體的基因組間的相同性高時，其雜交個體就可形成稔實性的配子，透過蘭花的倍數性育種完成重要任務。

　　三倍體也可由二倍體與四倍體之雜交育種開始，而形成較多三倍體品種。三倍體植物在減數分裂時，染色體因配對不完整，導致幾乎不帶稔實性花粉或無法形成胚珠，因此不易獲得稔實種子。所以三

倍體品種就不容易獲得次世代，一般而言，三倍體不適合作為雜交親本。

　　四倍體品種育成的過程如前所述，由 3n 個體的不減數配子形成外，另可思考下列三種情況：

1. 分裂生殖細胞之自然倍數化。

2. 無菌培養繁殖過程實生苗之倍數化。

3. 分生苗增殖中在培養組織產生之倍數化。

　　尤其在培養條件下，細胞分裂週期變亂，導致容易產生倍數性細胞，而且在培養條件下，倍數性細胞容易生長旺盛等等，都使無菌培養苗成為四倍體的可能性增加。

　　分生苗增殖中所發生染色體之倍數化，成為培養變異的原因是廣為人知的現象（Vajrabhaya, 1977），至於二倍體品種，亦可用來誘導四倍體。在蕙蘭屬之培養中發生四倍體的機會，通常與添加植物荷爾蒙於培養基有關，可能會誘導組織內的倍數性細胞分裂，而培育出倍數性培養變異個體（Fujii 等，1999）。朵麗蝶蘭屬（*Doritaenopsis*）也是於組織培養時，培養基添加 2,4-D 就會使培養細胞的倍數性比率上升（Mishiba 等，2001）。

　　四倍體可以使用秋水仙素（colchicine）以人為方法誘導。在細胞分裂階段的組織使用秋水仙素，能妨礙紡錘絲及細胞膜（破壞微管組織）形成，所以通常在細胞分裂階段之染色體，即被滯留在一個細胞內，直到引起加倍染色體的有絲分裂。原球體（protocorm）、擬原球體（protocorm-like body, PLB）等分裂細胞組織如給予秋水仙素處理時，可能以高頻度獲得倍數性個體（Sanguthai and Sadawa, 1973；Griesbach, 1981；Wimber 等，1987）。但已經成為三倍體或四倍體的栽培品種，如再次給予倍數化，反而招致形質劣化，育種價值無法受到認可。

（三）單倍體（半數體）育種與實生系品種

　　蘭科植物使用種子繁殖的增殖品種方式並非常用方法，然蝴蝶蘭方面，一直以實生苗進行生產。因蝴蝶蘭實生苗之均一性程度，皆依雜交組合而有所差異。原生種在遺傳上，附帶著接近同質接合體的遺傳基因型，*Phal. amabilis* 系交配等以兄弟株交配（sibling cross），或是不同原生種間之 F1 雜交，即可獲得形質比較整齊的個體群。而且白色大型花雜交之組合，同樣也可得整齊個體群的雜交組合。所以繼續進行實生苗的生產，並從中選拔優良親本株，探討研究組合交配，就能育成更高品質的實生品種。育種起步較慢之黃色系、線條系（stripes）或小花系（mini）之交配種具高度複雜性之遺傳基因，因此實生個體之整齊度不佳。

　　從「品種」而言，「實生種」之整齊性，均較「分生苗」品種差，然實生苗亦有分生苗沒有的優秀特徵。茲列舉如下：

1. 實生苗本質上為無病毒（virus free）。
2. 蘭苗生產可計畫生產。
3. 一次授粉可得最大量實生苗（大約 10 萬苗）生產。

　　在分生苗品種普及下，實生苗的使用量正減少中，但在蝴蝶蘭生產上，實生苗的重要性都比其他蘭科植物大。

　　蝴蝶蘭之微體繁殖能產業化生產之際，尚要進行實生苗之育種培育，其最大理由何在？其目的在求新品種之育成，此原則也適用於他種洋蘭。尤其蝴蝶蘭之實生苗生產排除個體均一性質外，可說是一種完美技術，故認為可以作計畫型之蘭苗供應。倘若在技術上能確保品種整齊性一致，則可認定種子繁殖法就是該產業優良的增殖法。

　　欲育成形質一致之實生個體群（品系），則需擁有均一的遺傳基因之純系（homozygote）個體為親本。純系個體之自交品系則可得

如親本形質之同一個體群。然相異之純系個體之間雜交，則可得均一性及透過雜種優勢效應，得到比親本更優異生長勢的 F1 個體群。如果蝴蝶蘭也能育成單倍體時，那麼純系個體的育種，就有成功的可能性，有望確立種子繁殖純系品種。

　　單倍體之育成方法，以花藥、花粉培養或未受精胚珠培養，或依遠親雜交之單性發生授粉這些都是廣為人知的方法，所以可作為各種作物之育種方法，並於產業上實用化。蘭科植物至今尚未達到利用單倍體方法育成實用性種子繁殖品種之階段。「白及（*Bletilla striata*）」即利用 NAA（萘乙酸，1-naphthalene acetic acid）於未受粉花之柱頭上處理後，得到種子及發芽個體。這些植物之 DNA 含量，經測定僅有經由自交授粉而來的 1/2，且觀察染色體發現，由自交授粉的實生苗 2n = 32 的二倍體，而單倍體的染色體是 2n = 16。現在蝴蝶蘭亦是以相同方法得到單倍體，透過種子繁殖之純系品種、F1 品種之確立逐漸實現（市橋，2004）。而且依靠不活化花粉之雜交育成的單倍體的方法，亦為人所知（三吉，2004）。

　　單倍體育種法可否在蝴蝶蘭育種上實用化，尚存需要解決之極大問題。因育種技術進步而產生之現今品種，幾乎是四倍體品種，而從中經單倍體（花藥）培養所得之單倍體植物是為二倍體，這個單倍體（2n）不能保證是純系。因此後代不能獲得均一之個體群。然而為確立種子繁殖品種，其二倍體品種必須從原生種二倍體育成單倍體。從二倍體獲得單倍體（n），以秋水仙素處理後，即可得純系個體（2n），如進行自交作業（自家交配），則可得純系種子繁殖個體群，若是做雜交作業，就可得 F1 實生個體群。這些個體群之遺傳基因之組成，雖分別含有異質接合體及同質接合體，但都是均一之個體群。

1cm

▌圖 2-4　單倍體之育種，需切除脣瓣，並在柱頭塗上植物荷爾蒙。

四、育種的適地性

　　歐洲或是美國大陸西海岸選拔的品種，不適合於日本栽培，原因在於大陸西岸和大陸東岸氣候型相異所致。在園藝先進地區歐洲栽培的品種，很可惜很難以在日本栽培。所以日本之栽培品種必須在日本境內選拔，且確立符合日本型之品種。齒舌蘭屬等品種在歐洲的改良很有成效，在日本似有受歡迎之品種，然在涼爽歐洲選拔的品種，其耐暑性差，以致不適於日本夏季之高溫氣候栽培，故不能育成日本型品種時，則在日本境內大規模生產也難以實現。美國加州或是夏威夷選拔的品種也有類似情形。然事實證明，在日本選拔的品種具有優良耐暑性，頗適於日本氣候條件，解決了栽培問題。而在類似氣候型之中國、韓國境內也可能育成之品種，在日本境內適應性會如何？這是一個有趣的問題。

　　育種成果跟選拔對象之個體數成比例，然日本境內之洋蘭生產成

本高漲，因此要育成新品種並非易事。所以新品種開發在低生產成本
國家（原生地）進行或是在可銷售實生株國家（蘭花生產新興國家）
進行育種作業最有益處。對於實生株銷售困難及生產成本高漲的日本
而言，要進行育種作業之價值就需要強調選拔適合於日本氣候型之易
栽培品種，以及選拔受日本人喜愛品種之可能性原則。

　　至今洋蘭之接力式栽培方式已成為國際化之潮流，且究竟在何地
育種已變成令人苦惱的問題。基本上，是否在栽培期間最長的場所做
育種作業，或選擇栽培環境最惡劣之地方為育種場所較適合？在特定
的環境下，即可選拔適合其環境之個體，因此育種地點之選擇有必要
重新檢討。在國際化下，進行接力式蝴蝶蘭栽培之品種，在國外蘭場
應注意蘭花的姿態及栽培難易之特性，嗣後在國內蘭場應注意開花特
性及品質等，故接力式栽培模式，宜分為兩階段選拔較為妥當。

圖2-5　最近在日本不易見到的景象，但臺灣多數蘭園都自行雜交育種。使用分生苗株為雌雄親本時，任何人皆可從事育種作業。

五、蝴蝶蘭品種的特殊性

蝴蝶蘭為單莖性植物（單莖著生蘭類），營養繁殖並非其原本的增殖方式。自然狀態下也會由花莖、腋芽萌出營養芽，使蘭株產生群生狀態，然蝴蝶蘭在基本上，仍被視為種子繁殖植物。但蝴蝶蘭在生產上，其分生苗價值（優點）已經廣為人知。例如：育種遲延之黃色系、線條系或是小花系之雜交種，因雜種性高（遺傳基因複雜），致實生個體之蘭花形質整齊性不佳。因此分生苗品種生產、增殖是不可或缺之事。

蝴蝶蘭以外的其他蘭類的分生苗品種已經領先普及，且出現一流明星品種，對蘭類產業普及有極大貢獻。但是蝴蝶蘭中，尚有蕙蘭屬之 *Cym.* Meloly Fair var. 'Marilyn Monroe'、春石斛蘭屬之 *Den.* 'Snow Flake var. Red Star'、*Den.* Ekapol 'Big Panda' 等沒有出現一流明星品種。蕙蘭屬或石斛蘭屬等複莖性品種蘭株及分生苗之株齡壽命較長，100 年前之古老個體至今也能存活。所以原始株（Original ——僅由分株法維持繁殖蘭株）可經長期維持栽培。而且蘭株為自然增殖開始，因增殖可用芽數亦多，故加以抑制增殖倍率，仍然可增殖大量苗株。

雖然理由並不明顯，但蝴蝶蘭在一般栽培環境時，其生物世代（壽命）似乎不長。使用於現今品種之育種的古老原始株多數已不存在，分生苗品種之生物世代（壽命）也似乎很短暫。因可用於起始（start）繁殖芽數不多，需要設定高增殖倍數率，否則不能大量增殖。另外增殖速度緩慢品種也很多，這種品種必須預防注意「培養變異」之風險。此情形足以明示，如果不選用數個個體為親本，就不能確保必要苗量。蝴蝶蘭之分生苗品種宜由同一雜交組合選拔數個兄弟株組培量化，嗣後再由易組培量產之單株入選新品種，才是優良的之分生苗品種。

┃ 圖 2-6　蕙蘭 *Cymbidium* Melody Fair 'Marilyn Monroe'。為蘭科中最大量生產之暢
　　　 銷品種，與以前中輪花品種不同，本品種為大型花，花色受日本人喜愛，創造出蕙
　　　 蘭之黃金時代。蕙蘭最近在中國大陸頗受佳評。

六、生物技術（Biotechnology）

三位正洋

　　生物技術是利用生物具有的機能，且將各種技能用以改造細胞
及遺傳性之技術。可利用於植物的生物技術主要為組織培養、細胞融
合、遺傳重組這三種。蘭花的組織培養作為優良個體大量增殖或無菌
播種的基礎，是必要且不可欠缺之技術。蝴蝶蘭產業之成立更是利用
組織培養技術為基礎，詳細內容將在本書其他章節論述。在此僅以蝴
蝶蘭為主，說明其細胞融合及遺傳重組。

（一）細胞融合

1. 何謂細胞融合？

　　細胞融合一詞，簡單地說就是：將分離出的原生質體添加融合劑，促使兩原生質體發生膜融合為單一細胞之技術。植物中的各個細胞都由細胞壁包裹著，所以各個細胞互相接觸不會融合，但經人為方法去除細胞壁露出細胞膜，此為原生質體（protoplast），再以人為方法使之相互接觸，並破壞接觸面的細胞膜，使雙方細胞構成一體，就可取得融合細胞。

　　原生質體在適當的培養條件下，等待細胞壁再生後，通常細胞分裂會重複進行並形成癒合組織，如環境更為適當時，更會形成不定芽或不定胚，同時帶有成為完整植物體的能力。原生質體保有這種分化全能性，是由 Nagata 及 Takebe（1970）進行菸草研究後證實而來的。此後亦有許多透過植物從原生質體再生植物體之實例報告。一般認為由原生質體再生的植物體，用以進行細胞融合時，其細胞也可能分裂成為植物體。

　　細胞融合與植物受精類似，精細胞（雄）與卵細胞（雌）之間，如何產生配子（gamete）並給合成接合子（zygote）的現象，但從授粉至受精為止，過程中有各種阻隔，遠緣之植物間無法受精導致無法獲得雜交種。但原生質體的融合，與「種間」的遠、近緣關係無關，所以在無法雜交的植物間是否能育出雜交種，從 1980 年代開始就帶著期盼心情積極進行這種研究。首次實現此意圖者（德國的 Melchers 等）將無法雜交之馬鈴薯與番茄，以細胞融合法成功育出雜交種。此雜交種以雙親名稱合成命名為馬鈴茄（pomato），但很可惜，它不具稔性無法進一步應用於育種上而終止。但經由此次成功經驗，育種者

已開始利用細胞融合技術，進行不能「種間」雜交育種之研究，這種情況劇烈增加。

2. 細胞融合在花卉育種上之應用狀況

在花卉中，以擴大變異或導入有用基因為目的時，孕育許多種間雜交種，許多現存的重要花卉作物都依次發展。

但是種間雜交，仍以近緣的種間雜交為限，否則受精困難，或雖有受精但胚在發育中發生退化而停止發育，無法獲得雜交種之機會較多。在胚退化得不到雜交子代時，可在胚退化前將胚含胚的胚珠或是子房取出，並在培養基裡做人工培養，則可得到雜交種。這種技術謂之胚培養（以植物裸胚為培植體進行無菌培養，使發育不健全的胚、休眠胚及遠緣雜交胚發育成植株）。

尤其不易受精、又不適用於遠緣種間雜交種的胚培養，仍需依賴細胞融合技術，所以細胞融合具有極大意義。遠緣種間的體細胞雜交種，不稔之可能性大，但花卉上，一般都依賴營養繁殖的品種，若為有用的雜交種，就可能立即實用化。

另一方面，比較近緣的種間組合中，所得雜交種就可能有稔性產生，甚至可對其後的雜交育種抱有很大的期待。但是以融合為前提，透過原生質體的植物體再生條件確立的植物種類有百合、玫瑰、石竹屬（*Dianthus*）、滿天星、洋桔梗、鳶尾（*Iris*）、茶杯花屬（*Nierembergia scoparia*）、非洲菫等，其現狀少的令人驚嘆。在花卉上，利用細胞融合已育出雜交種的有石竹屬、矮牽牛屬（*Petunia*）等，可說極為稀少。這些若正常生育未來則可期待作為育種材料（親本）使用。但更遠緣的種間組合，例如：蘆筍（*Asparagus officinalis*）和 *A. macowanii* 或是小米撫子（宿根霞草）和石竹的屬間雜交種其生育異常，故移出試管外，即為困難又不能存活之狀態。細胞融合時，對於異質基

因組（genome）之混合，就難以預期變異出現或有擴大的可能，在有關花卉的範圍內作為大幅的變異方法時，細胞融合的育種是有可能實現的，所以以實用化為目標進行正式研究更是令人期待之事。

3. 細胞融合對蘭科植物的意義

通常育出種間雜種或屬間雜種，雖有受精，但雜交種的胚大多在發育途中退化。為解決此問題，需在雜種胚未退化前，將胚或含胚的胚珠或者將胚胎個別取出培養，這種技術稱為「胚培養」。蘭科植物現已分化多樣族群，和其他植物分類群比較，其種間生殖上的隔離還有許多未完成，所以不只在種間，在屬間只要近緣都會受精且產生雜種之可能性很高。但蘭花常在受精後，在胚未成熟前退化死亡，因此胚培養為有效方法。以無菌播種繁殖蘭花為普通的技術，另外從未成熟的果實中，取出種子播種也是常用方法，所以使用未成熟種子培養，也有可能得以繁殖雜交種。

像這樣在蘭花中以遠緣雜交為育種方法，愈遠緣育出之雜種，則愈有培育上的困難（育出遠緣的方法暫且不說），因此細胞融合受到重視，然從 1970 年代後半，蘭花亦有原生質體分離的案例報告。例如：Teo 及 Neumann 從腎藥萬代蘭（*Renantanda*）的原球體（1978a）或嘉德麗亞蘭（*Cattleya*）、蝴蝶蘭的葉片、石斛蘭（*Dendrobium*）或是拖鞋蘭（*Paphiopedilum*）的實生苗（1978b）等，均有原生質體單離之研究，在腎藥萬代蘭屬確認了大約 100 個細胞的群落（colony），而石斛蘭屬的融合亦在試驗中。另外 Price 及 Earle（1984）用石斛蘭、嘉德麗亞蘭、香莢蘭（*Vanilla planifolia*）等 10 種蘭花，以葉片、原球體、根及花瓣等各個部位來試驗原生質體的分離，發現葉片或花瓣適用原生質體的分離。尤其 Yasugi（1989）用 *Dendrobium nobile* 系的種源，從溫室栽培出之植株單離出原生質體，然後研究其培養條件。

在此可看到從分裂到綠色之擬胚（embryoid）形成過程，但很可惜，僅從照片所見，難以說明為明確的證據。其後雖有一些報告，像這樣原生質體的培養，幾乎難以創始分裂，雖有少許分裂，也僅有 1-2 次。不單是蘭科植物，而是在所有的單子葉植物中，幾乎沒有從細胞分化後獲得的原生質體，由癒合組織再生形成植物體的實例。在雙子葉植物中，透過多數的種可以葉肉原生質體等培養成功，何故單子葉植物培養有困難？其理由現今仍無法得知。美國蘭藝協會（American Orchid Society, AOS）雖在 1980 年代提供獎金獎勵無法以雜交法育種的種間雜交種，改用細胞融合方法交配雜種，但結果無法確立由原生質體再生植物體的方法，在獎勵期間內仍未見到培育雜交成功之報告。

4. 蝴蝶蘭的原生質體培養

(1) 蝴蝶蘭原生質體培養研究的歷史及任務

蘭科植物的原生質體培養最初成功案例，由 Sajise 及 Sagawa 於 1990 年名古屋國際蘭展會中報告。此次報告包含有關蝴蝶蘭原生質體的植物體再生，蘭花的原生質體培養等相關問題。那時候除蝴蝶蘭外，原生質體培養仍是困難的問題，蝴蝶蘭的成功就是利用他們確立的胚性癒合組織（embryogenic callus, EC）之培養系統（Sagawa, 1990ab）加以運用之結果。

如前述一樣，單子葉植物中，如葉肉原生質體，由植物體的一部分分離出原生質體做培養，在現階段尚有困難。分離原生質體，作為培養的可能性測試的確困難，但尋求可以培養的材料或接近完成方向，其結果更能成為捷徑。例如：單子葉與雙子葉之間並無分別，而在原生質體培養困難的植物中，以發芽後的實生苗胚軸或是葉片等幼嫩組織或癒合組織、懸浮培養細胞，從重複又經常分裂的細胞中單離

原生質體培養成功的實例亦很常見。單子葉植物中，日本在同時期的多個團體，從水稻數組的原生質體成功做出再生的植物體。這些是從種子誘導有胚性能力的癒合組織，或依賴花藥或花粉培養誘導產生之懸浮培養細胞分離的原生質體。這些材料帶有高分裂能力，同時帶有不定胚植物體再生能力，是其一大特徵。從無再分化能力的組織而得的原生質體，雖可分裂但僅停留在形成癒合組織（callus），並不能再生植物體。因而用於原生質體培養的材料，從一開始選拔、育種帶有再分化能力者培育，就成為必然條件。

雖然許多蘭花利用莖頂培養誘導擬原球體繁殖是一種傳統技術，關於蘭花利用癒合組織或胚性癒合組織的資訊目前仍缺乏。雖有嘗試由擬原球體及葉片產生原生質體，目前仍沒有獲得健康之原生質體的報告。因此 Sajise 等人能成功誘導蝴蝶蘭胚性癒合組織，令人極為驚訝的程度更勝於原生質體培養成功。

這次成功亦引起其他蘭花能否利用癒合組織培養的想法，唯至今僅有風蘭、名護蘭、萬代蘭等以單莖性蘭為主體，且直到最近才有蕙蘭屬的報告。但是這些植物中，尚無原生質體培養成功的案例報告。

蝴蝶蘭的胚性癒合組織打造條件並非那樣特別，以莖頂培養誘導擬原球體時，有可能同時形成極大量類似的芽球，將此細心培養增殖。通常此種癒合組織維持原狀的話就不會增殖，不久後就變褐枯死。如將存活部分分離後單獨培養依然不增殖而枯死。因為是這種性質的材料，或許誰都無法注意到如此的癒合組織。但如能將這些確實培養並從原生質體取得再生植物體，就必須說是極為偉大的功績。

蝴蝶蘭原生質體的培養發表後，市橋等人持續發表（Kobayashi 等，1993; Ichihashi and Shigemura, 2002），首先 Kobayashi 等人（1993）增殖以幼嫩花梗腋芽培養而得的淡黃、淡綠色之微粒狀的癒

合組織，並成為原生質體的分離材料。此癒合組織在之後報告中，稱之 CLB（callus-like body）（Ichihashi and Shigemura, 2002），在此確認同樣的癒合組織經由擬原球體後，會變成植物體，之後這種情形亦稱為胚性癒合組織。他們並非將此胚性癒合組織供作原生質體的分離來使用，而是將去除蔗糖（sucrose）與椰子水（coconut water, CW）的 P 培養基（市橋、平岩，1992）執行預培養 30 天，將綠化的癒合組織以酵素處理，即可分離 3×10^5 個原生質體。此種原生質體，在含有 5.5%（W/V）山梨醇（sorbitol）和 2,4-D 及椰子水液體的培養基，密度為每 1 ml 中，大約有 1×10^5 原生質體做懸浮培養。其結果在含有 0.05 mg L^{-1} 2,4-D 及 10% 椰子水的 P 培養基時最容易分裂，如能定期添加新鮮培養基，即可得到許多群落。群落作為癒合組織增殖後，呈綠化並經由擬原球體形成植物體。Ichihashi 及 Shigemura（2002）從 'Wedding March' 品種誘導出「胚性癒合組織」作為主要材料，做較詳細的原生質體分離與培養條件探討。在此所用癒合組織也同先前報告的，以 3 週不含蔗糖培養基執行預培養，分離原生質體。癒合組織因蓄積澱粉粒緣故，直接從其分離原生質體時，在精製過程中遭受破壞，導致減少收量。為了防止此情況，應在預培養中，先減少癒合組織中之澱粉粒後分離，可增加原生質體收量。預培養的原生質體收量大約是 1.3×10^6 個，在原生質體培養基加入碳源兼滲透壓調節劑，如山梨醇、蔗糖、麥芽糖三種做比較，結果對群落形成無顯著性的差異，但新鮮培養基添加山梨醇或甘露醇（mannitol）後，菌落的生長明顯。這種培養方法在開始培養 11 個月後，每 1×10^5 個原生質體大約有 100 個 2-3 mm 大小不等的 PLB 形成。這些 PLB 移植於花寶（Hyponex）培養基（又稱為京都培養基；Kano, 1965）中，生長成為幼小植株，可順利於溫室栽培。由植物之原生質體再生會發生同種

程度的培養變異是今後重要的課題。

　　蝴蝶蘭的原生質體將胚性癒合組織作爲分離材料時，可確立植物體再生的可能性，但目前並未看到有關原生質體培養之報告，亦無使用於細胞融合的報告。另外其他蘭花方面，雖有胚性癒合組織形態形成的報告，但原生質體的培養卻沒有任何相關報告。我們針對蝴蝶蘭也以同樣方法誘導胚性癒合組織，同時研究原生質體的培養方法，其結果已可確立高頻度、高再現性之植物體再生方法，之後就可以此方法來進行解說。

(2) 帶有形成不定胚能力的胚性癒合組織誘導與懸浮細胞之確立

　　胚性癒合組織是自具有可續性生長花莖，位於下位節的腋芽（營養芽）之帶有葉原基的莖頂切取 1-2 小片（寬約 0.5 mm × 高 1 mm），並在含有 0.1 mgL^{-1} NAA、1 mgL^{-1} BA（苄基腺嘌呤，benzyl adenine）、10 gL^{-1} 蔗糖及 2 gL^{-1} 結蘭膠（gellan gum，水晶洋菜）之 New Dogashima 培養基（NDM）培養即可得（Tokuhara and Mii, 2003）。在此培養基中莖頂組織肥大，PLB 形成複數，但基部處有時僅有癒合組織形成。這種癒合組織暫時維持原狀，但不久之後即褐變死亡，故必須移植於新培養基中以利增殖。引起褐變原因在於加入培養基中之糖濃度過高，所以蔗糖濃度並非常用的 2-3%，而是宜減至 1%，才不致死亡而有益於增殖，目前已得到確認（Tokuhara and Mii, 2001）。癒合組織開始增殖時，將蔗糖濃度調升至 2% 亦不會有死亡現象發生且增殖良好，同時亦可作爲繼代培養基。這種蔗糖濃度變化對於癒合組織生長影響之原因並不十分清楚，但大體上可建立癒合組織的培養系。

　　如此得到的胚性癒合組織直接爲原生質體的材料時，就如市橋等上述之所得結果一樣收量不佳，細胞分裂率亦低。從而我們應使用含

有 2% 蔗糖誘導癒合組織與相同組成的培養基，以供胚性癒合組織移入，並用 80 rpm 振盪培養，可誘導微細的細胞團形成之懸浮培養細胞於試驗使用。使用這種培養方法時，每隔 2 週繼代一次，並用 1 g 細胞在 40 ml 培養基中培養，可得到 4 倍增殖率。

(3) 原生質體的分離法

　　每間隔 2 週可製作繼代培養的細胞，用酵素溶液處理 7 小時，新鮮的細胞每 1 g 可得到 2×10^6 個原生質體。通常原生質體之收量及分裂難易度和培養細胞繼代後日數雖有很大關係，唯蝴蝶蘭於第 8 天的懸浮培養細胞為分裂最高點。用此一結果為基礎，現階段皆使用第 8 天的細胞為分離材料，但最適當的分離時間，常受到品種或誘導的細胞系不同而異，另外受培養基組成、繼代間隔或培養量以及移植細胞數量等各種要因而變動。因此需由細胞的性質，進行研究每一培養物最適當之分離條件。

　　原生質體的分離上，分解細胞壁的酵素組成是重要的因素。細胞壁主要構成成分由纖維素（cellulose）及果膠（pectin）所組成。纖維素為高分子體由多數葡萄糖聚合，是細胞壁主要成分。對比果膠為酸性多醣類，它可使每個細胞具黏著的作用。此外，多醣類有半纖維素（hemicellulose）及非水溶性的多醣〔（甘露糖：mannose）、（半乳糖：galactose）、（樹膠質：xylan）等〕在數量上極少。因此，同時供給可分解纖維素的纖維素酶（cellulase）與可分解果膠的果膠酶（pectinase）使黏著的細胞剝離，同時進行細胞壁分解作用，則可使原生質體分離。但原生質體內（尤其液胞中）含有各種物質，因高滲透壓的關係，細胞以酵素水溶液處理時，失去細胞壁的細胞（原生質體）會吸取水分而漲大，使細胞膜無法忍受而破裂。因此為抑制此種現象，可用高濃度（0.3-0.7 M）的糖（葡萄糖或蔗糖）或再加糖醇

（sugar alcohol）（山梨醇、甘露醇）。如想再進一步爲安定保護細胞膜與不易受破壞時，則多供給鈣離子。

市售品常用的纖維素酶有纖維素酶（Cellulase Onozuka R⁻10）、Onozuka RS（養樂多本社）、崩潰酶（Driserase，協和發酵）、果膠酶（Pectinase）、離析酶（Macerozyme，養樂多本社）及其他果膠離析酶（Pectolyase，盛進製藥）等，纖維素或果膠的組成，依植物或組織不同有很大差異，所以酵素的種類或濃度因組合而改變，以求最適合的酵素組成。

一般來說，纖維素酶用量爲 1-2%，果膠酶使用量爲 0.05-0.5%，範圍內較多。我們從蝴蝶蘭的懸浮培養液細胞，爲了分離原生質體，

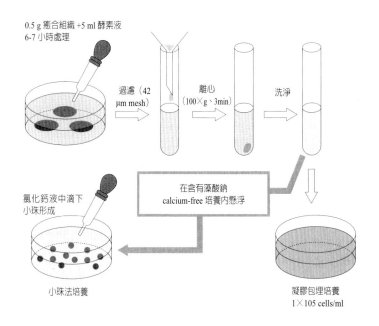

圖 2-7　蝴蝶蘭原生質體的分離與培養過程。

所用的酵素組成仍以 2% Cellulase Onozuka R-10、0.5% Macerozyme R-10（離析酶 R-10）、10 mM $CaCl_2 \cdot 2H_2O$、5 mM MES、0.6 M D-Sorbitol（D- 山梨醇）等，之後 pH 值調整為 pH 5.8 以便備用。可單獨調整 pH 值，以不致有害原生質體的 pH 5-6 內，得以維持並帶緩衝作用。用於分解細胞壁的酵素，雖以 pH 4-5 最合適，但原生質體在 pH 5 以下時，會急速地失去活性，所以有提高酵素液 pH 值的必要性。又細胞壁的分解有的是由死亡細胞放出的各種物質，若會使酵素液 pH 值急速地變化，就須添加緩衝液 MES。

　　酵素處理時間因受到當時細胞狀態而多少有變動，故需在倒立顯微鏡下觀察確認其分離狀況。依據酵素所含的不純物與分解產物的影響，就有波及危害原生質體的物質。另分離的原生質體長時間放入酵素液中，可能使原生質體活性大為降低，進行原生質體的分離時，宜謹記在心。

　　原生質體的分離，溫度與光線條件亦為重要。原生質體分離所需酵素的最適溫度雖然約在 40-50℃內，但植物細胞通常皆無法忍耐如此高溫，故一般仍以常溫 25-30℃內進行。當光線照射原生質體時，活性氧增加，可能降低原生質體的活性，故分離須在黑暗下或是弱光下進行。因此懸浮培養細胞在弱光進行培養時較無太多問題。

(4) 原生質體的精製法

　　在培養分離的原生質體時，如酵素液殘留於培養用的培養基內，即可能引起分裂的阻礙。又分離過程中，受到一部分損傷細胞或死亡細胞混合時，即會產生酚類（phenolic）阻礙物，對原生質體的生存有不好的影響。更進一步來說，若未消化的細胞塊混入的時間點，正巧為培養過程中開始增殖的時期，就難以和歷來分裂的原生質體細胞塊區別，因此分離後就必須精製原生質體。一般而言，需事先把含有

原生質體的酵素液只讓原生質體通過，但爲使未消化的細胞塊等大分子便於篩除，因此需製備適當規格的網孔俾以過濾。在蝴蝶蘭的細胞培養過程中，所分離出的原生質體，其細胞都未完全發育，而含有豐富細胞質的細小原生質體，因而一般上使用 42 μm 的尼龍膜（nylon）即可。接著將過濾液以 100×g 做三分鐘離心時，原生質體會沉澱於底下。然後將上層澄清酵素液用巴斯德吸管（pasteur pipette）吸除，再用洗淨液（0.6 M 山梨醇，5 mM CaCl$_2$ · 2H$_2$O，5 mM MES，pH 5.8）進行懸浮並再一次離心。這種洗淨操作重複二次後，移入指定密度的培養基內懸浮。精製而成的原生質體，可利用血球計算盤（haemacy-tometer）來核算收量。蝴蝶蘭的懸浮培養液細胞 1 g 大約可得 2×10^6 個原生質體。

(5) 原生質體培養用的培養基組成

　　原生質體培養用的培養基和組織培養用的培養基，基本上是相同的，但如同原生質體的分離，依據植物種類或是組織不同，細胞攜帶的滲透壓即有差異，故欲防止酵素中的滲透壓超出過多的量，則有添加滲透壓調節劑（osmoticum）的必要性。一般而言，從葉片分離的葉肉細胞，就是在 0.5-0.7 M 範圍，癒合組織或懸浮培養的細胞，就需使用 0.3-0.5 M 較低範圍的濃度。滲透壓過高，會因過度的脫水逆境而造成分裂困難，但另一方面，若滲透壓過低時，分離過程中原生質體則易破裂。

　　原生質體培養的研究創始後，植物可代謝的糖（如蔗糖或葡萄糖）的濃度過高時，可能對細胞有毒性，而山梨醇或甘露醇通常被認爲是植物不易代謝的糖醇，若利用此類滲透壓調節劑作爲碳源時，通常以舊有的方式，培養基中需另外添加蔗糖，唯實際使用上，若利用像葡萄糖一樣的單糖作爲滲透壓調節及碳源的供應，則少有問題產

生。但是於 NDM 培養基（Tokuhara and Mii, 1933）中，會再加入 0.06 M 蔗糖及 0.44 M D-sorbitol，兩者合計為 0.5 M，並使用於經調整後 pH 值為 5.8 的培養基。培養基中，除糖以外會產生滲透壓物質者尚有無機鹽等，故當培養基組成發生變化時，培養基全部的滲透壓雖會變動，唯大都受制於滲透壓調節劑濃度高低的影響。

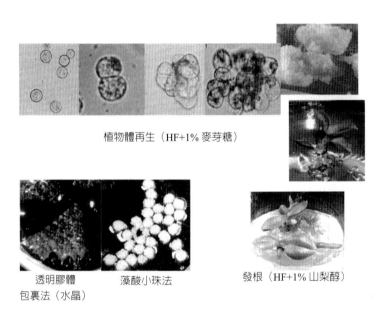

植物體再生（HF+1% 麥芽糖）

透明膠體
包裹法（水晶）

藻酸小珠法

發根（HF+1% 山梨醇）

┃圖 2-8　由蝴蝶蘭的胚性癒合組織獲得的原生質體及其培養。

(6) 原生質體的培養法

原生質體的培養，一般都使用液體培養基或是以洋菜精製的瓊脂糖（agarose）、結蘭膠（gellan gum；註冊商品名：Gelrite，水晶洋菜）或是藻酸鈉等，以白明膠（gelatin）包裹後培養。當時可調整為 5×10^4 - 1×10^5 個，在 6 cm 的細菌培養皿中，以 3 ml 比例平均分配，在細菌培養皿的封蓋可用石臘膜（parafilm）密封，以防止汙染

物入侵及培養液蒸發（編按：在臺灣亞熱帶高溫多溼環境，石臘膜密封不久會裂開，吸引螞蟻等昆蟲侵入而造成感染，可嘗試使用保鮮膜封口）。植物的液體培養液培養可能僅會讓細胞肥大生長而已，也可能有不正常分裂者，蝴蝶蘭的胚性癒合組織來源的原生質體就可分裂。原生質體間在初期則會因相互黏結而形成多細胞化後分裂，或同樣群落間黏結成複數的群落，並於混雜狀態中提高長大的可能性。為了細胞融合而進行的原生質體培養，其最大目的在於育出雜種植物，然而以非融合產物的黏結後而逐漸長大者，似乎在最後階段，可能會出現嵌合體（chimera）。無論如何，極為重要的是原生質體的培養，宜單獨的原生質體分開，且不可與其他的混合一起，故常使用液體培養基。然而，目前認為利用白明膠包裹，勿使之流動來培養，較符合期望。因在液體培養中，較易發生細胞分裂不正常，而且分裂率就一般而言，都較使用白明膠包裹者低許多。所以固定於凝膠中，其分裂面就容易趨向於穩定，而且細胞分裂容易表現正常情形，為使用此法的最大理由。通常使用於蝴蝶蘭的凝膠化劑為 2 gL^{-1} 的結蘭膠，之後將凝膠做成小滴狀，並在液體培養基中，以漂浮狀態培養。原生質體群落的生長，會由於死亡細胞或培養基中所排出的代謝物，以及培養基養分的消耗等，引起抑制，因此在途中即停止生長或死亡者不少。現在為避免這現象，即需要添加新鮮培養基或做全面性更新培養基的必要，這樣的液體培養基中，使凝膠為漂浮狀態時，則容易做培養基的更換，亦可助長群落生長。蝴蝶蘭每隔 2 週降低滲透壓調節劑的濃度，較有利於群落形成的效果。

　　多數的植物原生植體若健全且於較佳的培養基內培養時，即在3-4 天後，就可見到初步的分裂，之後一個月即可得到肉眼可見的細胞塊群落。蝴蝶蘭的培養，其分裂進行較為遲緩，故要達分裂開始，

大約需時一週者相當多。於 2 週後分裂的原生質體比例雖爲 8-14%，但自 2 週以後開始分裂的原生質體亦爲多見。

從開始培養 2 個月後，形成的群落移植於再分化培養基（1% 麥芽糖、HF、NDM 培養基、0.3% 結蘭膠、pH 5.4）中，待 1-2 個月癒合組織就變化爲綠色，而 2-3 個月後擬原球體或不定芽即形成。但此種培養基不適於發根，所以宜改移植於含有 1% 山梨醇的培養基中，之後就形成新芽及根，而成爲正常的植物體。這種山梨醇培養基被使用於最後階段，其原生質體從分離後 1 年半，即可得帶有葉片 2-3 片的再生植物體。

5. 蘭花細胞融合的現狀及未來展望

目前蘭花尚無以細胞融合技術所育出的雜交品種報告。於日本將蝴蝶蘭原生質體胚性癒合組織由來的原生質體與萬代蘭利用擬原球體所分離出來的原生質體以電氣融合法融合，則如書首彩圖 v 頁下方所示，得到一個個體，但生長極爲遲緩，所以從融合後大約歷經 10 年未見開花而枯死。現在採用經改良過的培養方法，仍持續進行相同的研究。

像這樣利用蘭花的細胞融合，以創育雜種，表示尚未獲得重要性的成果。但與其他多數報告一樣，若選擇略近於近緣屬間的融合對象進行時，即可能獲得充分正常生長的雜種。

反覆思考四倍體蝴蝶蘭可快速發展育種的原因，認爲以異種間做融合，雜種即刻就有複二倍體的形成，因此即可期待可創育具有充分稔性的雜種。尤其進行異品種間的融合時，兩者優點兼備的優良品種就有快速創造的可能性。又單純以同一品種作倍增手段亦有利用的可能性。歷來植物的原生質體利用一般的組織培養方式，出現變異體的機會爲高，故要利用此手段以獲得有用的變異體時，似乎有值得檢

討的必要。目前尚有許多未明瞭的問題，也是今後期望研究發展的目的。

　　另外將單親的細胞預先利用適當的輻射劑量進行放射線處理後，配合正常的另一單親細胞以進行細胞融合。這樣的融合稱為非對稱融合，即其處理的細胞核會受到障礙，失去正常的機能，並在融合後的分裂過程中受到排除。此時，細胞質的粒線體（mitochondria）或葉綠體（chloroplast）的數量多，DNA 含量與核作比較則極為微小，故難以受到阻礙，呈現核雖是指一方但細胞質是兩親而來的基因組共存而成的狀態。像這樣的細胞在重複分裂中，兩親中任何的葉綠體、粒線體會殘存，即是屬於一般性。葉綠體或粒線體都攜帶著獨特的 DNA，尤其粒線體的 DNA 上，因具有控制細胞質雄性不稔的基因，所以在蔬菜或花卉育種上擔任著重要的角色。

　　將攜帶著細胞質雄不稔性的系統加以放射線處理，使細胞核不活性化之後，以持有正常的花粉稔性的系統進行非對稱融合時，這種正常系統與雄性不稔的粒線體一樣，具有形成細胞的可能。從此細胞再生植物體時，就可獲得細胞質雄不稔性而誕生新系統。雖然目前仍無法活用雄不稔性於育種上，但葉綠體或粒線體中存在著與光合作用及呼吸作用有關的重要基因，因此將來就有以導入這樣的基因進行非對稱融合的可能性。

（二）基因工程

1. 基因工程的育種意義

　　生物持有的全部性質，皆由基因決定，其基因能否起作用、構成軀體的各個細胞在全體之中占有哪個位置或放置在哪一種環境，都有一定依據。環境固然重要，但若無基因，環境雖會起作用，卻變成無

法配合作用的對手。為此務必使之持有新的性質，故必須從外面獲得基因。通常依據交配的生殖（有性生殖），就要經過減數分裂所得到具有各樣基因所構成的配子同伴受精，而所得次世代的全部個體都攜有相異的基因所構成的個體。這是大自然中最基本的基因重組情形。而依有性生殖由兩個個體持有的基因，在被適當的替換而構成持有和親本不一致的基因，以誕生下一代後裔。植物育種時，通常進行交配作業，之後選拔兼備雙親優點的個體，這就是利用生物原來攜帶的基因重組能力的事實。

對此，現在一般上使用的基因工程所述的概念，可應用於以人為取出的特定基因為目的的生物細胞植入技術。受植入的基因處於染色體上的某位置時，當一次排入，其後對生物的一個基因就會發生作用，也會成為該生物的一個基因而相偕作用，因此與其他的基因一樣會遺傳到子代。基因即是所謂的 DNA，是全部生物所共通的物質，所以雖說遠緣物種間可能無法交配，亦可利用基因工程導入基因。一種生物能從他種生物獲得原本不具有的性質，可謂之劃時代的技術，然在生物改良手段上仍處於討論階段而已。

已經說明過的細胞融合技術，所述為將欲融合的雙親基因組全部湊合且持有以進行育出雜種為目的，此與一般的交配相同。在包含蘭科植物的花卉中，以不同種間育出雜種，而擴大變異幅度，就有可能育出新品種，且持有觀賞價值可能性的作物，實際上有很多成功例子。但是育種較為進步的多數作物，和不同種之間的交配，仍以重複雜交以獲取特定的有用形質為目的，為僅及於育出雜種而已。那種情況下，對於育出的雜種進行重複雜交育種，俾便去除不需要的形質，而導入所需目的形質系統的新品種。這樣一系列的操作需要很大的勞力及時間，但有不一定可完全排除不必要的形質限定範圍的問題。因

此基因工程不至於改變種或作物大部分性質，僅是所需之目的性質可重新導入且完成的技術。某一種特定的品種作爲對象，那品種的特性也不至於發生損害，並可持有耐病性等，故其價值極大。在蘭花育種進步的過程中，其情形亦相同，在此處將全部基因重組技術以蝴蝶蘭爲例子，說明蘭科植物的相關研究現狀。

2. 基因的探索

(1) 有用且可利用的基因探索

　　將基因利用於育種實務上，首先需有可利用的基因。所需要的基因，不可能自膨大的染色體 DNA 中直接取出，在染色體上，以高頻度出現一樣鹽基排列的短 DNA 片段（標記基因，maker）等爲線索，將與目的基因有密切連鎖關係的標記基因尋找出來，因此發現該線索基因的存在位置並將其取出來的作業是必要的。重要作物等要以持有形形色色的性質可成爲標記基因的 DNA 作爲交配實驗的根據，而把握互相的連鎖關係，分開各個相對應染色體的連鎖群，以製作有斷片位置的表示圖，這稱爲染色體的物理地圖。成爲標記基因的 DNA 片段愈多，就形成高密度圖譜，有用形質及最容易獲得接近於標記基因的機會愈大，所以基因亦容易分離。另一方面，以前特定生物持有的全基因組需做分明的作業，就基因組計畫（genome project）已完成阿拉伯芥及水稻的全鹽基排列（編按：目前已有許多植物基因組被解序發表，包括蝴蝶蘭）。

　　DNA 的鹽基排列中，以帶有基因作用的部分受到限制，其他部分的機能仍爲完全不清楚的領域。基因的開頭，具有必要的啟動子（promoter）共同的鹽基排列附著於前頭，所以計算排列啟動子數量，即可推算其基因數量。但是，大多數的基因至今仍處於尚未明白的狀態。因此標記基因的鹽基排列及目的的基因在高度連鎖關係下，以標記基

因的某位置為基礎而位置接近於基因，可以有特定表現的時候，那基因就比較簡單而得以分離出來。

在技術進步之下，全球的研究者，將龐大數量的基因取出，並正在進行解析其機能，故我們可利用的基因數量亦在急速增加中。

具有同樣機能的基因，通常都攜帶著類似的鹽基排列，以在分離基因的鹽基排列情形下作為基礎，從他種植物中亦容易取出相同機能的基因。基因工程裡，濾過性病毒（virus）或細菌（bacteria）的基因在轉殖植物中容易被表現即是一例，植物原來的基因導入對象的植物不同，基因有時候也會有無法順利起作用的情形存在。使用近緣植物的來源基因，有較容易表現的趨勢，所以要使用哪個生物的來源基因也是重要的問題。基因組計畫是由重要的植物依次序開始著手，基因的鹽基序列解讀技術，今後定會日益進步，在蘭花之中，選出任何代表種類，並明瞭全部鹽基序列之日為期不遠（編按：目前產學界已利用高通量定序技術，將多種植物基因體鹽基序列解序）。

(2) **蘭科植物的有用基因分離與改變花型控制 ABC 模型（model）**

在植物的花朵中，可見到較原來花朵大且形狀變化的突變種。在阿拉伯芥或金魚草中，就可見到如前述一樣的變異體，此突變種形成的原因，乃由於特定功能基因被解析分離。如此的基因具共同性，被稱為 MADS Box 基因（鹽基排列），此類基因在動物、酵母等眾多的生物中皆可見到。此基因的功能為調節其他基因轉錄作用，稱為轉錄因子，因此可視為與生物的各種生長過程的調節有所牽連。

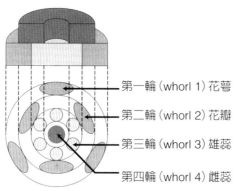

第一輪（whorl 1）花萼
第二輪（whorl 2）花瓣
第三輪（whorl 3）雄蕊
第四輪（whorl 4）雌蕊

▌圖2-9　百合科植物花朵的修正 ABC 模型。花朵結構有4輪器官，包括花萼、花瓣、雄蕊及雌蕊，由 ABC 三群調節基因為基本的操控，這叫做 ABC 模型，為便於說明以阿拉伯芥（*Arabidopsis thaliana*）花的形態作為遺傳學上的模型。現在此模型已相當清楚明白且適用於多數植物上。但百合科植物花朵中，其花萼、花瓣區別欠缺，外花被、內花被由同質（性質成分相同）的花瓣狀形成。為說明百合科植物的關係，即有提出變形的 ABC 模型。ABC 模型首先從觀察方面，可從4輪同心圓狀的領域（輪生體，whorl）去思索。這4輪各自為第一輪（whorl 1）花萼、第二輪（whorl 2）花瓣、第三輪（whorl 3）雄蕊及第四輪（whorl 4）雌蕊。在上列圖例中，就是對應 ABC 模型3群等領域所發現的相關基因。A 單獨作用控制萼片形成；A、B 兩輪共同作用時，控制花瓣（內花被）形成；B 及 C 同時作用就控制第三輪雄蕊形成；僅 C 群基因單獨表現時控制中央的第四輪形成為雌蕊（心皮，carpel）。一般來說，蘭科植物的花較百合科植物的花具有特殊關係，故現在暫且以這樣的模型當作基本，而進行思索持有 ABC 模型機能的基因。還有 ABC 各基因間的相關性，可能持有相同機能的複數基因存在，於不同種植物就個別給予命名。

　　目前植物對此等轉錄因子和花器官的形成具有密切關係的研究正盛行中，而在解析阿拉伯芥（*Arabidopsis thaliana*）花的變異研究基礎下，與 MADS Box 基因群相關的 ABC 模型受到提倡。這模型就花朵形成於 ABC 各個不同基因群的組合重要性，A 群基因控制萼片形成，A 及 B 群基因共同作用控制花瓣形成，B 及 C 群基因共同作用控制雄蕊形成，C 群基因單獨作用時，控制雌蕊形成。這模式因植物的不同多少而有影響，並以花朵形態形成的說明為基本模式且受到廣大

採用。直到最近，許多研究仍著重於蘭科植物的花芽分化或參與器官形成的基因的相關研究。

　　新加坡大學的 Goh 團隊，利用秋石斛 *Dendrobium*'Madame Thong-In'於未分化狀態的莖頂組織分離出同源異位基因（homeobox gene）*DOH1*，可能是石斛蘭基因組中 class 1 *knox* 基因唯一的一個，花芽分化時期表現量降低（Yu 等，2000），他們又發現阿拉伯芥花芽形成最初的階段需要 *APETALA*（*AP1*）基因（A class 基因）與被認為持有同樣機能的 3 種類的 MADS Box 基因相似，且分離出 *DOMAS1*、*DOMAS2* 及 *DOMAS3*（Yu and Goh, 2000）。他們利用基因槍（particle gun），導入 *DOH1* 的反義基因於擬原球體中，轉殖植株的 *DOH1* 表現被抑制時，實生苗在短期間內即開花（Yu 等，2000）。他們更進一步將 *DOMADS1* 的啟動子分離，並與報導基因（reporter gene）GUS 融合。這種融合基因於轉殖導入石斛蘭中，發現 GUS 表現部位與 *DOMADS1* 的 mRNA 表現部位一致，使花芽分化時，能準確在確定時期及場所表現基因活性（Yu 等，2000）。

　　另外在臺灣臺中中興大學的楊長賢 Yang 團隊自文心蘭 *Oncidium* Gower Ramsey 分離出與 B class 基因的 *APELATA3*（*AP3*）相似鹽基序列的基因稱為 *OMADS3*（Hsu and Yang, 2002）。但是這個基因和一般植物的 B class 基因不同，並非只在花瓣形成範圍表現，而是在全部的花器官全部及葉片都可表現。綜合其實驗結果與前人研究後作出如下推論，這類基因是單子葉植物所共同存在且持有機能的 TM6 之類的基因，可能控制花芽分化與其後花器官形成。他們又從文心蘭分離出 *AP1* 群的基因，命名為 *OMADS1*（Hsu 等，2003）。這個基因跟阿拉伯芥的 *AGAMOUS-like 6*（*AGL6*）基因的核酸序列極為相似，且在莖頂分生組織與花脣瓣（lip）及雌蕊處表現基因活性。*OMADS1* 和先

前分離的 *OMADS3* 有強烈的相互作用。將此基因與 35S 啟動子融合，導入阿拉伯芥的轉植株時，可控制決定開花的關鍵基因 FT 與 SOC1 的活性化因子的作用，且可以觀察到促進開花的情形。

在臺灣還有臺南成功大學的陳虹樺 Chen 團隊，從姬蝴蝶蘭（*Phalaenopsis equestris*）分離出 MADS Box 基因。他們著重於 B class 基因，而且分離出 4 種與 *DEFICIENS*（*DEF*）相似的 MADS Box 基因，包括 PeMADS2-PeMADS5（Tsai 等，2004）。此等基因雖在花朵全部器官上都有表現，但三脣瓣（peloric）的變異體（花瓣變異成脣瓣狀，花朵、全身的左右非對稱而是變成放射狀）時，此等基因已經產生變化。亦即是 PeMADS4 表現在野生型（正常的花朵）脣瓣與蕊柱，在變異體中，只在脣瓣化花瓣中可表現。又 PeMADS5 主要在花瓣表現，在蕊柱表現量較低，但在變異體就完全看不到。更重要的事為三脣瓣變異體 PeMADS5 的啟動子領域內的鹽基序列有差異，而基因的第 5 個插入序列（intron）確認有插入變異。蘭花的培養變異，較常出現像如此的三脣瓣變異體（Tokuhara and Mii, 1998）。

這些研究首次在 DNA 層次探討花朵變異原因，有重要意義，今後亦可期待積極研發變異抑制技術。他們另外分離一個 B class 基因 GLOBOSA/PISTILLATA，稱作 PeMADS6（Tsai 等，2005）。這個基因在花朵各器官表現基因活性，同時也暗示了抑制子房或胚珠發育情形。尤其這種基因轉殖在阿拉伯芥，轉殖植物的萼瓣變為花瓣化的同時，花朵壽命延長 3-4 倍，果實成熟期受到抑制，由此推論 PeMADS6 不僅對花朵形態形成調控，另外和花朵壽命以及子房發育亦有相關。

以上在蘭花植物上，除花形外，幼齡開花或花朵壽命，以及變異原因等有關的研究已經依次完成。像這樣的研究已在新加坡或臺灣等地為中心進行中，意謂著蘭花在這些國家中有其重要性。在同一時

期，日本幾乎很少對蘭花進行相關的基因研究，今後則期盼有積極性的研究者出現。

　　蘭科植物的花朵為單子葉植物中最進化的一種類型，尤其花朵形態構造極特殊化，因此藉由參與決定花形研究工作，便可期望找出各種獨特相關的基因。此外，蘭科植物多樣化花型的進化過程足以令人驚奇。因此，參與花朵形態形成的基因，在今後對於主要走高園藝價值的蘭科植物來說，做更進一步的改良及對未利用的「種」能使它園藝化時，一定能產生很大的貢獻。

3. 基因轉殖的方法

(1) 基因槍（particle gun）法的基因導入

　　在基因導入①利用手槍發射子彈般同樣的原理，將基因 DNA 載體附著於微細的金屬粒子表面上而打入細胞，為直接導入細胞內的方法，與②將農桿菌（*Agrobacterium*，一種土壤細菌）與植物細胞或組織共培養，使其感染植物細胞而將標的基因送入的方法，目前使用最多。前者①可以粒子槍或是基因槍稱之為 particle gun，亦可就英文原意為金屬粒子對著組織片炮擊而以 particle bombardment 或 biolistic bombardment 稱之。

　　在基因槍法中，金屬粒子（直徑 1 μm 程度）有必要均一性的命中在目標組織。因受空氣阻力過大，為使這樣的微細粒子飛起來，其內部必須接近於真空，並使用減壓設計。使用的金屬粒子，一般都用對細胞低毒性的金屬（如金粉或鎢粉）。在這種金屬粒子上，使之附著質體 DNA，尤其將此粒子在支撐膜上均一附著。將薄膜用氦氣壓力（helium gas）一口氣射出，就跟著薄膜前面的格子狀制止器（stopper）相撞。這相撞的衝擊使薄膜上的金屬粉末彈射到放在數 cm 下的植物材料（癒合組織或是葉片等，對於蘭花就使用擬原球體）

相撞，而被打進組織內。因粒子飛離範圍受到限制，其範圍有必要設計一個既無縫隙，又鋪滿了一個標靶（目的物，target）的組織。決定發射時，視氣體壓力、標靶距離、植物表面堅硬度等，是否可送入組織內部，由上述這些條件做決定。過度強力發射時，組織本身的損害（damage）變大，如過於微弱就不易送入組織內部。如果不能順利打入組織內部時，在接近表面的細胞中或是細胞間隙即殘留粒子。為有效引入基因，每一細胞間隙均必須打入粒子。雖是送入細胞內，但如果送入占有大部分空間的液胞內時，DNA 就即刻被分解掉。因而除液胞外僅進入細胞質內的場合，就可能引起形質轉變的可能性。大部分的 DNA 在這裡雖可分解，唯在金屬質體 DNA 有大量黏著，並且不被分解的一部分 DNA 在細胞內移動，以進入細胞核中，而編入染色體上。從一開始就被打進細胞核內的情況，那就難以分解了。像這樣一連串 DNA 導入細胞核流程的過程，其原因仍不清楚。

為了檢討金屬粒子打入時的條件，通常利用含有報導基因 GUS（β- 葡萄糖醛酸酶基因，β-glucuronidase gene）的特有載體。基因進入細胞核時，不受到分解且併入染色體時，在短時間內即可進行轉錄與轉譯，則所謂的 β- 葡萄糖醛酸酶「酵素」就被開始製造。這個酵素可以跟外加基質（受質）X-gluc 反應，將其分解以產生藍色色素（編按：X 為一種吲哚環（indole）化合物的縮寫代號）。以解剖顯微鏡觀察時，在轉殖 GUS 基因進入的細胞，已被染成藍色，利用這一點可以調節粒子擊出的速度或標靶組織的距離。條件決定後，以特有目的的基因用質體（plasmid）進行處理。這樣引進於細胞內的基因，再被併入染色體前，短暫期間所表現的活性就叫做暫時性表現（transient expression）。對於暫時性表現無法觀察到時，要確認安定又是併入於染色體的轉殖體並不容易。

基因槍法只要有適當設備時，不同植物種都可使用，因金屬粒子僅能進入組織表面，所以從那部分難於分化不定芽的植物，轉殖株就不易獲得。另外，有時候轉殖株有嵌合體問題存在。更進一步，為了使標的基因能夠在轉殖細胞多數複製，可使同一基因的多拷貝（copy）送入一個細胞。細胞內存在多拷貝基因時，可能增加表現量，但也有可能拷貝數過多會干擾基因不活性化，因此發生難得導入基因而失去活性的情形。又多數的拷貝基因在相異的染色體上零亂導入時，若使用該個體做交配，其導入基因在子代可能產生複雜的遺傳情形，恐怕難於訂定簡單的育種計畫。因而，利用基因槍法導入基因的拷貝數，盡可能少量且選擇表現量強的轉殖個體就很重要。另外，若基因的一部分斷裂，重組後被導入的機率偏高的說法，實際上，基因雖被導入，但仍有無法表現基因活性的問題。即使如此，只要植物再生系統能建立，則任何植物種都可適用，故今後那重要性都認為不會變化。

⑵ **農桿菌（*Agrobacterium*）法基因導入與問題**

　　基因槍法為物理導入方法，而農桿菌法是生物特有的能力，那就是土壤細菌的農桿菌屬的兩種細菌，即農桿腫瘤菌（*Agrobacterium tumefaciens*）與農桿根群菌（*Agrobacterium rhizogenes*）（現在分類變更，分別為 *Rhizobium radiobacter*、*Rhizobium rhizogenes*，唯一般上都使用以前名稱），可有效地將基因送入植物細胞。這兩種細菌中，通常使用農桿腫瘤菌進行試驗，故以下就使用本菌的方法為例進行討論。

　　農桿腫瘤菌是存於土壤的細菌，感染植物的根或是近地面的莖時，在感染部就形成根瘤狀組織。這種病從感染部位或病徵都以根頭腫瘤病稱呼，根瘤叫做冠癭病（crown gall disease）。這可形成腫瘤，

使植物體的生長受到阻礙且欠缺預防及治療方法，因此根據以往做法，除了拔除捨棄外並無方法可言了。

　　這種冠癭（gall）為類似植物組織培養的癒合組織，而農桿腫瘤菌（轉移的基因）給予植物細胞某些刺激，致植物荷爾蒙大量合成，使已不分裂的細胞又重新開始分裂。已感染的組織在殺死農桿腫瘤菌後的無菌狀態，在無植物荷爾蒙培養基中仍可增殖，探討其原因，是因為農桿腫瘤菌本身特有的荷爾蒙基因（編按：生長素合成基因及細胞分裂素合成基因）送入植物細胞內而造成，在 1970 年代的時候即已被發現。

　　之後更進一步發現，這種基因並非細菌本來就在染色體上所持有，而是存在於細菌細胞質的環狀 DNA，也就是質體上。農桿腫瘤菌特有的質體是引起植物的腫瘤（tumor）的原因，故被稱為腫瘤誘生質體（Ti 質體，tumor inducing plasmid）。在實際上，這種質體並非完整被編入植物染色體，而是只有被稱為 T-DNA（T 表 transferred，意義為轉移）的部分被切斷而送入植物細胞內，之後編入染色體。那時候，除 T-DNA 之外，所有被稱為 vir 領域（vir 表 virulence：致病性、致病力）的基因，受到植物所分泌出來的酚類（phenol）物質所刺激而致使產生切出 T-DNA 的指令。在 T-DNA 領域裡，含有所謂的植物生長素（auxin）與細胞分裂素（cytokinin）此兩種重要的內生荷爾蒙合成基因，因此能編入植物染色體，以致荷爾蒙產生過剩，而形成所謂冠癭的構造。T-DNA 其他基因可在植物菌癭組織合成冠癭胺基酸（opine），可供給農桿菌生長的氮源。

　　為利用於基因重組，在 T-DNA 上具有此等會引起腫瘤疾病的致病（vir）基因要消除，另一方面，把目的基因放入造好的質體中，並導入農桿菌而讓它能感染植物，以便目的基因能送入。

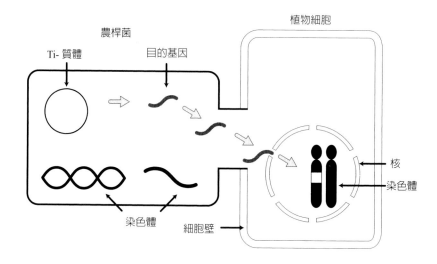

▌圖 2-10　農桿菌法導入基因的過程。

　　將農桿菌法與基因槍法做比較，如帶有目的基因的細菌系統準備妥當時，即不必備有特殊裝置也可以進行。又為了易於複製及獲得一個已導入基因的個體，如能準確發現而得到轉殖個體時，以後做育種題材就有易於利用的優點。但農桿菌因不容易感染單子葉植物，所以適用性難以提升，而成為最大的缺點。不過，在水稻方面就使用改良強感染性的農桿菌系統，並根據改良載體（vector），以開發效率良好的轉殖法（Hiei 等，1994）為契機，使單子葉植物利用農桿菌法成功的機會增加，除花卉之外，蝴蝶蘭（Belarmino and Mii, 2000）、百合、*Agapanthous*（百子蓮屬－石蒜科）等，都有轉殖成功案例報告。而在自然環境下，對於無法感染的植物，以人為條件加以調整，即可使之感染，故預測今後包含蘭科植物在內，會繼續增加使用農桿菌於基因轉殖。尤其供基因研究的模式植物阿拉伯芥植物體的莖頂分生組織，可使完整植株直接感染農桿菌的 in planta 法已被開發（Bechtold

等，1993），同樣的手法亦可適用於他種植物的成功案例。In planta 法是由轉殖的細胞莖頂分生組織生成的植物，開花後得到種子，而不必以特別的組織培養源進行轉殖以得到後代，其他植物應都可適用，可以預測今後定會提高此方法的利用。由此可以預測今後將大幅採用農桿菌法作爲一般使用。但是利用農桿菌法時，轉殖完畢如不完全除去細菌，在野外重組而持有改造基因的細菌就會被釋放出來，故從組織培養環境移出之前，如不進行完全的除菌時，將使後續產生重大問題。

4. 蘭科植物基因導入法的開發歷史

蘭花轉殖的最初成功歷史，在紐西蘭的第十三屆世界蘭花會議中，由 Chia 等（1990）提出報告。他們把與螢火蟲發光有關的螢光素酶（冷光素酶，luciferase）基因打進萬代蘭（*Vanda*）的胚，而 6 週後在原球體上即有發光顯示，之後以基因槍用於石斛蘭 *Dendrobium* ‘White Angel’ 的擬原球體導入螢光素酶基因。當時是將螢光素（luciferin）加入培養基作爲基質，以活性狀態且不特別篩選下也可使轉殖組織增殖，依靠螢光做辨別，之後得以就其中部分進行篩選。

另一方面，Kuehnle 及 Sugii（1992）用石斛蘭 *Dendrobium* × ‘Jaquelyn Thomas’ 的交配種子播種得到的原球體中，以康黴素（kanamycin）抗藥性造成 nptII 基因作爲選擇用的報導基因，並嘗試導入草胡椒輪點病毒（pepper ringspot virus, PRV）外鞘蛋白。其結果顯示，從供試約 280 個原球體中得到 13 個康黴素抗藥性轉殖植物。草胡椒輪點病毒並非蘭花的病原病毒，故爲一種示範試驗，可是蕙蘭嵌紋病毒（*Cymbidium mosaic virus*, CymMV）等爲蘭科植物中具有高度共同性感染的病原病毒，以育出具有抵抗性植物的可能性呈現的重點而言，具有意義。

其後 Anzai 等（1996）使用來自蝴蝶蘭葉片誘導的擬原球體，以基因槍轉殖。在這情形下，導入除草劑抗藥性 bar 基因（可非選擇性地抗除草劑草胺磷銨鹽，phosphinothricin, PPT）並順利呈現除草劑抗藥性，而在選擇轉殖株之際，以其作為標誌基因（在篩選培養基中加入除草劑），由此表示得以利用。另外亦有 Yang 等（1999）將蕙蘭以基因槍作轉殖的成功案例。

　　在依據基因槍法的轉殖中，轉殖的細胞與原細胞之間，容易產生所謂的嵌合體問題。不定芽與不定胚要分化之際，通常是從複數的細胞來完成，這就是容易產生嵌合體的原因。有關韓國高麗參的不定胚形成率，Choi 及 Soh（1997）用高滲壓處理後，可使由單細胞起源的不定胚形成率提高。Li 等（2005）為了防範嵌合體出現，應用這方法於文心蘭 Oncidium 'Sharry Baby 'OM8'' 的轉殖。擬原球體以 0.5 M 蔗糖經 2 小時高滲透壓處理後，以基因槍處理，由單細胞起源的不定胚形成等增加 3-4 倍，同時，也發現具有報導基因 GUS（β - 葡萄糖醛酸酶）的擬原球體比率轉為約 15 倍。因而，這方法是可避免嵌合體，並一石二鳥地提高轉殖效率的處理法，此方法受到了注目。

　　Mem 等（2003）也有使用石斛蘭、蝴蝶蘭與春石斛蘭（Dendrobium nobile）做轉殖的成功案例，當時，在射擊（bombardment）之前，用 0.4 M 甘露醇進行滲透壓處理。關於如此處理的意義並無記載，其原因可能是在一般粒子打進之際，可減輕細胞的損害。

　　蘭花的轉殖一開始是採基因槍法，直到 10 年後，終有人以農桿菌法提出成功案例報告。其最初的案例就是蝴蝶蘭（Belarmino and Mii, 2000）。如前述過一樣，蘭花是農桿菌本來不會感染的植物，唯蘭花有不定胚形成細胞塊的能力，故用農桿菌在此時做比較長時間（10 小時）接種（共培養，co-cultivation），將乙醯丁香酮（acetosyringone）

加入於共存培養基內，就造成感染的可能。所得到的轉殖體可確認具有潮黴素（hygromycin）抗藥性基因與報導基因 GUS。有關蝴蝶蘭方面，其後 Chai 等（2002），曾使用 4 個品種的擬原球體作為目標的轉殖。先將擬原球體做縱二分切後，使農桿菌感染，也是提高轉殖率的有效方法。Mishiba 等（2005）更進一步在各基因型的個體做選拔假想，使用從播種後第 21 天嫩原球體與農桿菌共培養。那時在接種於原球體的 2 天前，於含有乙醯丁香酮的培養基內做前處理培養，這能有效提高轉殖效率。又接種 2 個月後再添加潮黴素於培養基中，倖存的原球體分成二分，而其次 1 個月在不含潮黴素培養基中得到第二次的原球體，再次移入潮黴素培養基後，就可得到不產生嵌合體的轉殖體。對於除菌用途的抗生素究竟要使用哪一種？則成為重要的問題。Sjahrul 及 Mii（2006），將易於引起組織褐變的西弗士林（cefotaxime）改為美羅培南（meropenem）後，即可提高轉殖效率。

　　繼蝴蝶蘭之後，Yu 及 Goh（2001）以石斛蘭 *Dendrobium* 'Madame Thong In' 為材料，利用農桿菌得到轉殖體。在那之前，他們曾使用同樣品種，以基因槍導入 A class 的 MADS Box 基因的 *DOH1* 基因，但本研究用同樣的反義基因（antisense），以農桿菌法導入切成薄片的擬原球體。進行 3 天的共培養後，用 50 mgL^{-1} 的羧苄青黴素（carbeni-cillin）進行除菌後，在含有康黴素的培養基中進行轉殖體的選拔。得到的轉殖體形成所謂的多芽體而顯現異常生長，顯示這種基因與植物基本的形態形成密切關係。在這試驗的情形下，不使用乙醯丁香酮，但其後的 Men 等（2003），在春石斛蘭的轉殖時，添加乙醯丁香酮於培養基對高轉殖效率則具有效果。在接種前，將擬原球體切片，在含有 BA 與乙醯丁香酮培養基做了前期培養 2 天，其接種農桿菌時間以短時間效果比較好，以 30 分鐘最為適當。

還有一個重要的蘭屬蕙蘭使用農桿菌法轉殖也相繼成功。首先 Niimi（2001）與 Niimi 等（2002），用地生玉花蘭（*Cymbidium niveo-marginatum*）的離體培養得到的根莖（rhizome），使用於榕樹細菌性癌腫病菌（*Agrobaterium tumefaciens*）有可能達成轉殖，因此 Chin 等（2002），再用園藝品種的擬原球體得到轉殖植物。Liau 等（2003）用農桿菌處理文心蘭 *Oncidium* 'Sharry Baby 'OM8'' 時，顯示有轉殖成功。在共培養 1 個月後，於培養基中添加兩種抗生物質特美汀（timentin）及西弗士林培養以殺死農桿菌，其後將培殖體移入含有潮黴素的選拔培養基而得到轉殖體。

　　農桿菌法成功轉殖幾個蘭花，所以今後許多蘭花也可以使用這方法做研究。

5. 蝴蝶蘭依靠基因導入的轉殖實務

　　以農桿菌的轉殖，因 Horsch 等（1985）開發了葉圓片（leaf disc）法才得以成功開始。這方法是將葉片自植物體切成小片的組織片，浸漬於農桿菌菌液中，大約放置 10 分鐘左右，使細菌充分附著於組織後，為了能感染數日（T-DNA 能送進細胞內），將葉片放置於培養基上共培養。其後，將不要的細菌除去，同時為了僅留導入的基因細胞，便於後續做增殖選擇，要添加兩種抗生物質於培養基中培養，再從增殖的癒合組織再生成植物體。故依靠從植物材料的組織，直接轉殖使它分化不定芽或是不定胚，也可得到轉殖株。現在盛行的農桿菌利用於轉殖基本上也是相同原理。

　　像這樣使用農桿菌以實行轉殖，最少需滿足兩個條件：一個是細胞是否具有再生植物體的可能性，另一個是可否感染農桿菌的問題。以蝴蝶蘭而言，對於上述兩個條件，幸運地都能滿足，故基因的導入較易於建立起來。在此依照我們研究室實行的方法（圖 2-11）為中心，依據農桿菌轉殖的實務與問題點來敘述。

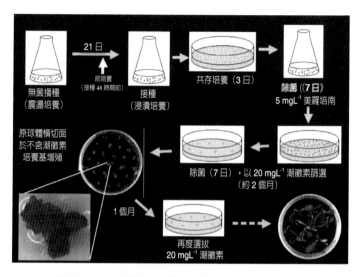

▌圖 2-11　蝴蝶蘭原球體以農桿菌法進行轉殖。

(1) 接種材料

　　無論是利用基因槍或農桿菌的方法，能夠轉殖的，都是經過處理的組織中之極少部分細胞而已。基因重組的結果，既然以育種為目的，除了基因可導入細胞個體，如不能再生為植物體那就失去意義了。因而使用於轉殖的組織或是細胞，大前提為其植物體需要具有再生能力。轉殖的材料中，必須使用再分化能力高的組織或細胞。在蘭科植物中，從栽培的植物體得到的葉或莖等組織使再生植物體尚且困難，所以使用從莖頂培養等誘導得到的擬原球體已成為一般作法，而上述的轉殖方法，不論如何，大部分仍然以擬原球體為標的。但是，關於蝴蝶蘭就如述於細胞融合節段一樣，為了要從再分化能力高的癒合組織中取得，在用農桿菌做轉殖時，在最初階段時使用癒合組織，之後使用擬原球體（Chai 等，2002）或發芽後的原球體（Mishiba 等，2005），也有成功的案例報告。

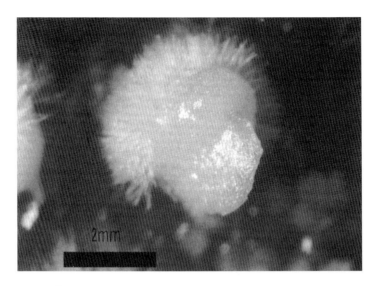

2mm

▌圖 2-12　蝴蝶蘭的原球體，與蕙蘭相比較為扁平。

　　在多種多樣的蘭科植物，依據「種」，或是「品種」，根源不同，其培養難易度就有差別，如拖鞋蘭屬或喜普鞋蘭屬（*Cypripedium*）一樣，擬原球體形成困難不用說，就連莖頂培養亦難以成功。另外，某屬或是種，雖可培養，但其培養方法，絕非全部的「種」或是「品種」都保證可適用。因而，各種對象植物或是特定品種，應先確立植物體再生方法。尤其對於組織培養變異的出現是一種不良特性。雖然難得成功導入了基因，但個體的特性產生了變異之後，可能成為非所需產品，所以為了可使用於轉殖的培養系統，理當採用少變異的品種（個體）。

　　蝴蝶蘭的分生培養均由莖頂培養或葉片以誘導擬原球體，之後將其技術利用於生產優良品種的分生苗的流程，至今已大概確立。又從莖頂直接培養或是由切斷的擬原球體誘導胚性癒合組織亦可以誘導的可能性，皆已利用於以農桿菌轉殖。

　　基因重組在特定個體所持有遺傳特性不變更之下，再作為新目的形質而授予的技術結果，所以當然以特定優良品種或系統為對象進行。難得做出的轉殖體因易於產生不適當的培養變異，而有成為不能使用產物的顧慮。在蝴蝶蘭中，因依培養條件或是品種不同，有較多發生變異的可能性（Tokuhara and Mii, 1998），因此宜事先對於不易發生變異的植物體，確認其再生方法。

　　跟擬原球體一樣，原球體也當然可當作轉殖材料，唯蝴蝶蘭原種或是栽培品種，在遺傳上染色體具有異質性，故依據不同交配所得的個體究竟帶有哪種特性，不等開花後檢視實在難以了解。交配育種是從許多實生個體中選擇汰劣方法，選拔特有優良形質的極少數個體的操作，對於以來歷不明實生苗為對象，進行基因導入的作業或許會被認為不適當，但是對於蝴蝶蘭而言，可由一果莢得到數萬種子。所以雖說轉殖的效率或多或少偏低，但是仍然可得相當多的轉殖個體。因而，在優良個體兄妹交配（sib cross）中，事先由抗生物質選拔的轉殖實生苗之中，亦有可選拔出優良個體的可能性。以抗生物質等的選拔標記（selection marker）所得到的個體和同時導入標的基因，並非有規律地被發現，因為要使基因的導入效率增加，故用於實際育種的應用手段，是今後需要檢討的重大課題。

(2) 細菌系統與質體的選擇

　　存於自然界的農桿腫瘤菌，在遺傳上有許多系統，對於各種植物的感染性強度或是發生感染植物的種類都不同。感染就如前述一樣，在腫瘤誘生質體上的 vir 領域內承擔著重要的分配任務，其他農桿菌本身的染色體 DNA 或是 Ti 質體以外細菌持有另外的質體也多少有參與（Ogawa and Mii, 2001），將這些綜合後，確定細菌系統的感染性情事即可預料。作為基因轉殖對象的植物，最好選擇高感染性的細菌

系統供使用較理想，即使發現那樣的菌株，可能是帶有野生病原性的菌株。農桿菌為基因的搬運手，就是以其載體來利用時，要除去在 Ti 質體的 T-DNA 領域中存有的 vir 病原性部位（編按：稱為 disarmed vector），然而另一方面要編入目的基因。Ti 質體分子量極大，約由 20 萬鹽基對組成。這樣情形下，T-DNA 領域的基因要做重組時就產生困難，所以需要把大部分削除，而改善為小型化載體，以便利用。

另外，vir 領域為感染植物不可少的，所以一方面將其由 T-DNA 中破壞掉，而需要 vir 領域功能的就將其置入另一載體，持有兩種不同載體的農桿菌的菌株做成之後，就利用於轉殖。這種把兩個載體編成一個來利用的情形，被稱為雙載體（binary vector）。實際上持有強力感染性菌株，是源自 vir 領域專用，而僅持有質體菌株需經常準備妥當，為必要滿足目的基因編入 T-DNA 專用質體，而使用於轉殖。持有 vir 領域的專用質體菌株已改造產生 EHA101、EHA105、LBA4404 等數個菌系系統，均廣泛受到利用。因為 vir 用質體已編入其內，研究上會成為問題，因此有必要滿足研究而編入僅持有 T-DNA 的小型質體即可。因而現今把這類質體，稱作雙載體。在蝴蝶蘭轉殖的最初階段，曾經使用 LBA4404 菌系（Belarmino and Mii, 2000；Chai 等，2002），唯最近蝴蝶蘭對癒合組織的感染性做比較結果得知，EHA101 較 LBA4404 效果佳，故現在都使用 EHA101 居多（Mishiba 等，2005）。

(3) **啟動子（Promotor）的選擇**

導入的基因能夠發生作用，需具有首尾構造，指示開始讀取基因的鹽基序列，亦即是要給予啟動子作用什麼，是件重要的問題。基因本體的前方，如果啟動子不存在時，就無法辨識該基因，而不能讀取其序列。因此從外面導入的基因就有必要和啟動子連接進而導入細

胞內。啟動子除了有很多種類外，對每一器官、組織、發育時期等都有特定啟動子。若想要改變花色，從花朵起作用的基因，得到啟動子之後導入基因時，如不連接使用就無意義了。但想使目的部位的基因表現強，應使用專一性啟動子，如果只是導入基因以確認是否具有作用，且通常在任何組織、任何時期得以能表現時，就可以使用廣用（泛用）性的強性啟動子。

具備這種廣泛性表現的啟動子，其例爲花椰菜嵌紋病毒（*cauliflower mosaic virus*，簡稱 CaMV）中的 35S 啟動子。感染大多數植物的病毒，其基因組爲 RNA，但花椰菜嵌紋病毒是一種 DNA 病毒，其啟動子具有依原樣即可使用的優點。另外，當感染到植物時，全身細胞就可以增殖（其控制的基因也可在細胞表現），所以多利用於植物的轉殖。但是，對禾本科等有關的單子葉植物而言，其來源基因適合的啟動子種類較多。

僅有少數檢討蘭科植物啟動子的種類案例，Anzai 等（1996）在蝴蝶蘭的轉殖中認爲使用玉米的泛蛋白（ubiquitin）基因或是水稻的肌動蛋白（actin）基因來源的啟動子不如使用 35S 啟動子來的恰當。另外，Tee 等（2003）在石斛蘭上使用 35S 較泛蛋白啟動子（ubiquitim promotor）有較高基因表現量。因此以蘭花爲對象進行基因轉殖，爲了要確認目的基因能表現，通常使用 35S 啟動子。

啟動子由各式各樣的基因分離而來，在特定的組織或發育階段，若有必要被表現時，在下一個階段中，當然可選擇特有機能的啟動子供調換。

(4) 接種與共培養時的感染條件

農桿菌的感染是在植物受傷時，產生數種酚類化合物，誘發農桿菌 Ti 質體上的 vir 領域基因活化，在那時依產生的酵素進行 T-DNA

的切出，被切出來的 T-DNA 就送到植物細胞，之後受細胞核的編入而產生。這 vir 領域可被活化的其中一種物質乙醯丁香酮可影響到轉殖效率。在許多植物的轉殖中，這物質在共培養期間添加在培養基中，可提升感染效率，因此對轉殖效率應有成效。本來農桿菌不感染的單子葉植物如水稻（Hiei 等，1994）、玉米（Ishida 等，1996），在多數單子葉植物的轉殖中，乙醯丁香酮的有效性有所顯示，蝴蝶蘭也使用這方法，以達成轉殖的可能（Belarmino and Mii, 2000）。乙醯丁香酮加入培養基內通常使用濃度為 100 μM，對蝴蝶蘭而言，似乎也是適當濃度。

使用極少量的細菌（農桿菌）懸浮於液體 LB 培養基內培養 16 小時，使其充分增殖後用於接種，但需以分光光度計測定在 OD600 = 0.5-0.6 程度（菌數：培養基每 1 ml 達 10^8 程度）增殖後，才可以開始使用於接種。細菌過長時間培養時，增殖過盛，其活性會降低，是需要注意的重點。菌液照原液使用於接種亦可，唯通常植物使用的培養基多經稀釋 10 倍後使用。在蝴蝶蘭方面，懸浮培養細胞、擬原球體以及原球體浸漬於經稀釋 10 倍菌液的狀態下，其感染率為最高。浸漬於菌液的時間，通常為 5-15 分鐘，但蝴蝶蘭就必須要較長的時間，懸浮培養細胞需要 2 小時（Sjahril and Mii, 2006）、擬原球體或原球體需 7 小時左右（Mishiba 等，2005）的接種時間。

接種後多餘的菌液用濾紙等吸取除去，在植物用的培養基內擱板（置床）2-3 天，以待細菌把 T-DNA 送入植物細胞中的時間，亦即是感染期間，這種培養方式謂之共培養。對於感染的影響條件，有共培養的光線、溫度、pH 等各種條件，唯蝴蝶蘭是原來對農桿菌不感染的植物，故前述的乙醯丁香酮必須在此期間內添加。細菌在組織斷片或是其周圍過剩增殖時，會引發組織褐變死亡，並阻礙不定芽分化，

對以後除菌更為困難，因此細菌過剩增殖的標準，用以作為感染條件的探討有其重要性。

為了掌握基因的導入條件，和基因槍一樣使用 β - 葡萄糖醛酸酶基因（GUS）的機會較多。也就是表現 GUS 活性所得到條件以進行轉殖，但數週之後在表現 GUS 的有無而得到已安定的轉殖組織，有時亦可能有完全見不到的情況。這是基因不順暢併入染色體或是被併入的基因受到 DNA 甲基化作用（methylation）而導致不活化所引起。

(5) 除菌與抗生素

農桿菌法的繁瑣之點，在於共培養後，需盡可能提早將其完全從組織除去。這如同前述，細菌繁殖將使以後的培養變為難題以外，從轉殖植物栽培於環境中，為防止與非轉殖植物重組的重大問題時，應制定「依基因轉殖的生物及其使用章程，以確保生物多樣性管制法」（簡稱「基因轉殖生物章程法」）。此法律是生物多樣性條約的一環，是依據使用基因轉殖生物等生物多樣性影響，以防止其擴散為目的，在 2000 年 1 月於「卡塔黑那生物安全議定書（Cartagena Bio-safety Protocol）」作為日本國內法而到受到選定後，於 2004 年 2 月 19 日頒布實施。

農桿菌本身多半帶有抗生素的感受性，所以就比較容易殺死單獨存在者。但是以植物被感染狀態下要除菌時，需不危害植物組織下進行除菌作業，否則會影響後續生長。因此需使用對植物危害較少的 β - 內醯胺（β-lactam）系統抗生素中的西弗士林（商品名稱：Clafo-ran）或是羧苄青黴素等用於除菌。

β - 內醯胺系統抗生素原理為阻礙細菌分裂時細胞壁的合成，使細菌因此破裂。細菌的細胞壁和植物細胞不相同，細菌主成分為肽聚醣（peptidoglycan），故抗生素對植物細胞壁合成不受影響，這是對

於植物不產生有害作用的理由。但實際上，這些抗生素常阻礙植物的生育或影響植物體再生，因此成為植物轉殖的瓶頸。

按作用機制顯示，β-內醯胺系統抗生素在細菌分裂時期會起作用，而對於那些不在分裂期的細菌無害。附著於植物細胞的細菌能夠長時間以靜止狀態度過，故為了進行完全的除菌，雖肉眼見不到其增殖，但仍需要在培養基中，長時間繼續添加抗生素。因而有關於被認定有害作用的抗生素，就要選擇妨害作用較少者，俾利調換的必要。西弗士林在現在是最常被使用於農桿菌的除菌用抗生物質，但對許多植物的再分化方有阻礙作用。而在蝴蝶蘭方面，使用癒合組織做轉殖試驗時（Belarmino and Mii, 2000），初除菌時用 300 mgL^{-1} 的西弗士林而引起褐變者多，致使轉殖體的獲得效率低（10 系統 /1g 細胞）。

最近在我們研究室已經確認除菌的有效性抗生素美羅培南（Ogawa and Mii, 2006）。美羅培南在低濃度（5 mgL^{-1}）時，即有效果，幾乎對再分化沒有妨礙作用，今後需要探討並配合比較有效的抗生素。

不管使用何種抗生素，在最後時刻，將轉殖植物從培養環境移到外面之前，需要再次確認其除菌作業是否完善進行。一般是把植物體的一部分磨碎，以細菌增殖用的 LB 培養基培養，觀察細菌的菌落是否產生。細菌的殘存有時可達到數年之久，故除菌作業的確認宜慎重進行。

(6) 轉殖體的選拔方法

轉殖是利用農桿菌處理植物細胞，僅在直接被細菌附著過細胞的極少部分才可能發生，然而，並非在經處理過細胞塊或組織片中所含有的全部細胞內同時間皆發生。因此經共培養完成組織或是細胞依上述做除菌處理時，可以猜想已經轉殖的細胞和非轉殖的細胞是混合在一起的狀態。

　　為了取出轉殖的細胞，需要某些方法。為達成目的，可用的手段大致可分兩種，其一是目的基因和康黴素或潮黴素等抗生素或雙丙氨膦（畢拉草，bialaphos）等殺草劑賦予抗藥性的基因，在同時間內導入。此等化學篩選物質，對本來的植物細胞是具有毒性的，添加在培養基中，細胞會死亡，但抗藥性基因被導入細胞時，將這些化學物質分解為無毒性，之後就如平常一樣可以增殖了。以這樣的篩選培養基繼續培養，只有被導入基因的細胞，具有選擇性的增殖，當能再生植物體時，便可得到轉殖體。但從共培養之後供給選拔用途的抗生素，有時候雖細胞被導入基因，但在發現轉殖體之前就死亡的事情也可能發生，因此也可以在細胞增殖一些時間後才進行篩選場合，可是夾雜未轉殖的組織，有容易形成嵌合體的問題。

　　對抗生素的抗藥性因植物不同而異，尤其單子葉植物對康黴素較具耐性，蘭花也包含在內。Kuehnle 及 Sugii（1992）對於石斛蘭的轉殖就使用康黴素於篩選培養基，終於勉勉強強才獲得轉殖體，但在選拔上就用了很長的時間。其後由 Yang 等（1999）也用康黴素於蕙蘭的轉殖，但其他蘭花的轉殖研究大部分仍然選用潮黴素作為選拔藥劑（Yu 等，1999；Belarmino and Mii, 2000）。對此，Anzai 等（1996）選用了非選擇性殺草劑草胺磷銨鹽帶來的抵抗性 *bar* 基因用於選拔標記，用以導入 GUS 基因。草胺磷銨鹽結合了丙胺酸（alanine）級 1 mgL^{-1} 的殺草劑畢拉草，於是從接種後 2 個月，即有選拔結果的呈現。Knapp 等（2000）曾用蜘蛛蘭（*Brassia*）、嘉德麗亞蘭及朵麗蝶蘭三種蘭花，以雙丙氨膦的 1-3 mgL^{-1} 左右篩選轉殖體。

　　基於藥劑為選拔目的的標記基因以外，為了轉殖的細胞或組織，利用視覺作為選拔的標記基因已有幾篇報告。其代表案例之一，是和螢火蟲發光有關的酵素，就是螢光素酶的基因。將這基因導入植物細

胞，於添加螢光素的培養基中，有發光物質的基質（substrate）、氧化螢光素（oxyluciferin）就形成，在暗處即可見到淡淡螢光。Chia 等（1994）用石斛蘭的擬原球體，以基因槍導入冷光酶基因，轉殖的組織在螢光基礎下選拔，就可篩選到轉殖的植物體。植物無法製造螢光素，為了識別已轉殖的組織，應該預先在培養基添加螢光素。再加上發出的螢光極微弱，所以需要能使螢光增幅又便利於檢驗的必要儀器設施等，這樣的不便之處，對於實用性技術而言為一大缺點。

為了克服此一缺點，最近較常使用從水母（*Aequorea victoria*）取得的綠色螢光蛋白（green fluorescent protein, GFP）基因，其解碼的蛋白本身和紫外線接觸時，就發出綠色螢光，所以它具有不必要提供基質的優點。但是這螢光未必有規律地被發現，當分化為綠色組織時，在葉綠體自身螢光也會產生阻礙，因此尚未受到廣泛利用。但是，基因序列經改變以加強螢光的製造試驗已在進步，其中易於使用的基因的可能性亦存在。最近 Tee 及 Maziah（2005）比較 GUS（β-葡萄糖醛酸酶基因）與 GFP（水母綠色螢光蛋白），在轉殖的確認目的上，已經無顯著差別，但 GFP 方面，不破壞組織即可確認轉殖，同時可做其後增殖的追蹤，故認為較為便利。

蝴蝶蘭的選拔標記，使用潮黴素抗藥性基因（*hpt*），但在培養基中放入潮黴素時，需從前述理由經 2 週的共培養後，才是恰當時間。又以原球體或擬原球體作為感染材料時，其非轉殖體在數天內即變成褐變，而保持轉殖的部分照原樣繼續保持著淡綠色。但是，已轉殖莖頂部分的細胞能繼續生長，其他細胞多會逐漸地褐變。因此把原球體或擬原球體做二分割，從切口處做新誘導是必要的作法。此時培養基暫時不添加潮黴素，對擬原球體的形成比較有利，如果繼續給予潮黴素，則大部分組織會褐變掉。如此經 1 個月左右培養之後，其新產

生的擬原球體幾乎已成為無嵌合體性的轉殖體了。原先的擬原球體或原球體和一部分的轉殖細胞與大多數的非轉殖細胞已成嵌合體也可預料，前述非轉殖細胞的部分也可解釋是在進行無潮黴素培養時形成。經不含潮黴素的再生培養基中，做再分化的促進時，不僅轉殖的部分，非轉殖部分也有再生的機會，但不知何種理由，似乎僅能見到轉殖部分再生的樣子。這在本階段中，非轉殖部分的分裂能力，推測已呈現極端低下的狀況。

(7) 植物體再生

　　如前所述，關於使用於基因轉殖的材料，必須先確立植物體再生體系。雖然難得順利得到轉殖體，但不能成為植物體時則沒有意義了。於植物體再生而言，也有從組織斷片直接分化，形成癒合組織增殖後，改變培養基要使之分化的情況。組織斷片經農桿菌處理後，供選拔用的抗生素放入植物體用培養基中培養後，期望獲取轉殖的不定芽或不定胚。但是在很多情況，這些器官有複數的細胞起源，所以非轉殖細胞一同成為嵌合體的可能性會提高。因而，在添加抗生素後，從莖切片誘導新芽，反覆做繼代培養，依靠從正常伸長的腋芽來選拔，也就是從轉殖的組織而形成的個體來選拔。另外，也能藉由新芽（shoot）繼續培養誘導發根，進一步添加選拔藥劑於培養中，利用是否可正常發根情形，進行最後選拔的方式。以癒合組織為再生途徑時，在癒合組織增殖過程中，可以抑制非轉殖細胞的增殖，所以形成為嵌合體的可能性似乎比較低。為了選拔用途要加入的康黴素或潮黴素等的抗生素和除菌用途的抗生素，同樣具有阻礙植物體再生的問題，故如能預料已得到轉殖的癒合組織時，宜盡早移入再分化的培養基內比較好。

　　蘭科植物方面，用擬原球體或原球體作為接種材料時，二次形成

的轉殖擬原球體再生成植物體，所以不致於產生太多問題。對於使用癒合組織的場合，從細胞來的癒合組織增殖、擬原球體分化、芽體形成，以及發根等各階段（stage）培養基成分，其碳源的蔗糖或糖醇的種類，進行變更後可使植物體的再生迅速（Islam 等，1998；Tokuhara and Mii, 2003）。因而，轉殖體的選拔與再分化過程上，這些條件應該加以考慮，在各階段改變（進）培養基有其要性。

(8) 基因的導入與表現的確認

　　轉殖體的目的基因同時導入抗生素抗藥性基因等標記，從一定的選拔條件下加以利用，可以得到期待的轉殖體。但是有時候，轉殖組織以嵌合體狀態存在，從原先的非轉殖組織的植物體再生的情況也可能發生。因此，諸如 GUS 基因被導入的情形，植物體各部分 GUS 的染色是否染成蔚藍色需進行確認。尤其導入基因是否確實併入植物的染色體 DNA，之後使導入基因在特異一部分的鹽基序列為基礎下，以聚合酶鏈鎖反應法（polymerase chain reaction, PCR）將導入基因增幅以做確認是一般的作法。但是，PCR 檢測是敏感度高的方法，所以經接種的農桿菌殘存於組織內時，在質體內的同樣基因也有增幅的可能性。假定無轉殖的再生植物，有細菌殘留時，會有將轉殖體判定錯誤的可能。

　　因此進一步用南方墨點法（Southern blot，南方吸漬分析；編按：以核酸探針（probe）跟擬轉殖植物細胞核 DNA 片段互補產生雜合訊號的方法）進行分析，在基因組中是否有併入外來基因。在這方法中，可將基因組 DNA 用限制酵素分解成片段化，透過電泳分離，進一步加熱變性（denaturation）使成為如單股鎖鍊狀，以使導入的基因與互補的單股 DNA 探針片段，用以檢視可否結合（互補）。探針事先用放射性同位素核苷酸或非放射性的生物素（bitotin）等標誌後作

為記號，則可發現已結合的 DNA 片段。已導入的基因，不一定限制於一個染色體區，寧可複數放進的情形較多。一般情況是獨立放入那些染色體的特別場所，限制酵素能辨識專一性核酸序列並加以切斷，所得的片段會有各式各樣的大小。從而，導入的基因，在染色體的某處併入時，就含在各別的大小片段內。將經限制酵素處理的 DNA 小片段做電泳（電氣泳動）時，依據鹽基長度其移動距離就不同，受到標識者做化驗時，各自被導入於另外位置成為 DNA 的條帶而可化驗出來。像這樣從條帶位置差異，即可得知導入基因的插入部位數目了。

通常僅插入部位數個基因的拷貝數（copy number）被導入而已，所以這條帶上的數目稱為「基因的拷貝數」。實際上，一個插入部位基因成為多拷貝又連接而被導入的情形變多，故有拷貝總數比插入部位數目多的可能性。拷貝數目眾多時，難以導入的基因即易於引起基因靜默（silencing），對後代遺傳而言能獨立遺傳，但要進行計畫型的育種時，就成為一大障礙了。因此，最好只導入一個拷貝，並選拔表現強的個體。

基因的導入雖準確地受到確認，其基因轉錄到 mRNA（messenger RNA），如無法進一步轉譯成蛋白質產物，其基因轉殖目標的第一階段不能算已達成。mRNA 是否能正常表達，可以使用北方墨點法（Northern blot），蛋白質是否正常轉譯，可以使用西方墨點法（Western blotting analysis，西方轉漬分析；編按：利用專一性抗體檢測欲分析之標的蛋白質的技術）。如果轉譯的蛋白質具有酵素活性，可以分析其酵素反應的產物有無，如果沒有最終產物，就無法確認達到轉殖結果。在研究的轉殖實驗中，像這樣煩瑣之事需逐一做調查，但用於實際的育種場合，被選拔的轉殖植物是否表現轉殖的目的，是當然

的著重點。不管理由如何，要選拔最優秀的表現個體，以進行育種，所以由這一點來說，要利用基因轉殖以從事育種也幾乎與以往育種一樣，並無任何不同之處。但是，前述導入基因的拷貝數無法準確把握時，對於育種過程中，將會引起形形色色的問題，需要格外注意。

6. 蘭花基因轉殖在育種上的利用現狀與將來展望

　　蘭花育種需要長時間，用種內的優良個體做兄妹交或是近緣（有時候遠緣）種間交配爲根據進行至今。蘭科植物和其他植物群相較下，其種屬間雜種容易培育，使短期時間內，其變異幅度飛躍地擴大，之後利用這些變異爲基礎，以進行交配育種，育出多種多樣的品種群。今後蘭花的育種方法主要也是相互雜交，此原則應該不會改變。但是，在交配育種上，可交配範圍的植物群中，追求特定性狀的個體，如果不具有基因資源時，不管再怎麼努力也難以成功。在花卉育種上，常常謀求創新，然而關於蘭花方面，創新花色、多花性、週年開花性等，實際上有各式各樣的要求。但是，在營利栽培上，除栽培容易銷售的品種之外，仍然以強健易栽培（耐抗病蟲害）品種列爲首選。

　　基於這點，病毒病、眞菌、細菌等病害抗性強的品種培育，是對所有蘭花共同的重要問題。自然界裡，病害存在雖不成問題，但大規模（企業化）栽培的環境下，只要致命的病害於短時間內蔓延時，就可能成爲重大問題。詳細調查各種野生蘭花族群時，雖可發現可能作爲耐病性遺傳資源的個體，但是多數種已接近絕種狀況，在華盛頓公約（瀕臨絕種野生動植物國際貿易公約，Convention on International Trade in Endangered Species of Wild Fauna and Flora，簡稱 CITES）嚴格規範下，要實際調查現況已近乎不可能。因此現階段唯一解決手段可能有賴於基因轉殖方法。

從 1990 年代開始的蘭花基因轉殖研究，顯示其具有的可能性，直到進入 2000 年代，好不容易才導入有用基因，並邁入可探討其效果的階段。最早探討擬導入的標的基因，是從栽培上具重要性以及耐病性的基因。

首先，You 等（2003）從甜椒分離特有抗菌活性的擬鐵氧化還原蛋白（ferredoxin-like protein）的基因（*pflp*，編按：原著誤寫為 *pftp*），融合在花椰菜嵌紋病毒的 35S 啟動子後面，在香水文心蘭 *Oncidium* 'Sharry Baby 'OM8'' 的擬原球體上，用農桿菌法及基因槍法此兩方法做導入試驗。結果使用擬原球體進行轉殖約 10% 得到轉殖體，接種軟腐病菌（*Erwinia carotovora*）顯示具有抵抗性，也不會呈現軟腐症狀。在此試驗中，共培養後的 1 個月使用除菌用培養基而不做選拔培養，之後依靠平常使用的潮黴素選拔法及使用軟腐病菌為選拔手段的方法做比較。後者是把菌液直接加入培養擬原球體的培養基上，而將其倖存者作為轉殖成功的對象進行選拔。結果使用潮黴素選拔法需用 2-3 個月的選拔時間，而用軟腐病選拔法則僅需 2 週時間就可能選拔到。因此 *pflp* 基因不單是為了選拔耐病性的基因，而是和軟腐病菌接種及搭配，以選拔標記基因作為利用的可能性。

隨後 Liao 等（2004），為了在蝴蝶蘭導入蕙蘭嵌紋病毒抗病性目的，將蕙蘭嵌紋病毒的外鞘蛋白質基因的 cDNA 構築於載體，以基因槍法在臺灣阿嬤 TS340 系統（品種）的擬原球體導入。結果選拔出多個持有病毒抗病性的個體（T_0 世代）。他們進一步在持有經抗病性確認的個體進行自交，用自交代（T_1 世代）的個體進行病毒鞘蛋白基因檢定。在自交代方面，非轉殖個體也應該分離，為確認哪些個體仍保有導入基因，就進行了檢測。結果經調查 9 個 T_1 系統中，就有 5 個系統的 50% 以上個體顯示具有病毒抗性，其餘 4 個系統，其抵抗性個體

的比例在 40% 以下。此種 T_0 世代就顯示感受性的 4 個體的後裔，具有顯現抵抗性個體者，僅有 2 個系統且顯現率也在 10% 左右。此等現象在導入基因的後裔中，也可能有高度整齊的發現。另一方面，經過幾個世代，有時候會引起基因靜默，靜默個體的次世代，會出現不具抵抗性個體的問題。在蘭花中，轉殖的目的必須立刻以特定品種爲特定對象來進行，當然次世代可作爲育種材料。因此導入基因在安定狀態中，以次世代表現的個體做選拔，將基因轉殖個體利用於育種上，則是重要的問題。

最近 Chan 等（2005），於蝴蝶蘭臺灣阿嬤 TS97K 品系上，以上述 2 種類的基因做連續的導入，其結果製作出持有抗蕙蘭嵌紋病毒與軟腐病兩種抗病性的個體。他們先用基因槍法導入了蕙蘭嵌紋病毒的外鞘蛋白的基因，使用潮黴素選拔轉殖的擬原球體，繼續增殖後，以農桿菌轉殖 *pflp* 基因，對於轉殖細胞的選拔，就如前述使用了軟腐病菌。把病毒抗性基因導入時使用潮黴素選拔，但爲了不使用相同選拔方法，他們研發軟腐病選拔法。

無論如何，這樣對於蝴蝶蘭的兩種重要病害在同時間內，使它能夠具有抵抗性，從基因轉殖應用在蘭花方面而言，是件劃時代的應用例子。這一連串的研究是由臺灣研究團體執行，而我們（指日本）不能否認已落後了不少。但是，我們最近由山葵分離了抗病性胜肽（peptide）的抗菌素（defensin）基因，並將其導入於蝴蝶蘭，使轉殖個體對軟腐病菌持有極強的抵抗性（Sjahril 等，2006）。

在植物發現到的多種抗菌性蛋白質基因，使用於轉殖的實驗結果，顯示這些基因對於大範圍的細菌或黴菌有抵抗性，以蘭科植物爲首，今後對於多數植物轉殖應就其有用性做檢討。

以上包含蝴蝶蘭的蘭科植物，透過基因轉殖應用在育種的技術才

剛開始起步。「種」即有各式各樣的育種目標，為實現其目的，已從各種角度探索基因，努力找出真正實用、有用的基因，並使它成為能標的之基因導入，且重要的是確立植物體再生方法。

在蘭科植物中，只要交配一朵花就可獲得大量種子，故用優良個體同伴的交配實生苗為標的以進行基因的導入，作為實際的育種手段時，應該受到注目（Mishiba 等，2005）。像是以播種發芽不久的原球體為標的以進行基因的導入，之後做轉殖體的選拔並進一步栽培，再次由其中的表現型為依據，以進行選拔，然而經轉殖於優良個體的育種選拔方法可能將要來臨。另外，當優良的轉殖個體成功後，可將它當作育種材料，進一步利用。

（左）對照組；（右）轉殖體

▌圖 2-13　導入山葵抗菌素基因的蝴蝶蘭可抵抗細菌性軟腐病。

在日本，**蝴蝶蘭**最早被用於轉殖，其他如蕙蘭、石斛蘭、嘉德麗亞蘭等已被園藝化的主要蘭科植物，與日本原產的原生種進行交配的可能性幾乎不存在。另外蘭科植物會形成花粉塊，並無花粉飛散的顧慮，媒介動物也因種特異性高的原因，意外引發基因擴散的可能性，

也可說幾乎不存在。

從而，現行的「基因轉殖植物擴散防止法」可能引起擔心的狀況，在蘭花上似比較容易得到解決。

為降低瀕危植物採集造成絕種的壓力，宜使蘭花園藝化且更容易栽培，並提供低價多樣化品種。為此目的，對不同生長環境的多種蘭科植物，需擴大其對環境的適應性，以促進易於栽培的特性。其他對於可供利用基因的探索，亦是今後期待進行的。基因轉殖與貴重蘭科原生種的保存，以及作為育種材料來利用，這兩方面同時實現的有效方法，令人期待。

第三章

蝴蝶蘭的無菌（組織）培養
Aseptic Culture in *Phalaenopsis*

　　無菌培養的技術對蘭花生產有相當大的貢獻，可以說是當代不可缺少的技術。利用無菌播種使蘭花交配育種有飛躍式的進步，目前洋蘭生產的分生苗亦都要使用微體繁殖，但分生苗的利用上並非完全沒有問題，必須解決的問題仍然很多。組織培養變異是嚴重的問題，目前仍需一段時間才能解決這個問題。分生苗品種的普及化使品種的平均水平提升，但減少了品種的多樣性。不靠雜交無法育出新品種，如果沒有實生苗栽培，新品種開發的速度將會下降，保留少部分的實生苗生產仍是較好的作法，筆者每年也相當期待看見新的選育單株。

蝴蝶蘭是單莖性蘭類，自然狀態下主要以種子繁殖爲主，在人工無菌播種法的利用下，可取得大量無菌實生苗，微體繁殖法可增殖取得大量的營養系（clone）。因此，無菌培養一直是有效率的增殖方法。

一、無菌化的方法

　　無菌培養必須在完全無菌的條件下，即便只是一個微生物孢子存在，這個孢子會在短時間內增殖，汙染培養基和培植體。汙染的危害和孢子密度有關，首先要削減環境中孢子的發生源，然後減低外部孢子進入，是減少微生物汙染的基本工作。在這樣的栽培環境中，如能降低病原菌密度，感染的風險便降低，也就不會發生病蟲害。

　　依微生物種類的不同，雖說共同培養的狀況也是有的，但培養基添加天然有機物增進營養條件有利微生物的生長，進而影響培養物的生育，造成阻礙。使用 Murashige & Skoog 培養基（MS 培養基）（Murashige and Skoog, 1962）此完全合成的培養基，相較於使用添加天然有機物的培養基，可降低微生物汙染的危險性。培養蘭花的培養基多半有添加天然有機物，容易發生微生物汙染的情形。尤其蝴蝶蘭培養爲了促進生育，常添加馬鈴薯汁而同時促進微生物的生長，完全合成的培養基則沒有這個問題，但如果從有機物添加培養基繼代移植過來就有發生汙染的可能。

　　如果不能確實達到無菌化條件，培養過程中，若培養基條件變更就會有微生物汙染的困擾。依目的不同，無菌化有下列 5 種方法：

（一）過濾法

　　微生物有一定的大小，使用比其小的過濾器，通過的氣體就是無菌的。無菌的程度以容積內微生物的密度（清淨度）表示。以往有許多不同清淨度的表示方法，有各式各樣的單位，現在多以 1 立方公尺中的微粒子數的指數（10^x 個 /m^3，x 為 ISO 級別）表示。無菌操作臺有高效能的 HEPA 濾網（high efficiency particulate air filter，能阻擋 99.97% 粒徑 0.376 μm 以上的粒子），吹出無菌空氣出口為 ISO 5 級的清淨度，通過 HEPA 濾網的空氣幾乎沒有汙染的可能。但是因空氣流動的因素，衣服等物品附著的粒子會使操作臺的清淨度下降。

　　HEPA 濾網是半導體業為了無塵作業開發的，無塵是無菌條件之一，因此應用到無菌操作上。使用 HEPA 的作業臺面（無菌操作臺），空氣氣流有水平吹出、垂直吹出和垂直吹出循環的種類，依據使用頻率、使用環境塵粒密度的不同，必須更換過濾器，以避免過濾性能下降。使用裝配 HEPA 的空調系統，可延長操作臺 HEPA 濾網的使用壽命。

　　水平型吹出的操作臺，操作員面部直接迎風，長時間作業易造成眼睛乾澀的問題。此外，也較不容易使用瓦斯燃燒機、酒精燈等。

　　液體也有過濾器（過濾膜）能達成無菌化的目的。濾紙材質有圓形的硝化纖維膜（nitrocellulose）、尼龍膜、醋酸纖維素膜（cellulose acetate）等，除菌的孔徑是 0.22 μm，少量的情況下可使用注射器形式，將要過濾的濾液以注射器吸入，在注射器先端裝上過濾膜，壓出過濾液。大量的狀況下使用吸入式的過濾，利用吸引幫浦或水流幫浦等吸引過濾。過濾器、過濾膜、濾液容器的清潔可使用滅菌釜等消毒滅菌，市面上亦有販售殺菌完成、可單次使用的拋棄式產品，但價格較

昂貴。溶液內粒子含量較多容易堵塞，因此需先離心及使用 0.45 μm 孔徑過濾膜，去除不溶物後再除菌。

▌圖 3-1　無菌操作臺。　　　　▌圖 3-2　HEPA 濾網是無菌操作臺的心臟。

（二）加熱

　　所有的生物均無法在高溫條件下生存，微生物的孢子也不例外，可利用加熱殺菌消除。鑷子等金屬器具類可用酒精燈或瓦斯燃燒機的火焰殺菌，無法用火殺菌的紙類、紙巾等，可用鋁箔紙包裝成小包，以乾燥機、乾熱殺菌器於 150℃進行 30 分鐘左右的殺菌。乾燥狀態的殺菌需要較高的溫度與較長的時間才能確實殺菌，因此以滅菌釜進行乾燥物的殺菌需注意此點。

　　培養基的主要成分是水，在一大氣壓下無法加熱到 100℃以上，由於 100℃ 仍無法有效滅除孢子，因此培養基等以滅菌釜於 115℃進行 15 分鐘左右殺菌。若以一個容器裝載大量培養基滅菌時，此種大型滅菌釜溫度上升斷斷續續，以小型殺菌釜的溫度設定則無法達到確實殺菌的效果。

　　如果從滅菌釜消毒完成的固態培養基內部發現汙染，代表滅菌釜

殺菌不完全，要完全滅菌需延長殺菌時間、提高滅菌溫度才行；如果培養基的汙染是從表面發現，這代表滅菌後的汙染；若汙染是從培養基中心發現，則是加熱不足導致。

　　然而過度加熱會造成有機物的分解、糖的分解和有害物質的生成，因此應盡可能避免過熱，掌握能夠確實殺菌的最低溫度與加熱時間是必要的。

　　常壓下殺菌以 100℃ 進行 30 分鐘加熱，每日 1 次，連續操作 3 次。微生物的孢子無法以 100℃ 完全滅除，但 3 天時間所有孢子

圖 3-3　電熱式殺菌釜，此為實驗用小型機臺，實際種苗生產使用時為大型機臺。

已發芽，發芽後 100℃ 即可完成消毒，達成培養基無菌化的目的，此法亦可有效減少培養基內有機物的分解。

（三）殺菌劑

　　不適用以上方法殺菌的物品（植物體、手指、手、手腕等）可利用殺菌劑進行表面殺菌。各種殺菌劑的作用機制不同，但大致上都是阻礙微生物維持正常生命機能以達殺菌效果。微生物是單細胞生物，破壞其細胞機能即可造成死亡。植物細胞也會因為殺菌劑處理而受傷害，但調整處理時間與濃度，保持內部組織仍為健全狀態而達成無菌化是可能的。一般植物組織的外部有微生物，但內部是無菌的，僅進行外側（表面）殺菌即可取得無菌組織。組織內部有汙染的狀況，則無法以表面消毒取得無菌組織。

　　酒精類（70% v/v 乙醇、70% v/v 異丙醇等）的浸透性強，適合疏水性組織殺菌，且具揮發性不會殘留，適合手部的殺菌，但長時間處理會

因浸透內部組織而產生害處。酒精的滅菌原理為蛋白質變性作用。

次氯酸鈉水溶液〔Antiformin、Clorox、ハイター（花王漂白水商品名）等〕可作為殺菌劑來利用，稀釋有效氯至 0.5-1.0% 來使用。家庭用的漂白劑、殺菌劑在量販店或超市均可購得。次氯酸鈣飽和溶液〔ウイルソン液（Willson 液）、カルキ（日本商品名）〕也常用在蘭花種子的殺菌，調配需花費時間，使用後的容器有白色結晶析出，不容易洗淨（可用稀鹽酸溶解），因此最近較少使用。Willson 液為粉末狀的次氯酸鈣 10 g 溶入 140 ml 水中，經濾紙過濾後的液體，此液體滅菌效果好，具分解揮發性因此殘留少，有害作用也較少，有愈來愈多植物材料以此殺菌的趨勢。次氯酸（HClO）其有效成分的滅菌原理為蛋白質變性、阻礙酵素反應、核酸不活化。

3% 過氧化氫水溶液〔オキシフル（日本雙氧水商品名）〕也可用於殺菌，過氧化氫會與金屬離子反應，分解產生活性氧，活性氧可破壞生物的細胞和酵素。

苯扎氯銨（日本第 3 類醫藥品殺菌消毒劑）、氯己定（chlorhexidine gluconate solution）等是醫院中用於手指消毒的反式肥皂，可用在無菌作業時的培養容器外側表面、作業場所消毒的輔助用品，因不具揮發性且會殘留，如果進入容器內部對培養物的生育有不利的影響，在皮膚上沾附如沒有洗淨，易造成皮膚乾燥。其滅菌原理為破壞細胞膜的構造及蛋白質變性。

蘭花（蝴蝶蘭、萬代蘭、風蘭）的種子以這些殺菌劑處理會有發芽障礙，殺菌效果愈強對種子的傷害愈大（Antiformin ＞ Willson 液 ＞ 3% 過氧化氫水溶液），造成發芽率低下。相反的，難發芽的種子，也有經殺菌劑處理可以促進發芽的可能。

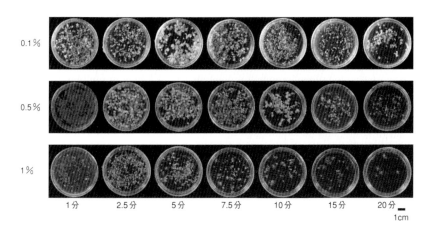

| | 1分 | 2.5分 | 5分 | 7.5分 | 10分 | 15分 | 20分 1cm |

▌圖3-4　Phal. X White Dream 'MM74' 的種子因次氯酸鈉溶液濃度 0.1%、0.5%、1% 及不同殺菌時間對發芽的影響。

　蝴蝶蘭種子不耐次氯酸鈉消毒，愈強的殺菌造成發芽率低下，但在強力殺菌下仍有部 分種子發芽。

　　以蝴蝶蘭來說，殺菌處理會阻礙發芽，然而在果莢開裂前進行 表面殺菌，再切取果莢取出內部未熟種子播種以防止發芽率降低的方 法，卻有病毒傳染的危險性。因此雖多少會降低發芽率，完熟種子以 0.5% 有效氯的次氯酸鈉進行殺菌，再用無菌水充分水洗後播種仍是較 為建議的操作方式。

（四）殺菌燈（紫外燈）

　　沒有塗布螢光劑的螢光燈有紫外線具有殺菌效果，器具、培養空 間等無菌化的操作可以利用此方法。紫外線是短波長的光，由於光照 是直進性的，陰影的部分沒有殺菌效果，所以此法只能作為輔助用。

　　紫外線長時間點燈時會產生臭氧，對植物體和皮膚等會產生突 變、燒傷等危險，使用時務必注意，操作臺作業中務必關閉殺菌燈。

（五）伽瑪射線

伽瑪射線爲穿透力很強的放射線，對微生物也有很高的殺菌效果，單次使用的塑膠容器、注射器等無法加熱殺菌的物品，可以塑膠膜包裝密封後以伽瑪射線照射滅菌。使用伽瑪射線照射滅菌的物品，未開封的包裝內部可保持無菌狀態。

二、無菌培養的基礎

大多數的植物完整狀態下是自營生長，只需從外部吸取各種無機元素和太陽能，便能完成生長所需。腐生和寄生植物，無法自行產出碳水化合物（化學能）與其他有機物，爲異營生長。以蘭科植物來說，生育的初期階段屬於異營生長，待能行光合作用後轉爲自營生長，然而也有一生均爲異營生長的腐生蘭類。

一般的植物在種子發芽階段是利用母體準備好貯藏在種子中的養分，以異營的方式發芽，再逐漸轉爲自營，但蘭科種子過於細小，貯藏養分不足，無法靠其自力發芽生育，蘭科植物種子在自然條件下與蘭菌共生（共生發芽），亦或在人工無菌條件下提供無機鹽類和碳水化合物等能源、維生素、胺基酸等，使之能夠以異營方式發芽（無菌發芽）。

微體繁殖下，以莖頂、葉片、花莖腋芽進行培養，這些組織並非獨立完整的植物體，即便給予異營生長的條件也無法持續生育。種子與組織所需要的營養條件基本上差異不大，培養所需必要條件類似，但種子是獨立的個體，組織、器官只是植物體的一部分，異營的程度有所差異。因此種子發芽所需的培養基不需添加植物荷爾蒙，組織的培養則是必要的，例如添加椰子水等，與無菌播種的培養基相較，組織培養添加的有機物種類也較多。

（一）培養基

在無菌播種培養基、微體繁殖培養基中，種子、組織培養、種苗生育所必需的各種養分均不可或缺，肥料成分（必需元素、無機離子）、能源（碳水化合物）是基本的組成，其他如維生素類、有機態氮素、植物荷爾蒙類有些時候也是必要的成分。

1. 無機離子

植物生育所需的無機離子種類，所有植物可視為相同。但是依植物種類的不同，喜好的比例各有不同，適當的培養基成分可有效率的調節生長和發育，同種不同的交配種也或多或少會有差異，考量這些差異是很重要的，依不同的培養物，培養基也要改變。為了作業方便性，在這些培養基的調整上，可使用花寶培養基（狩野，1976）來簡單做調整。但是，實際操作上不會僅用一種培養基，會以數種培養基來操作。

(1) 無機鹽的溶解度

培養基主要成分的無機離子，有四種陽離子（NH_4^+、K^+、Ca^{2+}、Mg^{2+}）與三種陰離子（NO_3^-、$H_2PO_4^-$、SO_4^{2-}）相互組合，這些鹽類在培養基中能完全解離成離子的狀態，以離子態被植物吸收，與水分子的親和性有關，這些鹽類有些易溶解有些難溶解。與水分子親和性高的容易溶解，離子間結合力強的則難溶。鉀鹽（KNO_3、KH_2PO_4、K_2SO_4）、氨鹽（NH_4NO_3、$NH_4H_2PO_4$、$(NH_4)_2SO_4$）、硝酸鹽（KNO_3、NH_4NO_3、$Ca(NO_3)_2$、$Mg(NO_3)_2$）大多屬於易溶解的；而 Ca^{2+} 及 Mg^{2+} 與 $H_2PO_4^-$ 及 SO_4^{2-} 結合的鹽類如 $Ca(H_2PO_4)_2$、$CaSO_4$、$Mg(H_2PO_4)_2$ 溶解度小，較不易溶解，但 $MgSO_4$ 則易溶解。培養基的組成多使用溶解度大的鹽類。

在製作培養基時，鹽類不會使用超過溶解度以上的濃度，溶解度低的鹽類也不便製成培養基。此外，個別溶解度高的鹽類，在混合後因離子組合而容易形成不溶液鹽類，並會產生沉澱狀況，例如：$Ca(NO_3)_2$ 和 K_2SO_4 同時溶解會產生 $CaSO_4$ 而沉澱。在這種容易產生難溶鹽類的狀況下，先混合容易溶解的鹽類，最後再混合這些個別溶解度高的鹽類，一般按照配方順序添加，通常即可避免沉澱發生。

(2) **磷酸離子的形態**

磷酸鹽以第一磷酸離子（$H_2PO_4^-$）、第二磷酸離子（HPO_4^{2-}）、第三磷酸離子（PO_4^{3-}）等三種形態存在。培養基通常添加第一磷酸鹽（KH_2PO_4、$NH_4H_2PO_4$ 等），蘭花種子發芽初期的培養基也有添加第二及第三磷酸鹽的例子（Burgeff 培養基；Vacin & Went 培養基，V & W 培養基），培養基 pH 值調整至 5-6 間，磷酸離子通常以第一磷酸離子形態（$H_2PO_4^-$）存在，第三磷酸鹽於高 pH 值狀況下存在，酸性條件下則轉變為可溶性的第一磷酸離子，三磷酸鈣是骨骼的成分，骨粉類的肥料在土壤或培養基酸性條件下以此形式被吸收。

(3) **鐵離子的溶解度與錯合體的利用**

鐵離子 Fe^{3+} 於水中易形成 $Fe(OH)_3$ 不溶於水，由於水中必定存在氫氧離子（OH^-），特別是愈高的 pH 值下氫氧離子愈多，鐵離子更容易發生不溶性而沉澱，鐵離子沉澱後的養液 pH 值會降低。培養基發展的初期階段，其中的一大問題就是培養基中發生缺鐵的狀況，之後會透過導入螯合鐵來解決。在早期培養基試驗中沒有螯合鐵的狀況下，因鐵的供給形態不是螯合鐵而會產生缺鐵的現象。

四醋酸乙二胺（EDTA）與金屬配位，形成極安定的錯離子（螯合），螯合鐵可與重金屬離子共存，重金屬離子與四醋酸乙二胺形成競合的螯合態，也會誘發缺鐵的狀況。

(4) 微量元素

雖然只需要微量，但鐵（Fe）、錳（Mn）、鋅（Zn）、銅（Cu）、鉬（Mo）、氯（Cl）等元素也是植物生長所必需，鐵、錳相較之下需要較多，培養基如不添加這些元素，仍會發生缺乏徵狀。

其他的元素，以播種的狀況而言，因為在瓶內的時間較短且種子本身仍含有需要的量，亦或試藥中不純物的關係，不必特別添加。此外在添加天然有機物下，也因含有這些成分，因此可以不添加微量元素。

微量元素在白芨種子發芽試驗中發現，添加 MS 培養基的微量元素，不添加 Fe-EDTA 者有生育障礙，添加 Fe-EDTA 則有些許促進生育的效果，其他微量元素添加時則有減少生育障礙的現象，顯示 Fe-EDTA 以外的微量元素不需要特別添加（Ichihashi, 1978b）。因為 MS 培養基微量元素的濃度較高，試驗中各項組合，在濃度低時部分有產生拮抗性的障礙。

由上述看來，微量元素的添加似乎不是那麼必要，母株的栽培條件狀況好的話，種子即含有足夠所需的成分，但為避免微量元素缺乏症發生，添加低濃度的微量元素仍是較好的方式。鈾素雖不是必需元素，但在白石斛蘭（*Den. moniliforme*）種子發芽的培養基中添加則有效果（中田等，1984）。

2. 有機物

蘭科植物生育的初期階段，是與蘭菌共生的異營生長，無菌播種下也是異營生長。無菌是培養的必要條件，有機添加物的添加也是必需的。在這種異營生長，氨態氮和碳水化合物是必需的，而胺基酸和維生素的需求，與蘭菌共生時需求的程度不同。

(1) 碳水化合物是能源

蘭科植物的培殖體可以利用各種碳水化合物，蘭科的種子可以利

用砂糖或甜菜糖（蔗糖）、葡萄糖、果糖、麥芽糖、海藻糖、山梨糖醇、甘露醇等糖類及糖醇作為能源，但不能利用半乳糖或半乳糖組成的寡糖（Ernst, 1967b；Ernst 等，1970、1971）。一般的砂糖（蔗糖）使用濃度介於 20-40 gL^{-1} 較為常見，但砂糖並不是最好的碳源，在進入殺菌釜之前添加的砂糖，部分會水解為葡萄糖和果糖，因此實際上供應的糖類有三種。

使用砂糖的理由其一是價格便宜，另一點是如果要達到相同的滲透壓，其雙糖的滲透壓需兩倍量單糖才能達到。滲透壓增加可有較多的能量供給，因此看似多糖類較雙糖或單糖有利，但便宜的多糖類如澱粉並不能被培養的植物體利用，就培養基成本與利用效率來看，砂糖是最實用的選擇。

使用砂糖的問題在於經滅菌釜加熱後容易生成褐色的物質（焦糖化、糖醛）而造成生長阻礙，因此殺菌加熱的溫度盡量以最低限度為最佳，褐變物質的生成於葡萄糖、果糖、麥芽糖等也可發現。

糖量添加較多的狀況下，實生苗根會較莖葉發達，相反的狀況則是莖葉的生育較根來得好，這不是糖的效果，而是滲透壓的影響。

(2) 維生素

許多報告顯示 B_1（硫胺素）、B_2（核黃素）、B_6（吡哆醇）、生物素（biotin）、菸鹼酸（niacin，尼古丁酸）等維生素對實生苗的生長有促進效果，但也有報告認為沒有作用，除菸鹼酸外，其他的效果是不確定的。萬代蘭、嘉德麗雅蘭、石斛蘭等實生苗幼苗階段缺乏菸鹼酸生合成的能力，培養基如能添加會有促進的效果（Arditti, 1967ab；市橋，1984）。

▌圖 3-5　泰國的培養基製作。此培養基經滅菌釜殺菌完後將裝箱送往美國。

(3) 胺基酸與植物荷爾蒙

　　各種胺基酸對實生苗生育的影響有許多研究，但並沒有一定的結果，同一種胺基酸有時有促進效果，有時卻有阻礙的狀況（精氨酸、天冬醯胺等）（Spoerl, 1948; Raghavan, 1964; Arditti, 1967a）。

　　只添加單一種類的胺基酸常有阻礙生長的現象，酪蛋白水解的酪蛋白酸等胺基酸複合物添加是有效的，單一胺基酸的添加會造成其他必需胺基酸生合成回饋抑制而造成生長阻礙，全部胺基酸都添加就沒有這個問題。

　　難發芽的地生蘭類，在培養基添加細胞分裂素有促進發芽的效果（三吉，1997），但蝴蝶蘭種子發芽不需要添加植物生長調節劑或植物荷爾蒙。

　　莖頂培養等植物組織培養常常利用有添加植物荷爾蒙類的培養基，因為完整的植物體的芽與根可以產生植物荷爾蒙並轉移至所需部位，但不是完整植物的植物培殖體必須由培養基提供植物荷爾蒙類的物質。

切取較大的莖頂組織，包含苞葉和芽一同培養下，與花莖培養等狀況不同，其植物荷爾蒙類的需求性較低，但添加仍有促進生育的效果。

(4) 天然有機物

研究調查各種天然有機物添加於培養基的效用中，有顯著效果的，也有缺乏再現性的，添加的效果難以評定（Arditti, 1967a; Ernst, 1967a）。認為添加有效的比起無效的結果多，理由多為含有未知的有效成分、成分中的荷爾蒙、維生素等或以上綜合的結果。且添加有機物的培養基 pH 值變化較小，緩衝效果增加也是可能的原因。雖效果顯著的理由一直不明確，但天然有機物的添加仍是改善培養基配方的方法。

天然有機物的效果和不同培養基組合有所不同，和蘭花生育所需的各種成分均有的完全培養基組合，不能期待有多大的效果。但對生育不是很理想的不完全培養基（如花寶、Knudson、V&W 培養基等），添加天然有機物的組合以大幅改善生長是可以期待的。

蝴蝶蘭種子發芽培養基、癒合組織培養用培養基添加以下有機物有促進效果：馬鈴薯、香蕉、蘋果、鳳梨、番茄、無花果、椰子水、玉米、芋頭（10% 左右），此外蛋白腺、酵母萃取物、酪蛋白水解物（0.2% 左右）（Arditti, 1967a；Ernst 1967a；Ichihashi and Islam, 1999；Islam 等，2003；Rahman 等，2004），以上這些添加的固形物經煮熟再以攪拌機攪碎後使用。

3. 培養基的凝結劑

固體培養基為了能支撐培殖體，必須加入凝結劑。而較常使用的凝結劑是洋菜，洋菜是半乳糖聚合而成的多醣類，並不是生長必需的成分，其中含有的不純物反而會影響生長，也有使用添加洋菜的培養基卻不能順利培養的情況。凝結劑占培養基的成本不低，降低添加

量可有效降低培養基成本。各種培養基凝結劑與培殖體支撐材料均持續開發中，就成本與取得的難易度總歸來看，洋菜和結蘭膠較常被使用。

　　洋菜使用量約為 6-12 gL^{-1}，凝固強度隨添加量而異，然而也有其他因素會影響凝固的強度，如洋菜原料海草的種類、產地、粒徑、pH 值、加熱程度、無機鹽、糖、天然有機物濃度等都會影響凝結強度。由於洋菜具吸溼性，太舊的、沒有密封保存的狀況下，吸溼重量也會造成有效成分含量下降，導致凝固度不足；此外，培養基加熱時間過長、殺菌溫度過高、pH 值太低也會有相同的問題，這都是洋菜水解造成的結果。NH_4^+、$H_2PO_4^-$、Fe-EDTA 對洋菜的凝結也有阻礙作用，培養基含量多以及殺菌時間較長的狀況下，凝結強度會大幅下降（上原、市橋，1987）。另外，洋菜粒徑小或是脂肪、蛋白質、乳糖、澱粉添加於培養基也會降低洋菜凝固強度。即便使用小的培養瓶能充分固化，同樣配方換到大的培養瓶，因為機械強度不足的關係，培養基也有崩解的可能。

　　添加砂糖有助洋菜的機械強度提高，尤其當砂糖比例達 10% 以上時，但培養基鮮少會使用到這個濃度。培養基中添加甘油、乙醇、葡萄糖、有機酸等也會提高洋菜的凝結強度（山崎、加藤，1957、1959；中浜，1966；向山等，1977）。以上這些因素都會影響培養物的生育，在做添加調整時需多方考慮。

　　洋菜膠體放置有時會有游離水產生，稱為離漿現象（syneresis），這是因為洋菜絲狀分子的結合變強，分子間的水被擠出而造成，與洋菜種類（硫酸基含量）、凝結強度、放置時間、溶解加熱時間有關（近藤、鈴木，1974）。固體培養基上的游離水，對培養物的生育也會有影響，必要時可以無菌紙吸乾。

因為培養基成分的調整而使洋菜凝結強度提高，可降低洋菜的使用量，但也會對培養物的生育產生影響（市橋等，1988）。為了避免對培養物產生不良的影響，在不降低凝結強度下減少洋菜添加量是有效的方法，如減少加熱的時間、提高培養基 pH 值等，一般製作培養基時會將洋菜加熱溶解後再分注，如不加熱的狀況下分注再以滅菌釜滅菌也可以降低洋菜的添加量，但如果不均勻攪拌，洋菜分布不均，屆時不同容器的凝結強度也會相異。

　　除了洋菜以外也常被用來作凝結材料的結蘭膠，使用少量即可凝結，耐熱、耐酸、耐酵素能力強，培養基呈透明狀。然而培養基中的二價離子濃度（Ca^{2+}、Mg^{2+} 等）與其凝膠強度呈正相關（大橋等，1986）。MS 培養基一般添加 0.2% 的結蘭膠，Knudson 培養基添加 0.5% 即可有相當於添加 1% 洋菜的強度。花寶培養基、添加香蕉的培養基固化容易但均勻混合較困難。此外植物出瓶後，以水清洗殘存的舊培養基等容易。莖頂等無法完全無菌化的情況下，種植的培養物周邊培養基凹陷，因此種培養基較洋菜培養基透明，較易檢查是否有微生物的汙染。

　　其他與洋菜的差異包括，固化的溫度範圍小因此固化速度快，大約介於 25-45°C 間。陽離子濃度、結蘭膠濃度愈高，凝結強度也會上升。加熱至 90°C 以上後，一旦形成凝結，即便再加熱至 100°C 以上也不會再凝結。一般與洋菜培養基比較下，結蘭膠培養基的生育表現較佳，而以 MS 培養基而言，成本上與使用洋菜相當。

4. 活性碳

　　培養基添加活性碳對發芽與實生苗的生長有所助益，因為其可吸收洋菜中的有害物質、植物本身分泌的褐變物質。但與此同時也吸附了植物生長必需的植物荷爾蒙，有時有抑制逆分化狀況發生，因此添

加時需注意。此外活性碳的添加，也可以防止光進入培養基內，但對蘭花而言這個效果並不重要。

5. 培養基的 pH 值

　　蘭花培養基一般的 pH 值調整在 5-6 之間，早期的培養基調整於 pH 值 5.2 左右，近期的報告則是介於 pH 值 5.6 比較多，但不論何者對生育來說並沒有發現太大的不同。影響 pH 值的因素有：①氫離子和其他陽離子的拮抗作用；② pH 值高低變化時，對無機離子溶解度變化（不溶化、揮發）有間接影響的效果；③氫離子本身在植物上的效果。培養的條件影響生育是本身或各種因素影響複合的結果，當中的細節不是很明確。

(1) 其他陽離子的拮抗作用

　　氫是植物生長所需元素中最多的一種，與其他無機元素（離子）不同，不需要以吸收方式取得，但是氫離子（質子）太多的狀況（低 pH 值），會產生陽離子的拮抗阻礙吸收。氫離子是原子核的物質（質子），核的周圍電子軌道中沒有電子，與其他離子相比離子半徑極小，在溶液中移動的速度相當快速，因此氫離子在細胞內的生理反應、生育反應有相當大的影響。

　　培養基 pH 值一般調整在 5-6 之間較常見，此時氫離子的濃度為 10^{-5}-10^{-6} M，其他無機離子濃度範圍介在 10^{-2}-10^{-3} M，前者為其 1/1000 左右。pH 值調整在這個範圍下對其他陽離子吸收拮抗阻礙較小，培養基 pH 偏低的狀況下，較易發生其他陽離子吸收拮抗阻礙的狀況。

(2) pH 值的間接效果

　　已知 pH 值會影響洋菜凝膠的強度，這是因為低 pH 值下洋菜產生水解的因素，pH 值過低就算經過加熱洋菜也不凝固，相反的，高 pH 值下洋菜膠的強度不會減低，較 pH 值低的狀況下凝膠強度更高。培

養基的 pH 值在經過滅菌釜滅菌後多少會有改變，但不致影響生育。不過培養基中如果含有尿素，凝膠的強度也會增加，這是因為加熱水解產生了氨，使培養基 pH 值上升所致。

水溶液中很容易產生不溶於水的無機鐵離子（$Fe(OH)_3$）。氫氧離子濃度高的狀況下（高 pH 值），由於鐵離子不溶性的關係，導致氫氧離子濃度降低進而導致發生 pH 值降低的狀況。

不使用螯合鐵的培養基，如果因鐵離子不溶性的關係，初期培養基 pH 值設定較低的狀況下，到底是鐵離子的不溶性還是 pH 值變化抑制重要，是培養基 pH 值調控需考慮的（Burgeff, 1936; Vacin and Went, 1949）。

▌圖 3-6　印尼無菌操作的狀況。不同國家的無菌操作方式多少有些差異，但基本流程是相同的。通常是女性的作業員較多，但圖中可看到印尼的男性作業員。

四醋酸乙二胺（EDTA）是與金屬相配位形成極安定的錯離子，以此方式提供給植物鐵離子，不會產生缺鐵的徵狀。MS 培養基的普及化及錯合鐵的添加已是一般常用的手法，MS 培養基 Fe-EDTA 的濃

度爲 10^{-4} M，大部分以錯離子的狀態存在，少部分以 Fe^{3+} 與 EDTA 形式存在（解離平衡約爲 3.16×10^{-15} M）。以 3.16×10^{-15} M 的 Fe^{3+} 存在的 pH 值上限是 6.85，如 pH 值再高則 Fe^{3+} 不溶化。不過培養基大部分 pH 值的設定多可以有錯離子存在，中性或強鹼的狀況下會發生鐵離子不溶化。

(3) 氫離子本身在植物上的效果

爲了維持正常的細胞機能，細胞質的 pH 值控制在 7.5 左右，在此 pH 值狀況下，各式酵素的活性能得到控制。細胞內 pH 值維持一定，以讓細胞做好各項安排的準備（質子幫浦、原生質膜 H^+ 輸送 ATPase）。細胞 pH 值較低的狀況下，外界質子要進入需耗費較多的能量，向細胞外排出質子，以維持細胞內 pH 值的穩定。此外質子幫浦工作有電位差，陽離子才能進入細胞內。質子亦扮演著細胞內共軛反流的角色，以吸取糖和無機陰離子。培養基 pH 值較低的狀況下，質子幫浦的活性增加，可能會浪費較多的 ATP（edenosine triphosphate，腺核苷三磷酸三磷酸腺核苷）而產生生育抑制的狀況。

培養物體表面的電荷也可能影響培養基的 pH 值，培養基 pH 值較低的狀況下，會抑制植物組織表面的陰性基解離，因爲表面的電荷帶正電性，因而容易吸取陰離子。相反的，pH 值較高的狀況下，表面電荷陰極化而容易吸取陽離子。

(4) pH 值與實際上的生長

以上說明表示，不適當的 pH 值範圍對生長的影響是要考量的，不同的培養物與培養基組成有各自適合的培養基 pH 值（初期值），因此不同培養基與物種一定要做測試。此外培養基製作時也會設定一定的 pH 值條件，培養過程中的 pH 值如變化則無法控制，培養基製作時調整好的 pH 值在培養過程的改變，與培養基中 NH_4^+ / NO_3^- 比例和

吸收量有關，吸收 NH_4^+ 較多會酸性化，吸收 NO_3^- 較多則會中性化，培養基最後的 pH 值因各培養基中 NH_4^+／NO_3^- 比而異（George 等，1984）。培養基 pH 值的變化對培養物的影響程度目前還不是很明確，實際上如果培養不成功的情況下，可以考量 pH 值變化是否在合適的範圍內。

在天然有機物的添加下，培養基 pH 值的緩衝性會提高，即便不調整 pH 值大約也都落在 5.5 左右，培養過程中 pH 值變化也較小。有機添加物的效果不只是提供 pH 值緩衝，千代蘭屬（*Ascocenda*）擬原球體以 MS 培養基培養，培養基初期 pH 值在 6-8 間均可好好的培養，然而 MS 培養基在高 pH 值下容易有沉澱產生（市橋，1979）。在蝴蝶蘭癒合組織的試驗中，比較 pH 值 4.8、5.1 與 5.6，pH 值 5.6 生育最佳。而 pH 值 5.1、5.6 與 6.1 比較下，pH 值 5.6 生育良好，但也有些品種在 pH 值 6.1 生育較佳（市橋、平岩，1993）。

6. 水與培養基的滲透壓、水勢

水是培養基組成最大的一部分，也是容易散失的成分，特別是透氣性良好的容器，容易因水分蒸發而缺乏，缺水對培養物的生育是有害的。蕙蘭擬原球體液體培養基中，Ca^{2+} 以外的無機離子和糖約 2-3 週即吸收完了，之後擬原球體增殖率即下降。增殖率降低的原因和培養基養分枯竭有關，尤其是糖含量的降低，培養 3 週後於培養基添加或更新培養基即可有效改善（Hirai 等，1991）。

移植後的培養容器無法追加新的培養基成分，培養基內的養分耗盡後培養物的生育就減低了，也不能在最初的培養基多添加成分，因為培養基內的無機離子溶於水的吸收容易度與滲透壓成反比，將培養基增加成分會導致吸收困難而抑制生長。培養基與植物體存在著滲透壓差，當細胞的滲透壓比培養液的滲透壓高時才能吸收。

　　溶液的滲透壓取決於溶質分子的比例，滲透壓（π）＝ CRT（C ＝溶液莫耳濃度，R ＝ 0.082 氣體常數，T ＝絕對溫度），培養基和培養液中溶解的無機鹽屬於電解質，C 值與電離度相關。滲透壓表示水的束縛（難吸收）狀態，滲透壓高的水溶液，水被溶質強力束縛，培養液的滲透壓比植物體滲透壓高的情況下，植物會脫水而死。

　　以往滲透壓的單位是用大氣壓表示，最近使用 Pascal（Pa）表示，1 atm（大氣壓）＝ 1013250 dyn/cm^{-2} ＝ 1013.25 mbar ＝ 1013.325 hPa 101.325 kPa ＝ 760 mmHg ＝ 1033.6 cmH$_2$O。水分張力（pF）表示土壤粒子水分的束縛狀態，而水柱高為水分被土壤粒子吸附的強度，以其對數值（log 1033.6 ＝ 3.0143525）表示。因此滲透壓在一大氣壓下為 101.3 kPa，pF 為 3。滲透壓的負值表示水的潛勢值，代表水容易吸收的程度。最容易吸收的水是純水，此時水的潛勢是 0 Pa。一般養液栽培溶液處方的培養基濃度是 18 meL^{-1}（-76 kPa），可作為適合植物的培養液濃度參考。無菌培養基（糖除外）的水分潛勢為-69 kPa（Knudson）--218 kPa（MS），砂糖由 20 gL^{-1} 增加至 30 gL^{-1}，水分潛勢由 15.6 下降至 23.4 kPa（古在、北谷，1993），若將此數值換算為 pF，Knudson 為 2.89（含蔗糖 20 g 則為 2.94）-MS 3.35（含糖 30 g 則為 3.39）。然而實際上因為還有洋菜的緣故，水分潛勢會更低些。洋菜屬於大分子，降低培養基中的水分潛勢效果有限，相較於洋菜分子對水的吸收效果，洋菜培養基會增加水分吸收的難度。

　　溫室栽培的果菜類灌溉點是 pF 2.4，初期萎凋點是 pF 3.8 左右，可見培養條件下植物對水的吸收是困難的（水分潛勢低）。順道一提，海水的滲透壓是 24 大氣壓（-2431.8 kPa，pF 4.4），水被強力的束縛著，因此一般的植物無法吸收海水中的水分。

（二）培養基的製作

1. 水

　　培養基中最多的成分是水，水在培養基中作爲溶媒。以繁殖爲目的的實際應用上，如果培養的結果沒有不適的狀況，使用自來水或是井水都是可以的，在這種情況下，必須考量水中會含有數種必需元素。

表 3-1　培養基成分中的無機鹽類溶解度

鹽	分子量	溶解度（g 100 g H_2O^{-1}, 20℃）
NH_4NO_3	80.04	65.5
$NH_4H_2PO_4$	115.02	36.8
$(NH_4)_2SO_4$	132.13	42.85
NH_4Cl	53.49	37.2
KNO_3	101.10	24（32℃）
KH_2PO_4	136.08	33（10℃）
K_2HPO_4	174.18	61.22
K_2SO_4	174.25	10
KCl	74.55	25.5
$Ca(NO_3)_2 \cdot 4H_2O$	236.15	127
$Ca(H_2PO_4)_2 \cdot H_2O$	252.07	1.8（30℃）
$CaHPO_4 \cdot 2H_2O$	136.06	0.02（24.5℃）
$Ca_3(PO_4)_2$	310.00	0.0025
$CaSO_4 \cdot 4H_2O$	208.20	0.298
$CaCl_2$	110.99	42.7
$CaCO_3$	100.06	6.5×10^{-3}
$Mg(NO_3)_2 \cdot 6H_2O$	256.40	溶解性
$Mg(H_2PO_4)_2$	218.28	難溶解性
$MgSO_4 \cdot 7H_2O$	246.47	25.2
$MgCl_2 \cdot 6H_2O$	203.30	35.3
$NaNO_3$	84.99	46
$NaH_2PO_4 \cdot H_2O$	137.99	45.5
$Na_2SO_4 \cdot 10H_2O$	322.19	19

（續下頁）

鹽	分子量	溶解度（g 100 g H₂O⁻¹, 20℃）
NaCl	58.44	26.38
NaOH	40.00	52.2
KOH	56.10	52.8
HCl	36.46	42.3
Fe-EDTA	372.24	42.1
H3BO₃	61.93	4.6
MnCl₂	125.84	73.5
ZnSO₄	161.44	36.6
CuSO₄ · 5H₂O	249.67	16.8
(NH₄)₂MoO₄	196.01	10
Na₂MoO₄	205.92	-
KI	166.00	59
CoCl₂	129.84	-

表 3-2　各種有機物的溶解性

有機物	水	熱水	丙酮 *	乙醇 *
菸鹼酸	＋＋			
硫胺素	1 g/ml			
吡哆醇	1 g/4.5 ml			
核黃素	1 g/3-15 ml			
生物素	22 mg/100 ml			8 mg/10 ml
葉酸		1 g/ml		
肌醇	14 g/100 ml			
Ca 泛酸	1 g/2.8 ml			
IAA	＋－		＋＋	＋＋
NAA	0.38 g/ml		＋＋	
2, 4-D	＋－		＋＋	＋＋
激動素	＋			＋
BA	＋（DMSO 較易溶解）			＋＋
GA₃	＋		＋＋	＋＋
胺基酸	＋＋			

* 不加熱殺菌的狀況下，有機溶媒會有有害的效果，在這情形下可用酸或強鹼溶液溶解。

自來水可能含有 Ca^{2+}、Mg^{2+}、Cl^- 等，而井水可能含有 NO_3^- 以及其他微量元素，因此可以不添加 Fe、B、Mn 以外的元素，需掌握所用的自來水或井水水源成分，作為培養基調整的參考。

實驗時會使用蒸餾水、去離子水或去離子蒸餾水。最近也有使用逆滲透水。不過不論哪種水都不可能完全去除雜質得到純水，蒸餾水可能含有一些揮發物質，離子交換樹脂製作的去離子水會含有非離子性物質與樹脂等不純物。利用不同原理的精製法（蒸餾、離子交換、逆滲透）組合，可以減少水中的不純物，但從容器溶出的成分或是空氣中的成分（碳酸氣體等）都會使之產生新的不純物。一般的培養不論用哪一種精製法都已足夠，不會造成培養的問題。

2. 試藥秤量與貯藏溶液（母液）

培養基的成分是定量的試藥調配而成的，量取 1 mg 的試藥雖可用電子秤，但誤差值可能很大。用最小單位是 1 mg 的天秤量取 1 mg，誤差範圍在 0.5-1.5 mg 之間，但同一個天秤量 100 mg，誤差則只有 1/100 的 100.5-99.5 mg 的範圍。因此想要秤取 1 mg 試藥時，可秤取 100 mg 溶於一定容積後再取用（如溶於 100 ml 後取用 1 ml）。因此即便沒有高精準度的天秤，需要如此微量的元素時，先製作高濃度的溶液之後再稀釋即可。

要正確的製作一定容積的溶液，需要使用定量瓶，將完全溶解的試藥加水稀釋到此一定的容積，在需要稀釋的時候以移液吸管（hole pipette）取一定量後再以定量瓶定容。溶液的體積也會因溫度變化而改變，最好能在一定的溫度條件（如 25ºC）下操作。

要精確的量取液體，使用定量瓶會優於量筒，在量取少量的液體時，盡可能用較小容積的容器也能有較佳的準確度，但實際上製作培養基時所需要的精度不一定要那麼高，使用一般常用或合適的量筒基本上也沒有太大問題。

表 3-3　培養基製作時的母液組成法

母液 1（大量元素）	
鹽類母液組成範例 1	（陰離子組成）
A	NH_4NO_3、KNO_3、$Ca(NO_3)_2$、$Mg(NO_3)_2$ 等
B	$NH_4H_2PO_4$、KH_2PO_4 等
C	$(NH_4)_2SO_4$、K_2SO_4、$MgSO_4$ 等
鹽類母液組成範例 2	（陽離子組成）
A	NH_4NO_3、$NH_4H_2PO_4$、$(NH_4)_2SO_4$、KNO_3、KH_2PO_4、K_2SO_4 等
B	$Ca(NO_3)_2$
C	$Mg(NO_3)_2$、$MgSO_4$ 等
母液 2（微量元素）	
母液 3（螯合鐵）	
母液 4（維他命、胺基酸類）	
母液 5（植物生長調節劑類）	

註：母液 1、2 需要冷藏，3、4、5 取所需量後冷凍保存，砂糖和洋菜每次秤量即可。

　　使用頻率高的培養基，為了節省製作的繁雜手續，會製成高濃度的母液（stock solution）。避免鈣鹽／H_2PO_4 鹽、鈣鹽／SO_4 鹽、鎂鹽／H_2PO_4 鹽的組合，此高濃度的溶液不可以直接互相混合，否則會產生沉澱，大量元素的 3 種母液可參閱表 3-3。在溶解度的範圍內，同一陽離子或同一陰離子組合成的母液較為單純，母液可以做成 1 個種類或 2 種種類均可，但元素種類多的話容易產生藻類，必須貯藏在陰冷的場所。

　　除了容易沉澱的鐵以外，微量元素可全部溶成一個 100 倍的母液進行保存。Fe 是以 $FeSO_4$ 和 Na_2-EDTA 以相當的莫耳混合，加熱 30 分鐘生成螯合鐵以方便取用，最初的顏色是淺黃色，加熱後會變成金黃色，待冷卻後再做正確的濃度調整，並於陰暗冷涼的場所保存。

　　砂糖、生長調節劑以外的有機物，可以配製成 100 倍濃度的高濃度溶液，以塑膠容器裝載適當量冷凍保存。生長調節劑因種類繁多，

從 100 ppm 到 10^{-3} M 的高濃度皆有，也可以塑膠容器裝載適當量冷凍保存。難溶於水的物質可加熱增加溶解度或是以丙酮、乙醇溶解，如果用上述方法仍無法溶解的物質，則可以使用少量的酸或強鹼溶液溶解後再定量。但在使用有機溶劑作爲溶媒時，要注意不可有大量的溶媒殘存在培養基中，尤其是利用濾網除菌的方式需特別注意此點。

3. 培養基的製作

培養基製作時，先以適量的水加入各個成分後，以作定量瓶。最剛開始的水量，多的話不容易產生沉澱，但要注意全部的成分加入時，溶液體積總量會不會過剩，因爲以母液製作培養基的場合，母液也含有水，需考量這部分的影響；沒有加水的狀況下直接混合試藥或母液會很容易產生不溶性的化合物。直接秤量試藥來配製培養基時，需一個一個完全溶解，加入水後再依序加入試藥，添加的順序爲硝酸鹽類先加入，再來依序爲磷酸鹽、硫酸鹽類，難溶解的 $CaSO_4$、$Ca(H_2PO_4)_2$、$Mg(H_2PO_4)_2$ 等最後再添加可避免沉澱發生。

添加大量元素、Fe-EDTA、微量元素、有機物、砂糖和洋菜（或結蘭膠），定量後再調整 pH 值。pH 值調整以 0.1 或 1 當量的酸（HCl、HNO_3）或鹼（KOH、NaOH）進行，也要注意不可添加太多以免後續產生影響。

膠化劑粒子加入熱水後，溶解時會成透明化，待完全溶解後以自動分注器分裝至培養容器中，並封裝容器口。

培養基製作時，加入砂糖、洋菜與 pH 值的調整順序，如果是在溶液定量後才進行，會影響培養基成分組成的濃度，因此應該要再加入砂糖、洋菜、進行 pH 值調整後再定量。若定量後調整 pH 值，才加入砂糖和洋菜，當製作量大時，多少會減少培養基的濃度，從要求正

確濃度的觀點，應在洋菜加入後再定量，但洋菜加熱溶解時體積會有變化，而造成培養基正確量分注時的困難。

　　培養基的製作方式也隨著時代改變，蘭花的無菌播種培養基，以往的組成是以 1 公升的水加入各種成分，現在則是全部溶解至 1 公升的水中。

　　一般操作上，培養基以滅菌釜 105-120°C 經 10-20 分鐘殺菌，但在量大的情況下，以多量的小容器裝載送入大型滅菌釜時，內部溫度上升需要花費較多時間，有可能無法到達完全滅菌的溫度。此外，添加天然有機物也要延長滅菌時間或提高滅菌溫度，滅菌完的培養基經一星期放置，沒有汙染產生即可使用，如果在這期間發現培養基表面有汙染的狀況，則是滅菌後的汙染。

（三）培養基的成本

　　試藥費用因其純度、購買量而定。此外鹽類的種類、分子當量的價值與離子種類的不同也有所影響，依試藥目錄（Nacalai Tesque Inc. General Catalog Vol. 27，2003-2004 年版）或是超市、市場價格為基礎計算的結果請見表 3-4。培養基的成本不僅僅是培養基成分的組成，不論何種培養基，無機鹽類大約只占成本 5% 以下，因此不同無機鹽類的組成並不影響培養基的成本。占培養基成本比例最高的是洋菜，NP 培養基達到了 75%，其次是砂糖的 21%，兩者合計達 96%，以試驗用與料理用的洋菜相比，可有效降低培養基成本，亦或是減少洋菜的使用也有相同效果。影響洋菜凝固強度如前所述有多種的原因，提高培養基 pH 值或縮短殺菌時間至最低限度，亦可減少洋菜的使用量。

　　使用結蘭膠也可以降低培養基的成本。培養基中的 2 價陽離子可決

定結蘭膠的添加量，因此培養基中 Ca^{2+} 與 Mg^{2+} 濃度高的話可減少結蘭膠添加量。當然這些調整都要在不影響培養植物生育的範圍下才進行。

　　砂糖的添加量基本上無法減少，但添加的砂糖純度要求並不高，家庭用或業務用的砂糖即可有效降低這部分的成本。

　　培養基中添加的有機物占成本比例也算高，特別是椰子水，因此如何取得便宜的椰子水是需要考慮的。

三、蘭花的無菌培養培養基

　　蘭花種子無菌播種培養基研究可參考 Knopp 培養液（Withner, 1959a）。Knudson 是含有胺態氮、必需元素、鐵、錳、砂糖的培養基，從這些訊息可以發現蘭花種子發芽所需及無菌播種培養基的演進：①蘭花種子發芽需要大量元素、微量元素及碳源；②器官培養等組織培養基需要維生素類、胺基酸類；③組織培養中細胞分裂素和生長素的功能。現在也可以用完全合成的培養基（defined medium）進行單細胞培養，植物無菌培養培養基組成所需現已大致清楚了。

　　從無機鹽類組成看培養基的演進：①無機鹽類濃度的高濃度化；②胺態氮的導入；③ Na^+、Cl^- 的消除或濃度降低；④螯合鐵的使用；⑤微量元素的探討。培養基成分的了解，大致是從菸草癒合組織用培養基（MS 培養基）而來，之後的培養基發展，依培養目的開發合宜的培養基、培養基濃度及培養基組成進行探討。

表 3-4　各種培養基組成與培養基成本的試算

試藥成分	培養基組成（mgL⁻¹）						左側組成相對應之培養基成本（日元 /L）					
	NP	V&W	KC	花寶	MS	天然有機物	NP	V&W	KC	花寶	MS	天然有機物
NH_4NO_3	32.0				1650.0		0.077				3.960	
$(NH_4)_2SO_4$	303.9	500.0	500.0				0.425	0.700	0.700			
KNO_3	424.6	525.0			1900.0		0.747	0.924			3.344	
KH_2PO_4	462.7	250.0	25.0		170.0		0.833	0.450	0.045		0.306	
$Ca(NO_3)_2 \cdot 4H_2O$	637.6		1000.0				1.275		2.000			
$Ca_3(PO_4)_2$		200						1.200				
$CaCl_2 \cdot 2H_2O$					440.0						0.968	
$Mg(NO_3)_2 \cdot 6H_2O$	256.4						0.820					
$MgSO_4 \cdot 7H_2O$		250.0	250.0		370.0			0.360	0.360		0.533	
$EDTA \cdot 2Na$	37.3				37.3		0.328				0.328	
$FeSO_4 \cdot 7H_2O$	27.8		25.0		27.8		0.056		0.050		0.056	
檸檬酸鐵		28.0						0.252				
H_3BO_3	0.6				6.2		0.00099				0.00092	
$MnSO_4 \cdot 4H_2O*$	2.23	7.5	7.5		22.3		0.00623	0.021	0.021		0.06228	
$ZnSO_4 \cdot 7H_2O$	0.86				8.6		0.00138				0.01376	
$CuSO_4 \cdot 5H_2O$	0.0025				0.025		0.00001				0.00005	
$Na_2MoO_4 \cdot 2H_2O$	0.025				0.25		0.00049				0.00490	
KI	0.083				0.83		0.00066				0.00664	
$CoCl_2 \cdot 6H_2O$	0.0025				0.025		0.00003				0.00028	
花寶（N-P-K =6.5-6-19）				3.5 g						8.4		
菸鹼酸	0.5				0.5		0.00495				0.00495	
硫胺素 HCl（B_1）	0.1				0.1		0.00250				0.00250	
吡哆醇	0.5				0.5		0.03000				0.03000	
肌醇	100.0				100.0		2.02000				2.02000	
甘氨酸	2.0				2.0		0.00880				0.00880	
洋菜（食用 **）	8 g	8 g	8 g	8 g	8 g		134.4 (103.2**)	←	←	←	←	
結蘭膠 ***	3 g				3 g		108.0***				108.0	
蔗糖	20 g	20 g	20 g	20 g	20 g			←	←	←	←	
蛋白腖 ****						2 g						14.80
酪蛋白胺基酸						2 g						68.00
酪蛋白水解物						2 g						40.80

（續下頁）

試藥成分	培養基組成（mgL⁻¹）						左側組成相對應之培養基成本（日元 /L）					
	NP	V&W	KC	花寶	MS	天然有機物	NP	V&W	KC	花寶	MS	天然有機物
椰子水						150 ml						318.00
香蕉						100 g						38.40
馬鈴薯						100 g						34.90
1 公升培養基成本 **							174.64 (113.64)	171.91 (110.91)	171.18 (110.19)	176.4 (115.41)	179.66 (118.67)	

* 以無水化物價格計算。

**Costco 或超市購買的食用砂糖與洋菜配製的成本。

*** 可以用結蘭膠代替洋菜，不同配方培養基添加量有所不同，以 NP、MS 培養基來說使用結蘭膠會比洋菜便宜。

**** 以下為改善生長發育的天然有機物，有單獨添加也有複合組合添加，會增加培養基成本。

（一）蘭花種子發芽培養基的發展

　　蘭科植物無菌播種培養基自 Knudson（1922）的完全合成培養基開發以來，有許多獨自發展制訂的培養基。種子發芽培養基最低的要求是：①含有必須元素；②含有胺態氮或有機態氮素來源；③供給能源的碳水化合物；④添加各種天然有機物能明確促進生育。

　　蘭科植物的種子多半都只是未分化完全的無胚乳種子，但也不是完全沒有貯藏的養分，胚的基部有貯藏養分（脂質）的細胞，上半部則是沒有貯藏養分細胞的芽原球體。自然條件下蘭菌在胚的基部共生，將細胞內貯藏的養分轉變為碳水化合物，提供發芽所需的能量來源（Stoutamire, 1974; Hew, 1987）。此外透過菌絲也可能提供外部養分供發芽生育所需，無菌播種的種子則由培養基提供養分。

　　種子發芽時，胚少許肥大突破種皮，通常這個階段仍看不出發芽，直到胚持續肥大到原球體形成，尖端的子葉與本葉分化。蝴蝶蘭是單子葉植物，子葉相當於播種後發育出的第一葉，此階段原球體也會產生細毛（假根，rhizoid），然後持續分化產生展開的葉片，最後

再長出初生的幼根，成爲完整的植物體而能轉變爲自營生長。

　　無菌播種與共生發芽同樣屬於異營的方式提供養分，只是沒有從屬關係。白芨在沒有還原態氮和能源提供的培養基雖仍可生長，但生長狀況不良（市橋，1977），嘉德麗亞蘭發芽的初期必須有胺態氮或有機態氮提供（Raghavan and Torrey, 1964; Raghavanm, 1964）。此外，沒有葉片的腐生蘭類，除了發芽過程，其一生均行異營生長，蘭花種子發芽的要因已有許多研究累積，大抵成果已經確認（Withner, 1959ab; Arditti, 1967a），由早期開發的無菌播種培養基，可看出不合理的部分。

　　下列的培養基解說，可概括看出培養基的發展。

1.Knudson 配方

　　Knudson 配方含有 B 培養基（1922）與 C 培養基（1946），C 培養基是將 B 培養基的磷酸鐵置換爲硫酸鐵，並添加硝酸錳。Knudson 培養基中 NH_4^+、SO_4^{2-} 比率較高，K^+、NO_3^- 比率較少，這樣的培養基組合會使根的生長較差，由於是最早發展出來的培養基，各種離子的平衡尚不是很好，單獨使用下不易有好的生育表現，如要使用這個培養基，以螯合鐵取代硫酸鐵，並添加 10 g 左右的洋菜會比較好。

2.Burgeff 培養基（1936）

　　Eg-1 培養基是一般蘭科植物使用，N_3f 是拖鞋蘭專用的培養基。兩種培養基的緩衝能力均很優秀，在沒有調整 pH 值的情況下大約都在 5 左右，製作方式爲緩衝溶液（B 液）與其他成分溶液（A 液）各 500 ml 合爲 1 L。由於 N_3f 有不屬於必需元素的 Cl^-，因此令人對其添加效果存疑。

3.Vacin & Went 培養基（1949）

此培養基是爲了抑制 Knudson C 培養基在殺菌釜滅菌後 pH 值變動而開發出來的。Knudson C 培養基的 pH 值變動是因爲含有 $FeSO_4 \cdot 7H_2O$ 與 $Ca(NO_3)_2 \cdot 4H_2O$，$Ca_3(PO_4)_2$ 與 KNO_3 置換產生 $Ca(NO_3)_2$ 使 $FeSO_4$ 變爲酒石酸鐵。單獨使用這個培養基的配方時，這個組合以 NH_4NO_3 置換 $(NH_4)_2SO_4$ 會有較好的效果，此外，添加有機物（椰子水等）也可得到良好的效果。

V & W 培養基組成含有 $Ca_3(PO_4)_2$，不降低 pH 值就不能完全溶解，有沉澱的 $Ca_3(PO_4)_2$ 也會從培養基中慢慢溶解出來。因爲培養基中的磷酸鹽是必需的成分，培養過程中 pH 值的變化會是緩和的，V&W 培養基欲調整 pH 值至 5-6 間勢必要添加酸，如 HCl，但調整後培養基中的 Cl^- 會形成 $CaCl_2$，和含有 $Ca(H_2PO_4)_2$ 的培養基有相同的狀況。

4. 京都配方（花寶培養基，hyponex；Tsukamoto 等，1963）

雖然與既存的培養基組成理論有關聯，但依既有理論調製培養基非常麻煩，因此使用市售花寶綜合肥料（N：P_2O_5：K_2O = 6.5：6：19）簡便地製作培養基的就是京都配方。其配製方式簡單，與各種有機物組合，廣泛的應用在蘭花無菌播種與繼代培養（狩野，1976），以此培養基培養通常有地底時比地面生育旺盛，這與以 K^+ 含量較多的培養基栽培時有相同的特徵。花寶並沒有公開其完整的成分組成，但可知 K^+ 與 NO_3^- 的比率較 NH_4^+ 大，因此根的生育較爲旺盛，花寶（2 gL^{-1}）中添加 NH_4NO_3（1 gL^{-1}）可改善上述問題而得到較好的效果。

5.Thompson 培養基（1975）

此培養基 N、P、K、Ca 相互間的權重沒有關係，N 爲尿素、P 爲

磷酸、K 與 Ca 是醋酸鹽爲基礎的處方，Fe 源自螯合鐵因此也沒有缺
鐵的問題。然而氮素只使用尿素，雖然有一些硝酸態氮會抑制發芽的
種類是合適的，但種苗的根發育狀況會很差，容易生產出不健全的種
苗。此外，蘭花種子發芽培養基與一般其他植物的不同，醋酸離子使
用上也不方便。因爲氮素只使用尿素，可考量添加其他種類氮源、微
量元素、Ni 等。

（二）以系統變量法進行培養基研究

　　蘭科植物種子發芽培養基已有相當多的發表（表 3-5），筆者對
於培養基無機鹽類組成與蘭科植物種子發芽的關係，以及培養基的組
成，進行系統、理論的研究。筆者後述的系統變量法，對培養基中
無機離子組成與蘭花種子發芽及實生苗生育的關係進行研究，已明確
了解其中的關聯（表 3-7；Ichihashi and Yamashita, 1977；Ichihashi,
1978ab, 1979；市橋，1985），以下針對培養基的無機鹽類處方做解
說。

表 3-5　蘭花種子發芽、微體繁殖用的培養基無機離子組成（%）

發表年	培養基	NH_4^+	K^+	Ca^{2+}	Mg^{2+}	Na^+	NO_3^-	$H_2PO_4^-$	HPO_4^{2-}	PO_4^{3-}	SO_4^{2-}	Cl^-	$\Sigma M^{n\pm}$
1922	Knudson	38.0	9.2	42.6	10.2		42.6	9.2			48.2		19.9
1929	La Grarde	26.4	12.9	46.5	14.3		25.9	12.9			14.3	31.6	57.0
1936	Burgeff Eg-1	19.9	24.8	44.6	10.6		44.6	9.7	15.2		30.5		19.0
1936	Burgeff N3-f	18.4	30.4	41.4	9.9		41.4		14.0		28.3	16.3	20.5
1936	Sladden*	43.3	12.0	34.7	10.0		34.7	12.0			53.3		24.5
1936	Curtis1936*	31.6	10.1	34.1	24.2		65.7	10.1			24.2		8.7
1943	Curtis1943*		55.3	13.5	18.3	12.9		55.3			18.3	26.4	13.3
1948	Bouriquet	75.7	15.1		9.2		56.2	19.5			9.2	15.1	1.1
1949	Cosper*		80.0	17.5	2.6		88.2	1.6			2.6	7.6	11.5
1949	Curtis1949*	66.3	13.4	3.9	16.4		33.5	13.4			49.2	3.9	6.0

（續下頁）

發表年	培養基	NH_4^+	K^+	Ca^{2+}	Mg^{2+}	Na^+	NO_3^-	$H_2PO_4^-$	HPO_4^{2-}	PO_4^{3-}	SO_4^{2-}	Cl^-	$\Sigma M^{n\pm}$
1949	Vacin & Went	36.9	34.3	18.9	9.9		25.3	9.0		18.9	46.8		20.5
1952	Mariat I		12.7	73.4	13.9		58.5	12.7			13.9	14.9	14.5
1952	Mariat II		331.7	55.1	13.1		71.2	5.3			10.4	13.1	15.4
1952	Mariat III	34.3	38.8	8.1	11.0	7.7		23.2	15.6		45.3	15.9	22.1
1953	Liddell	19.3	16.1	52.2	12.4		71.5	9.1	7.0		12.4		16.4
1954	Thomale	44.1	49.1		6.9		75.3	17.5			7.2		12.6
1954	Tsuchiya	40.0	37.1	12.2	10.7		27.4	9.7	12.2		50.7		19.0
1962	Murashige & Skoog	41.5	40.4	12.1	6.1		79.4	2.5			6.1	12.1	49.6
1968	Kyoto**	2.1	14.6	-	-		11.8	6.0		-	-	-	-
1974	Thompson***	27.3	36.4	9.1	27.3			27.3			27.3		11.0
1989	Hinnen****	25.3	61.8	5.1	5.1	2.7	16.1	2.7			30.4	50.8	40.0
1992	Ichihashi*****	25.0	38.0	27.0	10.0		60.0	17.0			23.0		20.0

註：以上培養基組成引用自文獻記載，如無則是來自 Withner 著作 The Orchids 附錄 III。

* 有添加有機物。

** 京都配方（花寶 3 gL^{-1}），以 mM 表示。

*** 含有 9 mM 尿素，培養基滲透壓相當於 20 meL^{-1}，陰離子剩餘的 45.4% 含有醋酸離子。

**** 此培養基是開發用於蝴蝶蘭實生苗生育，含有 70 gL^{-1} 香蕉汁。

***** 此培養基（NP）是開發用於蝴蝶蘭幼嫩花芽節培養。

表 3-6　蘭花種子發芽培養基的組成

培養基成分 (mg)	Knudson C	Burgeff		Vacin & Went	Thompson	Hinnen 蝴蝶蘭苗完成培養基	花寶培養基 (京都配方、狩野配方)				蝴蝶蘭用修正花寶配方(市橋)		
		Eg-1	N₃f				石斛蘭與萬代蘭	嘉德麗雅蘭	蕙蘭	拖鞋蘭	種子發芽	移植	最終苗形成
NH_4NO_3												1000	1000
NH_2CONH_2					540								
$NH_4H_2PO_4$					345								
$(NH_4)_2SO_4$	500	250	250	500	673								
KNO_3				525	651								
KH_2PO_4	25	250***		250									
K_2HPO_4		250***	250***										
$NaH_2PO_4 \cdot H_2O^*$					150								

（續下頁）

培養基成分(mg)	Knudson C	Burgeff		Vacin & Went	Thompson	Hinnen 蝴蝶蘭苗完成培養基	花寶培養基（京都配方、狩野配方）				蝴蝶蘭用修正花寶配方（市橋）		
		Eg-1	N₃f				石斛蘭與萬代蘭	嘉德麗雅蘭	惠蘭	拖鞋蘭	種子發芽	移植	最終苗形成
KCl			250			1364							
KCH$_3$COO					392								
Ca(NO$_3$)$_2$·4H$_2$O	1000	1000	1000										
Ca$_3$(PO$_4$)$_2$													
CaCl$_2$·4H$_2$O				200		150							
Ca(CH$_3$COO)$_2$					79								
MgSO$_4$·7H$_2$O*	250	250	250		369	250							
EDTA·2Na				250	37.0								
FeSO$_4$·7H$_2$O*	25.0	20.0	20.0		25.0								
NaFeEDTA						25.0							
檸檬酸鐵													
檸檬酸			90***	28.0									
H$_3$BO$_3$					1.860	6.2							
MnSO$_4$·4H$_2$O*	7.5					22.3							
MnCl$_2$·4H$_2$O				7.5	2.230								
ZnSO$_4$·7H$_2$O					0.290	8.600							
KI					0.830								
Na$_2$MoO$_4$·H$_2$O					0.250								
CuSO$_4$·5H$_2$O					0.240	0.025							
CoCl$_2$·6H$_2$O						0.025							
(NH$_4$)$_6$Mo$_7$O$_{24}$·4H$_2$O					0.035								
花寶粉劑（N-P-K=6.5-6-19）							3000	3000	3000	3000	3000	2000	2000
洋菜	17.5 g	15 g	12 g		10 g	6 g	15 g	15 g	15 g	15 g			8 g
結蘭膠				16 g							3 g	3 g	
蔗糖	20 g	20 g			30 g	25 g	35 g	35 g	35 g	35 g	20 g	20 g	10 g
葡萄糖			10 g	20 g									
果糖			10 g										
蛋白腖**										2 g****	2 g	2 g	2 g

（續下頁）

培養基成分 (mg)	Knudson C	Eg-1	N₃f	Vacin & Went	Thom- pson	Hinnen 蝴蝶蘭 苗完成 培養基	石斛蘭與萬代蘭	嘉德麗雅蘭	蕙蘭	拖鞋蘭	種子發芽	移植	最終苗形成
		Burgeff					花寶培養基 (京都配方、狩野配方)				蝴蝶蘭用修正 花寶配方(市橋)		
胰蛋白腖 **									2 g	(2 g) ****			
酪蛋白酸 **													
酪蛋白水解物 **													
椰子水 **													
蘋果汁 **							10- 20%						
香蕉 **						70 g							50 g
馬鈴薯 **											100 g	100 g	50 g
活性炭						2 g							
水 *****	1 L	1 L	1 L	1 L	1 L	1 L	1 L	1 L	1 L	1 L	1 L	1 L	1 L

註：以上培養基組成自引用文獻記載，如無則是來自 Withner 著作 The Orchids 附錄 III。

* 原著如無表示結晶水則為一般化合物。

** 此天然有機物用於改善生育效果，有單獨添加或組合添加。

*** 原處方將此化合物另溶為 500 ml（B 液），與另 500 ml 的其他成分（A 液）混合。B 液為緩衝溶液，培養基調 pH 值整至 5 左右。

**** 添加兩種其中之一。

***** 培養基成分的表示為 1 L 水中加入以上所有成分或是最終定量至 1 L 均有。

表 3-7　培養基影響蘭花種子發芽與實生苗生育的因子

生育		培養基中的因子		受影響的種類
發芽	促進	低離子濃度		*Bletilla, Calanthe, Phajus, Cymbidium, Miltonia, Laelia*
		高比率 K⁺		*Cattleya, Laelia*
		高離子濃度		*Bletilla, Calanthe, Phajus, Cymbidium, Laelia*
	阻礙	高比率	NH_4^+	*Bletilla*
			Ca^{2+}	*Cymbidium*
發芽	阻礙	高比率	NO_3^-	*Cattleya, Vanilla, Dactylorhiza*
			$H_2PO_4^-$	*Dendrobium, Phajus, Laelia*
			SO_4^{2-}	*Bletilla, Dendrobium, Miltonia*

（續下頁）

生育	培養基中的因子		受影響的種類
生育	高離子濃度		*Dendrobium*
	促進　高比率	K^+	*Calanthe, Phajus, Cymbidium, Dendrobium, Cattleya*
		NH_4^+	*Dendrobium, Miltonia, Cattleya*
		NO_3^-	*Bletilla, Dendrobium, Calanthe, Phajus, Cymbidium, Miltonia*
	阻礙　低比率	NO_3^-	*Calanthe, Phajus, Cymbidium, Cattleya*
		NH_4^+	*Cymbidium*

1. 播種密度與培養期間

　　無菌培養是閉鎖的，培養瓶內僅存有一定量的水與無機元素，因此大多數的種子發芽與後續發育，每個個體能分配到的水與無機元素會漸漸減少，隨著培養時間逐漸枯竭，在做培養基成分比較時需注意此點。

　　即便是成分組成不佳的培養基，播種後仍可發現幾個生長良好的個體。組成分良好的培養基，如果播種數過多，實生苗的生育也會不好。從發芽率來看也有相似的狀況，發芽良好的培養基但發育不良，而發芽率低的培養基卻生育表現良好。但是如果不能讓播種數一致，抑或是移植後維持一定數量的個體數，就很難比較培養基組成不同所造成的影響。

表 3-8A　以系統變量法求出之各種蘭科植物喜好的實生用培養基離子組成

培養基		各培養基組成個別離子及總離子濃度							
		陽離子組成（%）				陰離子組成（%）			
		NH_4^+	K^+	Ca^{2+}	Mg^{2+}	NO_3^-	$H_2PO_4^-$	SO_4^{2-}	$\Sigma M^{n\pm}$(mel^{-1})
Bletilla striata	全株重	40	30	20	10	60	30	10	40
Dendrobium nobile	全株重	39	38	15	8	75	7	18	20
Dendrobium tosaense	全株重	60	15	15	10	70	20	10	20
Calanthe furcata	全株重	25	55	10	10	70	20	10	20
Phjus minor	全株重	45	30	20	10	70	10	20	20

（續下頁）

培養基		各培養基組成個別離子及總離子濃度							
		陽離子組成（%）				陰離子組成（%）			
		NH_4^+	K^+	Ca^{2+}	Mg^{2+}	NO_3^-	$H_2PO_4^-$	SO_4^{2-}	$\Sigma M^{n\pm}$ (mel^{-1})
Cym. ensifolium	全株重	40	39	12	9	80	11	9	20
Cym. ×Thelma	全株重	9	28	52	11	60	34	7	20
Cym. ×Stanley Fourakar Arcadia	莖葉重	7	28	55	10	75	19	6	20
	根重	7	28	55	10	80	10	10	20
Miltonia×Spring Synthia	莖葉重	29	26	35	10	75	19	6	20
	根重	48	14	28	10	48	7	45	20
Cattleya×*bowringiana* var. *coerulea*	全株重	51	27	12	10	75	6	19	20
Laelia anceps	全株重	10	70	10	10	52	22	26	20
Doritaenopsis Hybrid	株重	40	44	6	10	64	16	20	20
	發根	20	64	6	10	39	24	37	20

註：此無機鹽類的組成對應至表 3-8B。

表 3-8B　以系統變量法求出之各種蘭科植物喜好的實生用培養基無機鹽組成

培養基		各無機鹽組成 (mgL^{-1}) 個別離子及總離子濃度								
		NH_4 NO_3	KNO_3	$Ca(NO_3)_2$ ·4H$_2$O	$Mg(NO_3)_2$ ·6H$_2$O	NH_4H_2 PO_4	KH_2 PO_4	$(NH_4)_2$ SO_4	K_2 SO_4	$MgSO_4$ ·7H$_2$O
Bletilla striata	全株重	961	0	950	593	0	1633	265	0	0
Dendrobium nobile	全株重	352	627	356	207	0	191	238	0	0
Dendrobium tosaense	全株重	0	0	902	207	707	163	198	0	74
Calanthe furcata	全株重	32	1132	237	296	0	381	106	0	0
Phjus minor	全株重	577	243	522	296	0	272	132	0	0
Cym. ensifolium	全株重	497	586	285	237	0	299	119	0	0
Cym. ×Thelma	全株重	0	0	1234	207	114	789	53	0	74
Cym. ×Stanley Fourakar Arcadia	莖葉重	16	182	1306	296	0	517	79	52	0
	根重	0	303	1306	296	0	272	93	0	0
Miltonia× Spring Synthia	莖葉重	368	142	831	296	0	517	79	0	0
	根重	48	142	665	296	0	191	595	0	0
Cattleya×*bowringiana* var. *coerulea*	全株重	513	425	285	296	0	163	251	0	0
Laelia anceps	全株重	0	647	237	296	0	599	132	279	0
Doritaenopsis Hybrid	株重	224	890	142	0	368	0	132	0	246
	發根	320	263	142	0	0	653	0	471	246

註：此無機鹽類的組成對應至表 3-8A。

　　不同的培養基組成對實生苗初期的生育影響不大，隨著培養的進行，差異才漸漸擴大，如果都不進行移植，生長到一定的大小後就會停止。在這個時候做生育比較，與其他時間點進行比較會有差異的原因是，生育階段最適合的無機鹽類組成並沒有不同，但是經培養過程因培養基組成分改變所致。

　　以上說明，實生苗生育與培養基組成以外的因素也可能有關，除非在只改變單一定條件的狀況下比較，否則難以分辨培養基組成不同的影響。

2. 培養基濃度

　　無機鹽及糖的濃度是決定培養基特性的主因，大多數的發芽培養基，陽離子濃度或陰離子濃度大約在 20 meL^{-1} 左右，蔗糖則是 20 gL^{-1} 左右，這濃度可以作爲標準培養基濃度的參考。低濃度的培養基對種子發芽和初期生育良好，可有正常的莖葉分化和發達的根，但若培養期間長，生育會比高濃度培養基來得差，爲了保持有良好的生育最好盡早移植。高濃度培養基通常有發芽阻礙或初期生長不良的現象，與低濃度培養基培養的實生苗相較，通常根的生長較莖葉來得差。此外，有時可見到異常肥大的莖葉或癒合組織狀的組織形成，進而抑制正常的生育。高濃度培養基對發芽的阻礙，有特定的離子阻礙情形，如 NH_4^+ 處於高濃度下，其他無機離子、蔗糖濃度提高，均對根的生長有所阻礙。

　　種子發芽的適當濃度，實際上可以用比較低一點的濃度，因爲低濃度培養基有利發芽、初期生長良好，生長持續進行後會發生養分缺乏而造成生長緩慢；高濃度培養基對發芽及初期生長不利，沒有養分缺乏而能持續生長，不進行移植的長時間培養是有利的。因此最好的狀況下，是裝載較多的低濃度培養基，或在培養期間追加培養基，增加移植繼代次數是最好的。

3. 培養基組成

　　培養基的特性是由陽離子（NH_4^+、K^+、Ca^{2+}、Mg^{2+}）與陰離子（NO_3^-、$H_2PO_4^-$、SO_4^{2-}）的總離子濃度與各離子群內的離子比例決定。陽離子組成的不同與實生苗生育的影響不是很大，若能平均地組成就沒有什麼問題，但當 NH_4^+ 較多的狀況則有生育不安定、阻礙根生長的狀況發生，特別是在 NO_3^- 濃度較低的時候更易發生；但相反的，不含 NH_4^+ 有機氮素的培養基對實生苗初期的生育會產生障礙，Ca^{2+}、Mg^{2+} 比率較高的情況下也有阻礙生育的狀況。K^+ 比率較高的情況下則沒有生育阻礙的問題，反而對實生苗根的生育有幫助。種子發芽培養基的陽離子種類組成的多寡大致上是 K^+>NH_4^+ ≧ Ca^{2+}>Mg^{2+} 最為有利。

　　陰離子組成的影響較為單純，硝酸離子需要比率較多（40-80%），高量能確保生長勢較強。合適的 NO_3^- 比率範圍從各種生育指標（發芽、全株重、發根、株高等）來看，生育較快速的物種需要較高量，生育較慢的則傾向於較低量。$H_2PO_4^-$、SO_4^{2-} 的比率則並無很高的需求量。

（三）培養條件

　　培養室是必要且重要的，並應避免急速激烈的溫度變化。雖培養室無菌培養不需一直維持在一定的溫度，因為培養室溫度的變化可以促進培養容器內外的氣體交換，但同時也會增加汙染的危險性，並有加速培養基乾燥的缺點。但容器的氣體交換有利培養植物對 CO_2 的利用供給，連帶促進生育。因此欲增加 CO_2 濃度來增進生育，確保培養環境與維持容器內的無菌條件是很重要的。

1. 潔淨度與培養容器

　　培養室需盡可能降低微生物孢子的密度以維持潔淨，因此培養室無菌化可降低汙染率，但要將整個培養室無菌化是不可能的，保持一定的溫度條件，培養容器使用簡易的鋁箔封口即可避免汙染。且無菌室也不是完全沒有汙染的危險性，也有蟎類引起汙染的情形發生，因為肉眼難以發現蟎類，如有異常的汙染率上升就需要注意，但是當發生這種狀況時，蟎應已完全擴散在培養室中了，要驅除培養瓶中的蟎是不可能的。蟎造成的培養基汙染會沿著其移動的路徑線狀發生，因此可以用汙染的狀況做區別，要避免這種汙染可以頻繁的進行繼代移植或使用氣密性高的容器蓋。

　　蘭科植物的培養，即便是用以往簡易而潔淨度低的培養室也是可行的。在泰國以沒有溫度控制且直接接觸外氣的開放型培養室，用約翰走路威士忌瓶橫置，瓶口以包覆棉花的橡膠栓塞著也能進行培養。日本的培養方式以往使用三角瓶與橡膠栓中間孔洞以棉花塞入的瓶栓作為培養容器，通氣孔小，塞孔的無脫脂綿結實硬化致通氣性不良，能在溫度變化環境下長期培養，保持瓶內的無菌條件與水分。

　　最近日本使用廣口的大型美乃滋瓶，瓶蓋材質是聚乙烯、聚碳酸酯等，通氣孔黏貼過濾膜做透氣改善。移植時，因為是廣口瓶，苗的取出等作業效率較高，但汙染的危險性會增加，需有較完整的汙染防止對策。為了避免瓶與瓶蓋間隙造成的汙染，會使用膠帶等封口劑以確保封口確實。此外苗株愈大也需配合使用較大的容器，然而較大的容器也就需裝填較多的培養基，作業效率也會因此降低，在成本一樣的狀況下，當然愈大的苗愈好，但愈大的苗一定伴隨著較高的生產成本。到底怎樣是好的種苗，從種苗的生產和出瓶後的生育觀察，由總生產成本去考量才行。

理想的培養容器是：①價格便宜；②容易取得；③可使用滅菌釜殺菌；④透光性好；⑤可使植物生育良好；⑥可長時間保持無菌狀態。目前一般多為玻璃、聚碳酸酯材質的容器，這並不是很理想，許多塑膠容器不耐熱因此不能以滅菌釜殺菌。但是如果使用殺菌劑進行培養基殺菌就可以使用許多不同的塑膠容器（Yanagawa 等，1995；梁川及臼井，1995；Yanagawa, 2001；梁川等，2003、2006）。利用這個方法則可使用便宜的塑膠袋當作容器，並以熱融密封袋口以確保無菌，不過就現在來說還是沒有滿分的理想容器。

▌圖 3-7　泰國的培養容器是使用回收再利用的威士忌酒瓶，雖作業上較不便，但泰國大致上都是用這種培養容器。

▌圖 3-8　泰國使用威士忌酒瓶進行移植作業時所需的器具與設備。

▌圖 3-9　日本目前使用通稱為「美乃滋瓶」的大型廣口瓶，苗株可培養到很大且容易取出，但生產效率低。

▌圖 3-10　在印尼看到和臺灣使用相同類型的培養容器。

　　關於塑膠袋與熱融封口技術，在無菌操作臺裝填已經過滅菌釜滅菌的培養基或在培養基中混合次氯酸以進行殺菌，因開封前的新塑膠袋內是無菌的，因此不需特別進行消毒也鮮少有微生物汙染情形發生。使用滅菌釜滅菌後的培養基，其分注要在無菌操作臺中進行，但用次氯酸混合的在一般合適的房間內即可作業。

2. 溫度

　　合適的培養溫度依植物種類而異，低溫性的喜好較低溫度，而高溫性的喜歡較高的溫度。但實際上也不可能為了滿足所有植物而給予不同的溫度，一般培養室多是維持在 20-28°C 間，雖說不是對所有植物都是最適宜的溫度，但在這溫度範圍內多數物種皆能發芽與生長。以蝴蝶蘭來說，其喜好較高的培養溫度，28°C 左右均可。

　　為了避免汙染，培養室的溫度盡可能要保持一定，但對植物來說，一成不變的溫度並不是自然環境中會碰到的，自然環境中會有溫度、溼度變化以及風的影響，但這些都會增加汙染的危險性，然而溫度變化也會促進容器內外的氣體交換、促進容器內植物的光合作用而有利生長發育。此外，出瓶前的馴化，在培養的最後階段，最好是在有溫度變化與自然光的環境下培養。

3. 光

　　蘭花種子是否為好光性種子仍然未知，雖然種子發芽要有光亮似乎不是重要的因子，但部分蘭科植物初期在黑暗中有促進發育的效果（香草蘭、喜普鞋蘭、巴菲爾拖鞋蘭）。但是後續苗的生育仍需要光，如持續處於黑暗中會得到徒長的種苗。

　　培養室的光源可以考慮使用能調整光質的 LED，目前因為方便取得，多是使用植物燈或白色螢光燈，其具經濟性、光質類似太陽光、

發熱少、光強度均一等條件，也使得螢光燈使用較為廣泛。植物燈使用起來以人的視覺來看會偏暗些，其紫外線含量較少，光合作用有效光成分較高。

(1) 光強度

　　組織培養通常添加蔗糖作為能源，光合作用的光就不是那麼重要，但是光形態發生（photomorphogenesis）等過程仍是需要光的。在黑暗條件下培育的植物葉綠素無法發育，此外也會形成徒長苗，與正常苗形態差異很大。合適的光強度因培殖體、光源種類、糖添加量等而有所不同，以螢光燈來說大多介於 500-3,000 lx 的光強度，下限的 500 lx 無法利用於光合作用，因而培養基中有添加蔗糖以當作能（碳）源，上限的 3000 lx 則大約是螢光燈的上限。實際上合適的光強度，在容器內外透氣性佳，或是室內 CO_2 濃度高、瓶內植物光合作用良好的情況下可以提高；培養容器 CO_2 濃度低，則無法利用光能，強光可能還會造成葉片晒乾，且因培養容器種類、瓶塞種類、植物的形態等，實際照射到植物體的光強度是會變化的。蕙蘭葉片較為直立可用強光，蝴蝶蘭葉片是水平的，相對較弱的光才有利生長。

　　太陽光因季節或天候因素，要控制是很困難的，此外能量膨大後會造成溫室溫度控制的難題，因此不適合作為培養室的光源，但是在培養的最終階段，馴化的前段使用有自然光的溫室是有助益的。

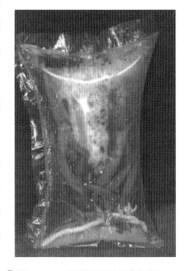
■ 圖 3-11　更便宜的培養容器。

(2) 日長

　　培養室的日長影響目前仍不清楚，長日性開花的植物因為營養生長的需求因此需要長日條件。對於蘭科植物來說，有些開花和日長有關，但苗期倒是沒有太大關係，從 CO_2 供給促進光合作用的角度來看則希望是長日，另一方面從冷房效率來看通常是日夜顛倒，培養室照明時間帶是可以變換移動的。

(3) 光質

　　光質對植物的生長發育有很大的影響，光源不同會造成光質的改變，造成植物生育產生變化。白炙燈泡、螢光燈與太陽光比較，有較少的紫外線、紫色與藍色光，紅光、紅外光的成分較多，因此植物在螢光燈下培養與在自然光下培養有所差異。黑暗下培養的植物，因為缺乏特定波長的光，在光形態發生對光的反應上會有黃化、徒長的現象，有光的條件下可幫助葉綠素的發育、減少徒長狀況。蘭科植物（白芨、嘉德麗亞蘭、蕙蘭等）黑暗培養無法產生根，根的形成需有特定波長的光，而苗株在螢光燈下則有過多的根，因此可判斷螢光燈含有對根生育的有效光成分，減低光強度也可達成抑制根生育的效果。實際培養時對於綜合成本的控制，使用螢光燈光源較為普遍。

（四）無菌播種的方法

　　在經營上蘭科植物用種子繁殖、無菌播種或許是可行的，因為多數的蘭科植物一次授粉後可以得到大量的種子，進而有可能獲得大量的實生苗，但是商業生產上的交配種多數是複雜的雜交種，無法利用實生繁殖得到均一性的種苗。蝴蝶蘭大白花品種方面，是有部分實生繁殖的品種，但和分生品種比較下仍無法匹敵，因此實生繁殖多用在育種的手段或是原種、F_1 雜交種的增殖上。

表 3-9　蘭科種子自授粉到成熟所需時間

屬名	時間（月）
萬代蘭（*Vanda*）、朵麗蝶蘭（*Doritaenopsis*）	10-12
蝴蝶蘭（*Phalaenopsis*）	8-10
仙履蘭（*Paphiopedilum*）、嘉德麗亞蘭（*Cattleya*）、蕙蘭（*Cymbidium*）、角莖蘭（*Bifrenaria*）、捧心蘭（*Lycaste*）	8-13
文心蘭（*Oncidium*）、堇花蘭（*Miltonia*）、齒唇蘭（*Odontioda*）、女僧蘭（*Promenaea*）、蝦脊蘭（*Calanthe*）	7-8
白芨（*Bletilla*）	6
茹氏蘭（*Rodriguetia*）	3
布萊特蘭（*Bletia*）	2

1. 完熟種子的培養

　　自然環境的蘭科種子在完熟時果莢會開裂，種子隨風或水飄散。蘭科植物種子的共通特性是極為細小，在形質上沒有太大的不同（Arditti and Ghani, 2000）。著生蘭種子大多是以風散布的沉水型種子，地生蘭種子較大則多是浮水型。蝴蝶蘭的完熟種子是黃色的細小種子，震動果莢就很容易掉落，罹患病毒的植株利用種子繁殖時，為避免汁液感染多使用完熟的種子。

(1) 種子的採收與貯藏

　　蘭科植物依種類的不同，自授粉到種子成熟的時間也有所差別（表 3-9，編按：蒴果實際成熟時間受品種、環境溫度等而有相當的差異，本表僅供參考），因為果莢完熟開裂後種子就會飛散，因此要在開裂前種子還沒飛散時採收果莢，完熟前果莢會轉為淺綠，此時採收後用紙袋裝載乾燥。果莢如果有部分褐化，有可能是內部汙染造成，需確認種子是否健全。為了使採收後的果莢乾燥，可置於有矽膠的容器中保存再採取開裂的種子。如果是未完全乾燥的果莢，有可

能產生黴菌造成種子汙染且很難消毒，因此完熟的種子可以在低溫乾燥下長期保存。蝴蝶蘭的種子貯藏性不佳，完熟種子採取後要盡速播種。種子的外觀看起來正常但其實沒有胚（嘉德麗亞蘭、巴菲爾拖鞋蘭等），這樣的種子也是不會發芽的。可以利用顯微鏡簡易觀察是否有胚的存在，另外乾燥的情況下種子的壽命極短，或產生休眠現象，因此採收後盡速播種較為理想。

(2) 殺菌

完熟的種子可用次氯酸液（次氯酸鈣溶液 10 g/140 ml 濾液）、Antiformin 水溶液（0.5-1% 次氯酸鈉）、Oxyfull（3% 過氧化氫）等液體殺菌。過氧化氫殺菌力較差但是使用上較為安全，而殺菌力較強的為次氯酸液，然後是 Antiformin 水溶液。萬代蘭、蝴蝶蘭、風蘭、名護蘭、國蘭、八代蘭的發芽率會因為使用次氯酸液、Antiformin 水溶液而降低，對存放久活力較差的種子於發芽上有阻礙（狩野，1976），在這種狀況下，可以使用低濃度的殺菌液並經過充分水洗。殺菌的時間與汙染程度和殺菌劑的濃度有關，一般在 5-30 分鐘間。以筆者實際操作的例子來說，以有效氯 0.5% 進行 5 分鐘作為種子消毒的標準。蘭花的種子分為親水性（尤其是著生蘭）和疏水性（地生蘭較多），疏水性的種子在消毒時需加入介面活性劑（Tween 20、Osban）以利消毒。需一次處理大量種子時，可將種子與殺菌劑置於有瓶蓋的容器，充分搖晃進行消毒後以濾紙集中再沖洗無菌水。殺菌後將浮於殺菌劑上的種子以接種棒拿取，在培養基表面直接播種，但這種方法對蝴蝶蘭的發芽會產生阻礙。

種子量少的情況下以圖 3-12 的方式，以粗網眼的微量吸管含脫脂綿與種子呈三明治狀進行消毒，100 ml 的燒杯裝載有效氯 0.5% 的次氯酸鈉水溶液 50 ml 左右，進行 5 分鐘的吸、排水，最後將殺菌劑排

出後，再以其他容器裝載無菌水進行吸、排 7-8 次，將附著在種子上的次氯酸鈉洗淨。之後再由蓋子外以鑷子將脫脂綿取出，在培養基表面沾擦播種。

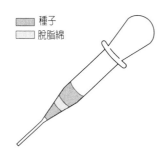

種子
脫脂綿

▌圖 3-12　少量種子的消毒法。
預定時間吸取、排出殺菌液，再吸取、排出無菌水。

　　筆者等是以完熟的種子殺菌後播種，種子發芽與否依發芽率和蘭花種類、殺菌方法、交配組合、種子成熟度、培養基組成等種種因素而異，不實際播種無法得知結果。為了不浪費培養基，並因為種子細小的關係，會在一個容器內大量播種。取無菌水中懸浮殺菌完成的種子進行播種，這種狀況下種子與水同時進到培養基上，多餘的水分如不以紙吸乾將有害生育，此外疏水性的地生蘭種子，也會因為種子浮在水上而不易均一播種。

(3) 移植

　　發芽的種苗需在適當時間進行移植，如果延誤移植時間會造成生育遲緩。移植適期以原球體產生白色假根時為主，此時較容易辨別及移植，或是子葉長出的時候進行移植，若再晚一些就太慢了，因為等根長出後就不方便移植。在這個階段，培養基中如有最好不要添加太多天然有機物，前述蝴蝶蘭修正花寶培養基即可用於移植。在原球體階段，以長柄小匙等工具移到新的培養基上，再以畫筆分散開來，如

有原球體二次增殖的現象發生，是因為原球體受傷的關係。

移植的培養基為了讓苗能順利成長，可以繼續使用發芽培養基而不需改變。如果苗的分化不良產生增殖現象，可降低無機鹽濃度與有機添加物的量，以單純的培養基培養。如欲得到健壯的種苗，把較大的、開始發根的苗株移植到添加香蕉汁的最終培養基（表 3-6），不要密植，否則等根伸長了則不方便移植的操作。

2. 未熟種子的培養

蘭花授粉後到種子完熟需要很長的時間，然而未熟的種子也具有發芽能力，可以和完熟的種子一樣透過培養取得實生苗。以未熟種子播種也有些許好處，如對一些發芽受抑制的完熟種子、對殺菌劑耐受性較弱的種子可以利用此法，此外果莢的殺菌也較為簡單，種子不會受殺菌劑傷害，可以較早得到種苗、減輕母株的負擔等，上述情形可以作為未熟種子播種的考量點。但是，未熟種子播種也是有其問題點，例如：病毒感染的風險較完熟種子播種來得高，如使用病毒感染的罹病株則要避免使用此法，此外，未熟種子也有生育較為緩慢、貯藏性差的缺點。

(1) 果莢的採取

授粉後到有發芽能力的時間依植物種類不同而異，長島（1985、1993）調查各種蘭科植物授粉後到具有發芽能力的日數，其結果顯示受精後胚發育了就有發芽的能力。*Phal. schileriana* 大約需 120 天完成胚的發育，授粉後 100 天就有可能具有發芽能力，最高的發芽率介於 120-130 天左右；*Phal.* DosPueblos 授粉後 53-55 天胚珠形成，58-60 天後受精，115-120 天後胚發育完成，在授粉後 80 天就可能發芽，最高發芽率介於 90-150 天；*Doritis pulcherrima* 可培養尚未授粉的子房，培養中進行受精也能獲得實生苗，在授粉後且受精前 20、40 及 60 天

取含有胚珠的子房進行培養也可獲得苗株，*Dor. pulcherrima* 受精大約是授粉後 60-65 天，為了取得子房培養的苗株，在培養基中添加 BA（1.0-5.0 ppm）以及椰子水是必需的（Yasugi, 1984）。

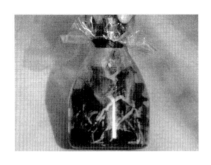

▌圖 3-13　瓶內開花。此為參訪瓶苗生產者所看到的瓶內開花狀況，可作為培養變異的早期檢定。

(2) 殺菌

未熟果莢的殺菌是較為簡單的，即使使用較強力的殺菌劑，內部的種子仍是安全的。將褐變或汙染的部分去除，水洗後再以酒精、Antiformin 進行表面殺菌後，在密閉容器中以含有 1% 有效氯的次氯酸鈉溶液浸漬，並搖晃 10 分鐘左右進行殺菌，再以無菌水洗滌後將果莢切開，取出內部種子播種。種子如果是很分散的狀況，可用無菌培養皿先行裝載，然後在培養基上分灑散布，如非如此，則直接由胎座上刮取到培養基上，不過這種操作方式有可能將母株的汁液附著到種子上，造成病毒感染的危險。

(3) 移植

未熟種子的播種，如果種子不是分散的狀況，很容易有密植的情形發生，因此比起使用完熟的種子，發芽後更要注意移植的時期，其方法和完熟種子播種的作法相同。

3. 難發芽種子的發芽

蝴蝶蘭難發芽種子的現象並不清楚，但可能是能發芽的期間短，

採種經過貯藏造成發芽率快速降低的情形。此外殺菌劑處理也會降低發芽率，地生蘭完熟種子有些會因為殺菌劑影響而有發芽困難的現象，蝦脊蘭屬（*Calanthe*）、香莢蘭、喜普鞋蘭、拖鞋蘭、嘉蘭麗亞蘭、溫帶性蕙蘭、羽蝶蘭（*Ponerorchis graminifolia*）、白山千鳥蘭（*Dactylorhiza aristata*）等是難發芽型種子的代表，這些種子以未熟種子播種（長島，1988）、低溫處理或培養基變更等是可以改善的。此外，雖各種種子處理對發芽率都有改善，但卻沒有一體適用的方法。

　　造成難發芽型種子的原因之一是有某種抑制物質存在，如春蘭。此外，種皮的物理特性造成吸水困難或酵素供給不充分等原因（香蝦脊蘭、蝦脊蘭）也有。而羽蝶蘭則是有低溫需求，需以 0-5°C 經五週以上的低溫處理才行（Ichihashi, 1989）。另有因培養基組成不適合造成發芽困難者，包含受硝酸離子影響（香莢蘭、白山千鳥蘭、喜普鞋蘭）、磷酸離子影響（岩石蘭）等（市橋，1980）。另外，低溫性蘭花以 25°C 培養也會使發芽率低落，相反地高溫性蘭花在低溫下培養也會發生一樣的情況。

(1) 種子預措

　　拖鞋蘭有些是只有種皮，內部無胚的無胚種子，這種狀況下當然無法發芽，播種前以顯微鏡觀察即可省下後續無效的工作。如果有胚但發芽率仍很差，可以 0.1 M 的 KOH 處理 5-10 分鐘，並以大量的水清洗後再以威爾森液殺菌，殺菌後以無菌水浸漬 5 小時，液體培養 1-4 星期後轉至固體培養基即可改善發芽率。

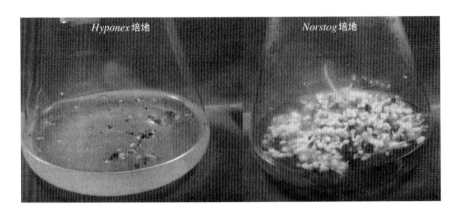

▌圖 3-14　白衫千鳥蘭完熟種子播種 32 週後的狀態。

花寶培養基比起 Norstog 培養基，在發芽生育上表現較差，這是因為培養基中含有硝酸態氮的關係，Norstog 培養基中沒有胺態氮。因此培養基成分的組成亦會是造成難發芽性種子不發芽的原因。

　　難發芽的春蘭、寒蘭、建春蘭與其他難發芽的蕙蘭等以 0.1 M KOH 處理 5-10 分鐘後，並以大量的水清洗後再以威爾森液殺菌後，最後以無菌水浸漬 5 小時後播種。

　　黃蝦根、高領蘭雖較容易發芽，但蝦脊蘭、香蝦脊蘭卻有發芽困難，因此可將蝦脊蘭完熟前綠色的果軸基部切斷，以 BA、NAA 溶液（20 ppm）沾附後使果莢成熟再播種即可改善發芽率，此外以威爾森液消毒殺菌 1 小時也可以改善發芽。香蝦脊蘭種子以水沖洗 2 週再播種可改善發芽，或以 10 分鐘超音波處理，在黑暗下培養也可有較好的發芽率（三吉，1988）。

(2) 培養基組成

　　物種種類與難發芽性種子原因的了解，是無菌播種是否能成功的因素。了解培養基組成對種子發芽的影響後，經由此方面的改善已使很多種類的蘭芽發芽能力提高，培養基需含有最低濃度的無機必需元素、碳素來源的糖、有機態氮的胺態氮等，如培養基中有抑制發芽的

特定離子，則需將此培養基進行調整以去除該離子。然而，現在仍有許多發芽困難的物種，需了解其原因才有可能利用無菌播種達成目的。

表 3-10　難發芽性種子與種子處理的方法

難發芽的原因		克服難發芽的處理辦法
遺傳的因素	種子壽命短	
	種皮不透水性	KOH、KCl、威爾森液長時間處理
	發芽抑制物質存在	水洗、水浸漬後播種
	特殊養分需求	培養基選擇
	低溫需求	低溫處理、添加 BA
培養條件	光、溫度、培養基組成	培養條件、培養基調整、去除硝酸態氮
	pH 值、滲透壓	調整培養條件、添加 BA
	氣體組成、透氣性	密封、使用透氣性瓶塞
	殺菌造成發芽障礙	果莢開裂前播種、充分水洗

四、微體繁殖法（micropropagation）

所謂微體繁殖是利用植物的莖頂等微小的組織進行無菌培養，來達成大量分生增殖的方法，以蘭科植物來說無菌播種也是其中一環。微體繁殖使分生苗品種實用化，也因此使今日蘭花產業得以成立，但與蝴蝶蘭相較，其他蘭屬分生苗生產的導入程度相對較遲緩。蝴蝶蘭是單莖性蘭種，培養與增殖一般狀況下較不容易，分生苗生產的利用可使品種能夠普及，雖實生苗以同一交配組合也可用同一生產方式管理，但生育速度與開花期仍會有快慢的差異存在，造成出貨周轉率較低。通常實生苗的生產，需投入預定出貨量 2 倍瓶苗的量，不良株於生產過程逐漸淘汰，只留下好的。開花時因為花莖長度與開花時期不同，對出貨作業需集中處理或許有利，但以計畫生產來說則是不利

的。培養分生苗，增殖後可大量獲得均一化的苗株，是蝴蝶蘭生產不可或缺的繁殖方法。

（一）病毒檢定與無病毒化

病毒病是分生苗生產利用上重要的問題，可利用莖頂培養法取得無病毒植株，多數的植物無病毒化均可採用此法。蕙蘭感染蕙蘭嵌紋病毒的植株可以莖頂培養得到無病毒苗，但齒舌蘭輪斑病毒以莖頂培養卻不容易得到無病毒苗，需將取出的莖頂以抗血清液浸漬後再培養（井上，1984）。而蝴蝶蘭比較不使用莖頂培養，如以蕙蘭的方式進行無病毒化培養較不能取得無病毒苗，反而對於沒有罹病毒的植株，一般都以花莖培養取得小植株，再以此小植株進行莖頂培養。

使蝴蝶蘭罹病頻率較高的病毒有齒舌蘭輪斑病毒與蕙蘭嵌紋病毒，診斷方式可參考 Agdia 公司（http://www.agdia.com/）或日本植物防疫協會（http://www.jppa.or.jp/shuppan/kouketsu.html）網頁，診斷用的抗血清也可以向此二公司購買，另也有其他的病毒檢定方式。分生增殖時，不論用何種病毒檢定方法，只要檢測確認爲陽性就要停止增殖生產，如此才可以去除病毒。檢測確認是陽性的植株仍必須增殖的狀況下，以莖頂培養經擬原球體進行繁殖，增殖的擬原球體如呈陰性反應，則可以此材料增殖無病毒苗。以蝴蝶蘭來說，通常將擬原球體增殖過程以 1 mm 厚度進行切片培養，有可能得到蕙蘭嵌紋病毒與齒舌蘭輪斑病毒無病毒化的苗（周等，1998）。

（二）蝴蝶蘭的分生苗培養方法

優秀的個體如能以簡單的分生培養增殖的話，則是容易培養品種確認的方法。蝴蝶蘭的分生苗培養方法爲：①花莖培養腋芽誘導小植株葉片再誘導擬原球體；②花莖培養腋芽誘導小植株的莖頂再誘導擬

原球體；③花莖培養腋芽誘導小植株的腋芽再誘導複數芽體；④花莖培養腋芽培養直接誘導擬原球體或小植株（圖 3-15）。以上方法最大的不同點在於，芽體由定芽增殖而來（③、④）或是芽以外的組織生成不定芽（①、②、④）開始增殖，由於經由的擬原球體是不定芽（①、②、④），與定芽的增殖（③、④）是不同的。

　　蝴蝶蘭增殖過程中培養變異的發生是很大的問題，如何使用安全的增殖方式是需要著重關心的，芽長芽的增殖與不定芽增殖的方式相較，可考量以自然方式增殖。培養變異的防制策略仍然未明，因此以自然的方式增值是安全考量的基本方針，然而以定芽增殖的方式仍有，因此並不意味著用此種方法就沒有問題。此外，也有周緣鑲嵌體的蝴蝶蘭存在，這種狀況下需以定芽進行增殖，否則不能維持個體的特性，因為擬原球體大多是由表皮單細胞起源而來，在這種情況下周緣鑲嵌體的品種僅反應表皮細胞的遺傳特性。

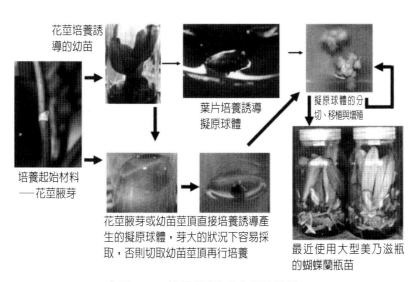

▍圖 3-15　蝴蝶蘭分生苗的增殖過程。

此為基本的增殖路徑，將幼苗葉片切除培養可促進短縮莖腋芽的發育，也可以黑暗培養徒長苗，方便切取分節培養。

利用植物荷爾蒙誘導及增殖擬原球體是有效用的，以往也是培養基中必須添加的成分。但是使用植物荷爾蒙會增加培養變異的危險性，目前蝴蝶蘭的增殖均需使用合成的植物荷爾蒙，但以必要的最低限度爲依歸，另外如不使用具植物荷爾蒙的培養基進行培養，也可考慮使用天然而安全的椰子水等天然有機物取代。

　　以上所敘述考量的基礎爲不使用合成荷爾蒙仍可達成花莖腋芽幼苗的誘導、此幼苗進行芽長芽增殖複數芽的過程；但是爲了不使病毒經由莖頂培養，以擬原球體增殖的路徑，植物荷爾蒙則是不可或缺的，此外，與擬原球體切斷移植的方法相較，如此芽長芽的增殖效率是很低的。提高椰子水的添加量、利用黑暗培養等雖可改善增殖，但仍不能得到夠好的增殖效率，也不能完全保證迴避培養變異。

1. 花莖培養（stem culture）

　　蝴蝶蘭的花莖培養是蘭花營養繁殖中最早運用於組織培養的方法（Roter, 1949）。單莖性蘭類的增殖率極低，自然狀態下也有一些物種不使用種子繁殖就不能增殖的情況，因此也是屬於單莖性蘭的蝴蝶蘭，營養繁殖方法的建立備受期待，由花莖腋芽得到小植株的花梗培養法實用化後，便可能進行營養系的增殖（Sagawa, 1961；Scully, 1966；Intuwang and Sagawa, 1974；Reisinger 等，1976；Arditti 等，1977），即便當時增殖率仍很低。

(1) 花莖培養從腋芽到小植株分化

　　田中（1993）曾就花莖培養過程中，從腋芽到小植株的分化過程進行詳細的研究，蝴蝶蘭花莖培養時，腋芽是處於休眠狀態，二次花莖發育時產生小植株的分化。於第 1-4 朵小花開放時採取花莖培養於 V&W 培養基（20% 椰子水、2% 蔗糖、1% 洋菜），花莖腋芽經過

3 個月培養，上位節位的芽較下位容易長出，培養基中添加椰子水、BA 有促進腋芽營養繁殖的效果（Tanaka and Sakanishi, 1977, 1978；Tanaka, 1992；田中，1993）。

殺菌時苞葉的有無也會影響花莖腋芽的生育，有苞葉的狀態下殺菌後去除苞葉再行培養，與苞葉去除後再殺菌相較，其二次花莖腋芽較多（市橋等，2000）。培養的花莖發育狀況依物種和品種而異，*Phal. amboinensis*、*Phal. fasciata*、*Phal. pulchra*、*Phal. intermedia* 都是直接往營養芽（小植株）方向發育，*Phal. schilleriana*、*Phal. gigantea*、*Phal. hieroglyphica*、*Phal. Leucorrhoda* 是先長腋芽再往營養芽方向發育。交配種方面，白花、斑點花品種往營養芽方向發育趨勢也很強（田中等，1984），*Phal. amabilis* 或 *Phal. amabilis* × *stuartiana* 也是很容易朝向營養生長方向發育（百瀨等，1987b）。

培養的花莖腋芽受溫度影響很大，28°C 時往小植株營養生長方向，20°C 時則是花莖伸長往生殖生長分化（Tanaka and Sakanishi, 1978）。

雖於培養時的日長對營養生長沒有影響，但長日條件下具有減少芽休眠的狀況，有助二次花莖發育。光強度較低（170 lx）的情況下枝梢形成（營養生長）的比例較高，但黑暗下則較多會呈現休眠狀態。瓶口以鋁箔封口的較佳，抑制通氣性會造成二次花莖形成比例增加，培養機添加活性碳也有相同狀況。添加 PVP 則會降低腋芽萌發比例，腋芽苞葉較長的比起短的形成枝梢的比例也比較高，直接培養腋芽則有枯死或不萌芽的現象，萌芽後的則都是往枝梢形態發育（田中等，1985）。

未開花花莖的腋芽與開花中或開花後的相比較，培養後有較高的比例保持休眠狀態，培養基中蔗糖由 2% 提高到 6%，從營養生長轉變

成生殖生長的比例也會提高，另外提高糖的濃度也會增加根發生的比率，因此低糖濃度下產生的營養芽，往高糖濃度的培養基移植，會發較多根苗。花寶（3 gL^{-1}, 6.5-6-19）中添加 NH_4NO_3（1 gL^{-1}），提高氮素濃度，會使生殖生長的比例降低，提高營養生長的比例（坂西，1986）。

蝴蝶蘭的花莖除了基部的腋芽外，頂芽也會呈現未分化生育停止的狀態，尖端的休眠芽也可以作爲繁殖材料，花莖尖端部分以含有 0.5-1.0 ppm BA 的 V&W 培養基培養可產生小植株，此外花莖培養產生的二次花莖，其頂端也可以誘導出小植株（米田等，1984）。

⑵ **由花莖節間組織分化擬原球體**

不定芽增殖的路徑，也需在培養基中添加 BA，而花莖前端部分的節間培養此時有可能直接分化擬原球體。Thomate GD 培養基添加 Rings & Nitsch 的微量元素與有機物，包括椰子水（10%）、NAA（5 mgL^{-1}）、BA（20 mgL^{-1}）、蔗糖（10 gL^{-1}）、洋菜（8 gL^{-1}），開花前的花莖先端休眠芽與花莖組織切成 3 mm 片段，或是花莖生長 2-3 個月未分化的花莖前端 2-3cm 的節間切成 5 mm 片段，最上面部分保持原狀，下半部分節間縱切一半後橫向置於培養基上，100 天左右可形成擬原球體，持續培養即可繼續增殖，後續移至沒有荷爾蒙的培養基上即可分化出幼苗。以此方法一年一枝花莖可得到 400 個以上的營養系（本間與淺平，1985）。4-5cm 的花莖以黑色塑膠布覆蓋，伸長至 15-20cm（黃化處理）可促進花莖先端部擬原球體的形成（河瀨，1984、1987）。

這個方法是用 Thomate GD 培養基，但此培養基中沒有 Ca^{2+}，因此是不完全組成培養基，如果不使用 Thomate GD 培養基的情況下，開花前的幼花莖節間培養誘導擬原球體也可使用 V&W 基本培養基

（Lin, 1986）。此外 Ca^{2+} 的有效性在蝴蝶蘭實生苗的探討中，沒有添加 Ca^{2+} 的狀況下也能生長，然而有添加 $CaCl_2$ 200-1200 ppm，則植株鮮重、乾物重都有顯著增加（段等，1993b）。

2. 花莖腋芽取得的小植株進行增殖

　　與花莖培養比較，花莖腋芽產生的小植株是比較容易進行分化的，但我們並不是只要取得一個個體，要有效率的進行增殖需要進行一些必要的處理，如花莖腋芽上部 1/3 切除、將芽以針進行刺傷培養使其產生癒合組織或產生複數的枝梢（Tse 等，1971）。花莖培養的腋芽莖頂切除並置於含有 BA（1-10 ppm）的培養基，另外除葉也可增加枝梢數（百瀨及米田，1992），以上這些都是可以嘗試增加增殖的方法。處理枝梢，與腋芽上的定芽以及外部組織產生的不定芽有關（河瀨及吉岡，1991）。蝴蝶蘭的微體繁殖、品種與個體表現出的結果差異很大，沒有單一方法可以一體適用。

(1) 小植株的增殖培養

　　花莖培養獲得的小植株如果不管它就會繼續發育成小苗，以小植株進行增殖有數個方法可以參考，去除幼葉和莖頂，以添加 150 mlL^{-1} 的 V&W 液體培養基培養，10 天左右到 1 個月的震盪培養可以看到黃色的擬原球體形成，之後移植到不含糖的固體培養基，擬原球體便會轉變成綠色並分化成小植株（Intwang and Sagawa, 1974）。或者，將小植株基部 2.5-5 mm 切下進行培養，可產生癒合組織團塊、擬原球體團塊、多芽體或單一芽的小植株，未必要添加植物荷爾蒙，但添加椰子水或 BA 可提高增殖效率（市橋等，2000）。

(2) 擬原球體來源的增殖

　　用花莖培養或其他處理得來的擬原球體或癒合組織團塊、擬原球體團塊，將其切斷進行繼代增殖是可行的。擬原球體可以形成苗株，

將其切斷或是切片可形成複數的擬原球體，擬原球體切斷方法的不同，對後續形成擬原球體的數量影響很大，將擬原球體進行橫切，將切面置於培養基上，基部部分會形成很多擬原球體，先端部分不會增殖，大多只會形成枝梢（田中等，1984）。擬原球體分割移植後的生長發育，依分割方法及大小而有不同，太小的分割塊可能會枯死不利增殖，另外由於擬原球體上部極有機會形成幼植株，可以去除擬原球體上半部約 1/3，剩下的部分進行 4 分割即可得到較大的切塊（雨木及樋口，1988；Amaki and Higuchi, 1989）。分割擬原球體後有枯死的現象時，擬原球體先端切除後的擬原球體直接繼代，這樣存活率會提高，也可增加擬原球體的發生數（新居等，2004）。將擬原球體切斷進行增殖，擬原球體的上半部（定芽部）增殖不容易，因此可推斷經由擬原球體增殖的是不定芽。

　　擬原球體的增殖也受培養基組成影響，V&W 培養基添加 20% 椰子水（不含蔗糖、洋菜）進行液體震盪培養可以提高增殖效率（田中及坂西，1977）。固體培養添加椰子水或椰子水及 1 ppm BA，有促進擬原球體切斷培養產生新擬原球體的效果（Yam 等，1991）。此外，花寶培養基（3 gL^{-1}）添加蔗糖 15 gL^{-1}、洋菜 8 gL^{-1} 與蛋白腺 2 gL^{-1}（雨木等，1988、1989），或花寶培養基（3 gL^{-1}）添加蔗糖 15 gL^{-1}、蛋白腺 2 gL^{-1}、馬鈴薯汁 50 gL^{-1} 與結蘭膠 2 gL^{-1} 的培養基甚至比液體培養表現還好（木村，1991；木村及栗原，1991）。

　　擬原球體長出新的擬原球體的增殖速度，不同種間有很大的差異存在（江藤等，1995），在不同品種間也是有一樣的現象，與各個品種組成有關的原種（個體）而來的遺傳性質的組成有關（周、田中，1995）。因此也可考量不容易進行微體繁殖的個體，後續也不容易增殖的可能性偏高，營利生產的品種育種時，在親本的選擇上需考量此點。

　　擬原球體增殖時不是只考量增殖速度、形成數量，擬原球體的大小也很重要，大的擬原球體切片可產生大的擬原球體，也可形成較大的苗株。添加山梨糖醇（50 gL^{-1}）的花寶培養基（3 gL^{-1}、椰子水 100 mlL^{-1}、結蘭膠 4 gL^{-1}），可形成較大的擬原球體，此擬原球體在添加蔗糖 15 gL^{-1} 的培養基繼代培養可以獲得較大的幼苗（栗之丸，未發表）。

⑶試管內插枝

　　一旦形成苗株後要再進行增殖，利用前述的方法或後述的葉片培養、根培養外，試管內插枝也是一種方法。單子葉植物以無菌培養條件進行腋芽生成幼苗的微體繁殖是可行的，有多少葉片數最多就有多少腋芽的存在，蝴蝶蘭節間短簇，不容易一節一節分離，但在培養基中添加細胞分裂素可使節間伸長，其中 BA 的效果顯著，以 5-10 mgL^{-1} BA 的培養基培養 90 天，伸長莖的苗可一節一節切下培養形成多芽體（段等，1993a），添加 10 ppm BA 的培養基，以單一節培養可得到最多的芽，另外添加 BA 也會抑制根的生成，不添加 BA 也可以獲得多芽體但會伴隨根的產生。不同節位芽發生的樣態也不同，4 節位的培殖體在不添加 BA 下，最下節位可發生較多的芽（3.6 個），上節位發生數較少；BA 添加下，上節位會產生最多的芽，10 ppm 下第二節位可產生 6.9 個芽，先端（含複數節位）通常只會形成枝梢，4 節位在含有 BA 0、5、10、20 ppm 下分別可產生 8.6、10.7、12.5、7.3 個芽。

　　實際應用時，椰子水可取代部分 BA 的功能，此外黑暗培養配合椰子水添加以及溫度控制下，也可以達到節間伸長的目的，然而蝴蝶蘭節間的伸長，相較於蕙蘭、嘉德麗亞蘭、石斛蘭等複莖性蘭類是較為困難的。

(4) 葉片培養

田中等人探討以花莖培養出來的小植株，將其葉片進行培養產生擬原球體上，是蝴蝶蘭微體繁殖可行的方法（Tanaka and Sakanishi, 1977; Tanaka, 1992）。但是葉片誘導的擬原球體也是經由不定芽路徑，培養基中必須添加 BA（田中，1993）。

(5) 根尖培養

蝴蝶蘭無菌苗的根也可以形成擬原球體（千田等，1974；Tanaka 等，1976；百瀨等，1987a）。花莖培養獲得小植株的根尖免去了滅菌的過程，應用上相對容易，盆植的植物體在空氣中的氣生根，也可無菌化來誘導擬原球體（小林、米內，1990；小林等，1990）。成株的氣生根切取 10 mm 進行殺菌後，切除切口變色部位，大概仍有 6-7 mm 程度可以進行培養。殺菌可使用 20 ppm Tween 20 溶液進行 10 分鐘的清潔，70% 乙醇浸漬 30 秒，0.5% 次氯酸鈉溶液浸漬 5 分鐘後再以無菌水清洗 3 次。擬原球體的誘導可以使用減少無機鹽 KNO_3、NH_4NO_3、KH_2PO_4 至 1/3 的 MS 培養基（NAA 0.05 mgL^{-1}、BA 5 mgL^{-1}、Adenine 50 mgL^{-1}、蔗糖 5 gL^{-1}、結蘭膠 2.5 gL^{-1}）。培養以 25°C 暗培養較光培養早分化出擬原球體，根的先端部分大約 2 週的時間會產生，擬原球體的增殖使用無荷爾蒙的 MS 培養基或 1/2 MS 均可。培養基會有褐變現象，發生褐變時培養基 pH 值大約已降至 3 左右，會對生育產生抑制效果。天然樹皮（杉皮纖維）培養土鋪在培養基上時，即便培養基 pH 值降低，也不會見到褐變且生育良好。

此種擬原球體的分化與從葉片來的擬原球體一樣屬於不定芽的誘導，培養基中需添加 BA，此外根是內層器官，周緣相嵌的品種不適用此法繁殖，如果根尖培養得到與母株形質相異的個體，母株可能是屬於周緣相嵌的品種。

3. 花莖腋芽直接培養

　　開花後的花莖腋芽進行直接培養，以往認為在形成擬原球體方面有很高的生存率與增殖率。擬原球體的形成與基本培養基的關係很大，將花寶（3gL⁻¹, 6.5-6-19）、MS、V&W、Heller 等培養基相互比較，無荷爾蒙添加之下，V&W 培養基較容易形成擬原球體，花寶及 MS 培養基形成率較低（米田等，1976、1983）。單獨培養葉芽有枯死或不萌發的狀況，能夠活下來的也只會產生單一的小植株（田中等，1985）。將花穗部分切除可促使腋芽萌發，因此去除莖頂可以提生擬原球體的形成率（百瀨等，1985）。此外花莖腋芽培養時，培養基也有可能不使用植物生長調節物質，只是會造成分化率較低或所需日數較長（小林、米內，1990），以及一個花莖腋芽大多只長出一個小植物（百瀨、米田，1992），因此並不是實用的繁殖方法。

表 3-11　蝴蝶蘭微體繁殖用培養基

培養基成分			花莖[a]培養	切葉[b]培養	花莖[c]節間培養	根尖[d]培養	花莖腋芽培養		癒合組織培養 P[g]
							NP[e]	NDM[f]	
無機成分	大量元素（mgL⁻¹）	NH_4NO_3			370.0	550.0	32.0	480.0	
		$NH_4H_2PO_4$							922.4
		$(NH_4)_2SO_4$	500.0		60.0		303.9		
		KNO_3	525.0		400.0	633.3	424.6	200.0	606.6
		KH_2PO_4	250.0		300.0	56.7	462.7	550.0	272.2
		KCl						150.0	
		$Ca(NO_3)_2 \cdot 4H_2O$					637.6	470.0	236.2
		$Ca_3(PO_4)_2$	200.0						
		$CaCl_2 \cdot 2H_2O$				440.0			
		$Mg(NO_3)_2 \cdot 6H_2O$			110.0		256.4		
		$MgSO_4.7H_2O$	250.0			370.0		250.0	246.5

（續下頁）

培養基成分		花莖[a]培養	切葉[b]培養	花莖[c]節間培養	根尖[d]培養	花莖腋芽培養		癒合組織培養P[g]
						NP[e]	NDM[f]	
無機成分	微量元素 (mgL⁻¹)	Fe-EDTA							
		FeSO₄・7H₂O			27.8	27.8	27.8		27.8
		Na₂-EDTA				37.3	37.3	37.3	37.3
		Fe-citrate	28.0						
		MnSO₄・4H₂O	7.5			25.0	22.3	2.23	2.23
		ZnSO₄・7H₂O				10	8.6	0.86	0.86
		H₃BO₃				10	6.2	0.62	0.62
		KI				1.0	0.83	0.083	0.083
		Na₂MoO₄・2H₂O				0.25	0.25	0.025	0.025
		CoCl₂・6H₂O				0.025	0.025	0.0025	0.0025
		CuSO₄・5H₂O				0.025	0.025	0.0025	0.0025
		花寶 (6.5-6-19)		3.5					
有機成分	維生素等 (mgL⁻¹)	肌醇		100.0	100.0	100.0	100.0	100.0	100.0
		菸鹼酸		1.0	5.0	0.5	0.5	1.0	0.5
		吡哆醇			0.5	0.5	0.5	1.0	0.1
		硫胺素		1.0	0.5	0.1	0.1	1.0	0.1
		生物素						0.1	
		泛酸						1.0	
	胺基酸 (mgL⁻¹)	甘胺酸			2.0	2.0	2.0		2.0
		半胱胺酸						1.0	
	荷爾蒙等 (mgL⁻¹)	NAA			1.0	5.0	0.05		0.1
		BA			10.0	20.0	5.0		1.0
		adenine			10.0		50.0		1.0
	天然物 (%)	椰子水	20.0		10.0		15.0		10.0
	蔗糖 (gL⁻¹)	蔗糖	20.0	20.0	10.0	5.0	20.0	20.0	30.0
	凝結劑 (gL⁻¹)	結蘭膠				2.5	3.0		3.0
		洋菜	10.0	10.0		8.0		8.0	

註：a, b: Tanaka, 1992；c: Homma and Asahira, 1985；d: 小林、米內，1990；e: Ichihashi, 1992；f: Tokuhara and Mii, 1993；g: 市橋、平岩，1992。

過往蝴蝶蘭的花莖培養，曾探討花朵分化後到開花後的花莖作為材料時，因開花後的花莖無菌化困難或是培養後芽體仍保持休眠的狀況，花朵分化前的幼花莖達成無菌化率較高，培養的芽體比較容易增殖（Ichihashi, 1992）。以肉眼判斷花朵分化前的花莖大約長 10-15 cm，組織仍然柔軟，腋芽的殺菌與摘取容易，將花莖下部 2-4 節的苞葉去除，以 100 倍苯扎氯銨（日本第 3 類醫藥品殺菌消毒劑）進行 30 分鐘的浸漬消毒後水洗，再以 70% 乙醇殺菌 3 分鐘，接著以有效氯 0.5-1% 的次氯酸鈉溶液浸漬消毒 10 分鐘、以無浸水清洗數次後，將芽的周邊切取成 4 角形的塊狀取出芽體，以無菌水浸漬洗淨後置於培養基。合適的培養基組成為離子濃度 20 meL^{-1} 的 NH_4^+：K^+：Ca^{2+}：Mg^{2+} ＝ 25：38：27：10，NO_3^-：$H_2PO_4^-$：SO_4^- ＝ 60：17：23（NP 培養基，表 3-11），培養基中添加和 MS 培養基相同量的螯合鐵、1/10 量的微量元素、相同量的維生素類、胺基酸、肌醇，蔗糖 20 gL^{-1}、結蘭膠 3 gL^{-1}，此方法不需添加植物荷爾蒙。此外無機鹽的組成置換為花寶（3 gL^{-1}, 6.5：6：19）也有很好的效果。凝結劑使用結蘭膠效果較洋菜好（市橋，1991；Ichihashi, 1992；市橋，1993）。德原將一個花莖腋芽取出的莖頂，以含有 NAA（0.1 mgL^{-1}）與 BA（1 mgL^{-1}）的 NDM 培養基（表 3-11）培養，誘導出 10,000 個以上的擬原球體，之後再移植到沒有荷爾蒙的 NDM 培養基即可分化出小植株，且應用到其他 12 個品種均可增殖，證實其可運用到商業規模的生產（Tokuhara and Mii, 1993）。

（三）癒合組織培養及其利用價值

蝴蝶蘭均一安定增殖時會產生柔軟（易碎）的癒合組織，此癒合組織在其他蘭科植物仍不確定是否會產生。若將培養基中的糖去除，

癒合組織會呈現綠色，由擬胚形成植物體。此外癒合組織也有可能進行懸浮培養，其有很高的利用價值（Sagawa, 1990ab）。此種培養組織（胚性癒合組織，EC）在蝴蝶蘭、朵麗蝶蘭、風蘭（*Neofinetia*）都有發現（市橋、岩平，1992）。因分裂活性很高，不論是作爲研究材料或實用上都有很高的利用價值，蘭科植物由原生質體再生而來的植株，可利用癒合組織培養（Sajise 等，1990；Sajise and Sagawa, 1991；Kobayashi 等，1993）。

均質而柔軟的胚性癒合組織，在實生培養或分生增殖時可見到細小黃色的粒狀組織，將其移植後，把黃色或淺綠色的部分選拔再行移植進行誘導。其培養基中的無機鹽類組成並沒有特別的要求，但糖的添加對癒合組織的誘導是很重要的，筆者等進行癒合組織的誘導和繼代培養使用 P 培養基（市橋、岩平，1992）或是 NP 培養基（Ichibashi, 1992），另添加椰子水 150 或 100 mlL^{-1}、蔗糖 20 或 30 gL^{-1}、結蘭膠 3 gL^{-1} 的固體培養基，培養基的固化劑使用效果比天然洋菜來得好（市橋、岩平，1992）。葉片的「培養袋（Culture Bag）」獲得的黃白色擬胚性癒合組織也可以獲得癒合組織，另外也可以由擬原球體切片誘導胚性癒合組織，以 V&W 培養基添加椰子水 200 mlL^{-1}、蔗糖 40 gL^{-1}、結蘭膠 2 gL^{-1} 即可獲得良好的培養結果，此胚性癒合組織移植到不含蔗糖的培養基上，會經由體細胞胚的過程產生擬原球體，形成苗株後經培養至開花進行檢定，沒有發現培養變異（田中等，1993；Ishii 等，1998）。

癒合組織移植到無添加椰子水和蔗糖的培養基也可生育，但會綠化；在不添加椰子水但含有蔗糖、葡萄糖添加的情形下可改善生育，在有添加糖的狀況下，添加椰子水沒有特別的效果。添加麥芽糖、山梨糖醇也可使癒合組織生育良好呈現綠色，再添加椰子水則有顯著促

進生育的效果，碳水化合物的種類對癒合組織的生育影響很大，添加蔗糖下癒合組織呈現黃色，但生育未必良好，添加半乳糖對癒合組織生育則有阻礙，外觀呈現褐色或黑色，添加其他的碳水化合物則是呈現黃色或綠色，僅添加半乳糖的生育不良。癒合組織外表呈現綠色大致表示生育良好，麥芽糖、山梨糖醇添加下癒合組織全部都呈現綠色。

　　不同品種間癒合組織生育是有所差異的，使用半乳糖會造成褐化，蔗糖、果糖、葡萄糖會黃化，麥芽糖、山梨糖醇皆爲綠色化。品種不同生育速度差異也很大，另外對其他碳水化合物的反應也因種類而異（市橋、平岩，1992；Ichihashi and Hiraiwa, 1996）。由癒合組織而來的體細胞胚與幼植物的分化，如在培養基中添加蔗糖會有阻礙的現象，麥芽糖或是山梨糖醇添加下則有促進效果（Islam and Ichihashi, 1999）。

　　癒合組織的生育必須在培養基中添加植物荷爾蒙，一般添加 NAA（0.1-1 mgL^{-1}）的效果是已受確認的，於 P 培養基中添加 MS 培養基的微量元素、胺基酸、維他命類、Fe-EDTA，微量元素合適的濃度爲0-1 倍、有機物 2 倍，Fe-EDTA 1/2 的程度爲合適的，培養基無機離子的組成也會影響癒合組織的生育，此爲合適的組成（表 3-11）（平岩、市橋，1992）。

　　添加芋頭萃取物（TE）、馬鈴薯萃取物（PE）、椰子水、蘋果萃取物（APE）的培養基，對癒合組織的生育有促進效果，然其效果與濃度因癒合組織種類而異。芋頭萃取物的添加效果在廣大的濃度範圍（50-200 mlL^{-1}）都有效，香蕉泥（BH）、蛋白腺添加的效果還不是很明確，甘藷萃取物（SPE）在試驗的濃度範圍對癒合組織生育都是有害的。至此大致知道有機物添加的效果，芋頭萃取物單獨添加是

最有效果的。癒合組織的生育也受培養基量的影響，培養基 5 ml 下培養 8 週後有生育減緩的現象，10 ml 延遲至 10 週，20 ml 的狀況下則至 12 週後均可維持生育。癒合組織的生育也受到光條件、移植量、前次培養時間等影響，另外品種間差異也很大（Ichibashi and Islam, 1999）。癒合組織在含有 200 mlL^{-1} 的玉米萃取物培養基培養，但由癒合組織分化擬原球體則是在 100 mlL^{-1} 的玉米萃取物培養基培養較有效果（Islam 等，2003）。

蝴蝶蘭藉由癒合組織進行增殖的速度極快，有的品種 4 週即可有 10 倍以上的增殖（市橋、平岩，1991、1993；平岩、市橋，1992；Ichibashi and Hiraiwa, 1996）。此外由癒合組織再生植物體很容易，在無蔗糖或是僅添加山梨糖醇、甘露醇、麥芽糖的培養基，蔗糖缺乏的狀態下仍有助擬原球體形成並往苗株發育（Ichibashi and Hiraiwa, 1996；Islam 等，1998；Islam and Ichibashi, 1999）。

蝴蝶蘭癒合組織的培養基中添加植物荷爾蒙對癒合組織的基本倍數性有影響，2,4-D 或 picloram（4-amino-3, 5, 6-trichloropicolinic acid）添加後，4C 細胞比例減少，8C 或更高的核酸含量的細胞比例增加（Mishiba 等，2001）。

蝴蝶蘭癒合組織的懸浮培養，將蔗糖或葡萄糖濃度調整，可由懸浮細胞生成擬原球體與苗，基因轉殖可導入此培養系統（Belarmino and Mii, 2000）、冷凍材料保存（Tsukazaki 等，2000）或是增殖的有效方法（Tokuhara and Mill, 2001, 2003）。

（四）苗的形成

分生苗與實生苗生產的不同在於必須有增殖過程，由擬原球體轉變為苗的階段可視為與實生苗的狀況相同，因此以下敘述亦包含實生

苗生產的介紹。從實生苗的立場來看，一般愈大的苗愈容易馴化，被認為是好的苗。愈大的苗對組織培養來說生產成本愈高，但之後苗的生育速度較快，可縮短出貨時間。以馴化容易度來說，根不要太長、不要有營養不良的狀態，出瓶後的環境條件不要差異太大等都有影響，將培養基條件與培養條件進行調整，以達到生產出合適的苗株為止。

1. 培養基條件

實際種苗生產的現場大多是使用既有的實生用培養基，培養基的無機鹽類組成對分生苗的生育有影響，但不會達到顯著的差異。Hinnen 等將分化的 2 枚葉片與 1 條根的實生苗，以添加香蕉汁的 B5 培養基進行培養（Hinnen, 1989），發現減少硝酸態氮、增加胺態氮（表 3-6）對生育有改善的效果。分生苗的最後階段，與實生苗的狀況類似，培養基添加有機物有很大的效果，依所需目的調整有機物的添加，可以得到理想的苗株。

發芽與原球體的生育，建議可以花寶培養基（3 gL^{-1},6.5-6-19）添加、蛋白腺 2 gL^{-1}、馬鈴薯汁 50 或 100 gL^{-1}、洋菜 8 gL^{-1} 進行培養（木村、栗原，1991）。蛋白腺會抑制根的生育，馬鈴薯汁則有保持健全生育的效果。直徑 1 mm 左右的原球體進行培養的試驗中，有花寶 3 gL^{-1}、蔗糖 20 gL^{-1}、洋菜 10 gL^{-1} 與香蕉 100 gL^{-1} 並添加活性碳 2 gL^{-1}，其中活性碳的添加是很重要的，沒有添加活性碳的香蕉培養基對生育有抑制的現象，添加活性碳對苗的生長也有促進效果。而馬鈴薯（200 gL^{-1}）就算不添加活性碳，生育也表現良好（楠本等，2000），香蕉的成分對根形成之前幼嫩階段的原球體或擬原球體生育是有害的，與添加活性碳相較，添加馬鈴薯的效果反而更好。

由癒合組織而來，直徑 2 mm 以上的擬原球體生育試驗中，NP 培養基（表 3-11）與馬鈴薯汁（100 gL^{-1} 的組合對苗的生長有促進效果）、玉米萃取液（50-100 gL^{-1}）對根的生育有促進效果（Rahman 等，2004）。

根的生育方面，由於繼代或出瓶的方便性，相對於促進，抑制的方法也很重要，培養中生長過盛的根，對繼代作業是困擾的。天然有機物種類對根的生育各有不同，添加蛋白腺、胰蛋白腺、尿素、胺態氮等還原態氮素，可對根的生育進行調節。

2. 培養條件

培養容器內氣相環境一般的特性是：①相對溼度高；②氣溫大致保持一定；③ CO_2 濃度變化大；④乙烯濃度高；⑤蒸散速度低；⑥光合作用速率低；⑦呼吸速率高；⑧光合作用所需的光量低等。而根的環境特性則是；①糖濃度高；②鹽類濃度高；③溶存的氧濃度低，酚類化合物等有害物質濃度高；④微生物密度低；⑤無機離子與糖的濃度隨時間經過有很大的變化等（古在、北宅，1993），因此可以看出培養環境並沒有合適的生育條件，且與一般的環境有顯著差異。從培養環境轉移到栽培條件時，小植株在劇烈的環境變化下，會有暫時生育停止甚至枯死的情形發生。蘭科植物在這個階段枯死的比例較少，是相對容易存活的植物，了解經馴化的栽培之後，需在栽培管理上多用心注意。

瓶苗的生育，不是只有進行培養基組成的改善，培養容器內的環境改善也有促進效果，朵麗蝶蘭實生苗瓶苗雖在培養基中可得到碳源，除了明期吸收 CO_2，暗期也行 CAM 型光合成（crassulacean acid metabolism，景天酸代謝）吸收 CO_2，因此強光下會非常需要 CO_2（安藤，1978）。蝴蝶蘭原球體的生育上也是一樣，培養基不添加糖的狀

況下施用 CO_2 對生育有促進的效果，在含有 3% CO_2 的氣相，每週進行 2 次置換下，在不添加糖的培養基培養者，與添加 1.8% 糖的培養基有相同的生育效果，若在有添加糖的培養基再施用 CO_2，則有顯著促進生育的效果（土井等，1986）。實生苗的生育與日長也有關，日長愈長對生育也有促進的效果，此外氣相中 CO_2 濃度提高對鮮重、乾物重也有增加的情形。但是施用 CO_2 的效果對枝梢是確切的，對根則沒有說明（土井等，1987）。

　　氟樹脂膜製成的栽培包與岩棉塊組合而成的培養容器比玻璃容器透氣性佳，較傳統使用的洋菜培養基瓶苗生育有促進的效果，出瓶後的發育也較爲快速（田中等，1990、1991）。CO_2 施用與培養基糖濃度的調整，可能可用來控制地面上和地底下比例（田中等，1999）。以無菌通氣膜塑膠容器裝載 2% 海藻酸鈉人工種子化的擬原球體（置於岩棉上），與 Culture Pack 岩棉系統有同等的生育表現，Culture Pack 內 CO_2 供給改善對生育有促進效果，人工種子化的擬原球體以 Culture Pack 岩棉系統施用 CO_2，有促進轉換率與生育的效果（田中等，1993）。

　　在不添加糖的培養基行光自營生長的苗，會顯示 CAM 植物特有的 4 個模式，與成株相較其明期（phase 4）CO_2 吸收量較多，此外增加 CO_2 濃度、光量增加下，CO_2 吸收量也會增加（伊藤等，1994）。明期溫度 25-30℃，暗期比明期低 5℃，日長條件爲全日明期下 CO_2 吸收增加，有可能進行光獨立培養（伊藤等，1995）。光也不只影響光合作用，還有光形態發生，紅光 LED 中添加藍光 LED，莖葉與根的比例是不同的（Nhut 等，2000）。以上結果顯示培養環境合適下，蝴蝶蘭在早期階段可行光合作用，光環境、氣體環境的改善可以促進生育或可能進行生長控制。

五、培養變異

　　增殖培養再生的植株和使用於培養的母株，在形態上所見到的差異，就是培養變異。分生苗培養的過程中，會發生遺傳的變異，本文並沒有探索。但目前已知培養變異可以是自然發生的突變，且非常有可能發生。利用培養苗歷史最優久的商業生產者，對於培養變異的存在，從早即有認識，以往在表現型的變異就當作染色體的異常，而加以調查了（Vajrabhaya, 1977；加古，1998）。

　　和自然條件比較，培養條件本身具有容易誘發變異的情形，以及培養基添加物中，存有易於誘發變異物質等，在現在已經成為常識，但不一定是培養後會產生變異的理由。如培養變異確實發生，則微體繁殖產業就不可能成立了，但是無法預期培養變異的發生，確實引起了微體繁殖嚴重的問題。

　　在蝴蝶蘭的培養苗（分生苗）常可發現各種的表現型異常苗。培養過程可確認的變異，如能隨時剔除，應不會發生重大的問題，唯不等開花就不能發現變異的影響，則是嚴重的問題了。然而遺憾的是像這種變異的防止法至今世人尚未知曉。

　　由葉片培養而增殖的擬原球體植株 420 株中的 12 株（2.9%）花朵樣品中，可見到的花瓣萼片成圓瓣化、狹窄化、小型化、肥厚化、無斑點化和蕊柱帶狀化的變異（田中等，1987）。另由葉片培養增殖的擬原球體而來的增殖株，其 405 個個體的葉片調查中，有 25 株（6.2%）的葉片變成彎曲、僵硬等；另就花朵而言，調查 540 株中，有 7 株（1.3%）發現花色的褪色及花瓣上形成突起物等變異（木村，1911；木村、栗原，1991）。在利用幼花梗腋芽培養而增殖的開花株調查結果，其花朵發生變異的機率為 0-6%，而小花密生化、花梗矮小

化、花瓣唇瓣化、側萼片唇瓣化、花瓣萼片變形、花色褪色、花小形化、蕊柱花瓣化、花小形化及蕊柱花瓣化的複合（Tokuhara and Mii, 1988）等，實際栽培經驗中已無用。又依靠如癒合組織的懸浮培養增殖，培養變異雖然受到認定，唯依品種間的差異，有時不受到認同，但癒合組織仍然可利用於增殖（Tokuhara and Mii, 2001；表 3-12）。

　　在培養苗上可見到的異常，可分為遺傳與非遺傳。又屬於遺傳異常的原因本來就存在著異常基因，由於培養而明顯化的情形，與由於培養過程中，基於遺傳原因而引起異常變化的情形皆有。不論任何情況下，如以營利生產時即成問題。受到遺傳基因的鹼基序列排列所引起的變異，在種子繁殖（實生苗）時，其子代即可受到遺傳。另外遺傳基因表現的變化，雖不受種子繁殖的遺傳，但在營養繁殖時，其變異即可複製於產品。

　　近幾年，已能用 DNA 層次解析培養變異，所以培養變異的發生組織有一部分已清楚為人所知。蘭花的培養變異，有多種的組織可探索，唯實際的培養變異，到底相當於哪種則難以確定了（表 3-13）。

表 3-12　觀察經過微體繁殖的營養繁殖苗其變異及發生率

增殖方法	品種	個體名（個體號碼）	調查株數（增殖數）	變異株數	變異率（%）	變異情形	引用文獻
花梗培養→葉片培養→	合計 30 品種		420	12	2.9	花瓣、萼片的圓瓣化、狹窄化、小型化、肥厚化、無斑點化、蕊柱帶狀化	田中等，1997
擬原球體切斷增殖	*Dtps.* Happy Valentine	You	540	7	1.3	花色褪色、花瓣突起物形成	木村等，1991
幼花梗芽的培養→擬原球體切斷繁殖	*Phal.* Wedding Promenade	PM70	982（9150）	78	7.9	小花叢生化、花梗短小化、花瓣唇瓣化、花瓣花萼片變形、花色褪色、花朵小型化、蕊柱花瓣化	Tokuhara and Mii, 1998

（續下頁）

增殖方法	品種	個體名（個體號碼）	調查株數（增殖數）	變異株數	變異率(%)	變異情形	引用文獻
幼花梗芽的培養→擬原球體切斷繁殖	*Phal.* Wedding Promenade	PM78	586（7600）	44	7.5	小花叢生化、花瓣萼片變形、花色褪色、花朵小型化	Tokuhara and Mii, 1998
		PM79	1173（8750）	137	11.7	小花叢生化、花瓣唇瓣化、側萼片唇瓣化、花瓣萼片變形、花色褪色、花小型化、蕊柱唇瓣化、花小型化及蕊柱唇瓣化的複合	
		PM122	892（5050）	16	1.8	花瓣萼片變形、花色褪色、花小型化、蕊柱花瓣化	
		PM166	1017（7700）	15	1.5	小花叢生化、花瓣唇瓣化、側萼片唇瓣化、花瓣萼片變形、花色褪色、唇瓣花瓣化	
	Phal. Magic Girl	PM69 PM190	918（5500） 369（14750）	61 1	6.6 0.3	花瓣唇瓣化	
	Phal. Crystal Veil	PM68 PM107	643（8800） 1046（10100）	0 0	0 0	不認為是變異	
	Dtps. Tsuei Hoa Truth	DTM43	350（1800）	350	100	花小型化	
	Dtps. Wedding Ring	DMM73	222（5250）	202	91	花梗短矮化	
幼花梗腋芽的培養→癒合組織誘導→懸浮培養	*Phal.* Hanaboushi	PP625	14	2	14.2	葉片呈現聚縮	Tokuhara and Mii, 2001

（續下頁）

增殖方法	品種	個體名（個體號碼）	調查株數（增殖數）	變異株數	變異率(%)	變異情形	引用文獻
幼花梗腋芽的培養→癒合組織誘導→懸浮培養	*Phal.* Snow Parade	PP1068	21	0	0	不認為是變異	Tokuhara and Mii, 2001
	Phal. Little Steve	PP1674	41	0	0		
	Phal. Wedding Promenade	PP1954	33	2	6.1	葉片狹小化	
		PP1985	30	3	10.0	葉片狹小化、花朵梗矮化	
		PP2352	36	2	5.6	葉片脣瓣化、第一節間長的矮化	
	Phal. Wedding March	PP2182	40	3	7.5	葉片及花瓣肥厚化、花序節間長的矮化	
	Phal. Reichentea	PP2439	119	54	47.9	葉片聚縮狹小化、葉片及花瓣肥厚化、開花株矮化、第一節間長的矮化、花序尖端肥厚化	

註：1. 此等結果是小苗的階段，可用肉眼判別異常而剔除的結果。仰賴葉片培養、芽培養的方法時，可想而知難以避免變異的發生，而變異的發生情形，因品種不同即有很大的差異。
2. 由癒合組織的懸浮培養，以分化擬原球體的結果。此時培養變異的發生，依品種的不同差異性大。

表 3-13　在培養苗可見的變化、異常種類及推定的理由

原因	發生時期	變化部位	發生原因	個體內變異後續性	由種子繁殖而來的後代遺傳	解說	實用的問題點
突然變異	培養前發生的變化，可由培養而分離。其頻率低（嵌合體植物的培養）	遺傳因子DNA	由物理化學的（變異源）原因造成DNA的構造變化	有	有	嵌合體植物中，遺傳基因引起變異可能不會呈現在外表型，有的在增殖過程會表現變異形態。	有
		無意義的DNA序列（為遺傳基因、間隔序列、重複序列）				無意義DNA排列發生的起因變化是在表現型不出現，唯會遺傳於子代。	無

（續下頁）

原因	發生時期	變化部位	發生原因	個體內變異後續性	由種子繁殖而來的後代遺傳	解說	實用的問題點
突然變異	在培養中，會引起的可能性其頻率低	無意義的DNA序列（為遺傳基因、間隔序列、重複序列）	由物理化學的（變異源）原因造成DNA的構造變化	有	有	在遺傳基因引起的致死變化時，會在表現型出現並可遺傳。	有
						無意義DNA發生致死變化時，雖不在表現型上表現但會遺傳給子代。在實用上無問題存在。	無
培養條件（培養基、培養逆境）	在培養基中發生且頻率比較高	遺傳基因DNA	基於含在培養基成分的變異源DNA的構造變化	有	有	非致死變化會遺傳給子代。遺傳基因的變化，在表現型時會呈現。	無
			非DNA序列變化的遺傳基因表現變化（表觀遺傳）	有	無	生殖生長時重整，不遺傳給子代。伴隨鹼基序列的變化做表現型變化時會呈現出來。	有
			反轉跳躍子的活性化與轉移	有	有	非致死變化會遺傳給子代。遺傳基因的鹼基排列發生變化，表現型亦會變化呈現。	有
		無意義的DNA序列（為遺傳基因、間隔序列、重複序列）	與遺傳基因的狀況一樣原因，取決於種種變化	有	有	非致死變化，除子代會受到遺傳外，表現型不變化。實用上不會引起問題。	有
		染色體的異常倍數化等	培養中引起染色體複製錯誤而形成構造變化	有	有	有很大變化，在培養中表現的變化即易於辨識倍數體。	有
培養所有過程	小苗階段	細胞	培養常用的生理變化／病毒的低濃度化	非長時間持續	無	非長時間持續。	有
							無

（一）突然變異

　　突然變異是遺傳基因以一定的機率發生的變異，而在無性繁殖植物中，因突變以致枝葉等與母體不同形質的現象可被利用於育種。培養變異的一部分雖被認為是由於突然變異而來，然而培養變異的發生率與突然變異比較，即呈現異常的高比率，所以就培養變異整體而言，難以當作突然變異。

　　眾所皆知，使用紫外線、放射線和 X 光線可誘發突然變異，這是 DNA 受到物理的破壞而再修復的過程，已經和原來的 DNA 排列相異，為致使遺傳基因產生變化（鹼基排列的變化）的原因。自然條件下，放射線、X 光線存在著輻射災害的危險性，雖然其機率低，但為遺傳的變化致因，這是枝條變異的原因之一。突然變異有一定的機率、發生頻率（1/10 億鹼基 / 年）可被推測，從 30 億左右的鹼基對產生的高等植物中，每一個細胞每年平均有數個突然變異產生。但是具有意義的鹼基排列並不多，假如發生突然變異，其不全然受前述認定的理由影響。

　　變異源、致癌物質也是變異的原因，此等物質是使 DNA 複製時，發生差錯的化學物質之總稱，在這些化學物質多的環境中，其突然變異發生的機率，因而提高。另有懷疑被添加於培養基中的植物荷爾蒙可能是變異源物質，故實用的增殖中，以不添加合成荷爾蒙的增殖方法為佳。

（二）嵌合體品種的培養

　　嵌合體品種是從遺傳的不同種類之細胞形成的品種，如其各個細胞穩定有序，就成為品種特徵；但如僅任何一方細胞成為優勢時，即

成為與原來品種性質不同的品種。嵌合體植物的產生，就是分裂的原始細胞發生的突變體，在個體內穩定維持的情況，在增殖培養時，作為增殖的起源（原始）細胞之數量為少量的情況下，這種細胞優先存在的可能性增高。因而，為嵌合體品種培養，要穩定增殖被認為是一件不可能的事。

　　嵌合體品種一般在營養繁殖為常見的的現象，而在種子繁殖植物的場合，只是稀奇可見的而已。種子繁殖時，合子胚（zygote）的發生是由單細胞（受精卵）起始的原因，其嵌合體個體發生的可能性，與營養繁殖時比較仍屬偏低。營養繁殖的場合，其組織產生多數細胞增殖起源，而增殖的原始組織中，包含有不同種類的細胞存在時，增殖個體就稱為嵌合體。不論插條、分株等營養繁殖法中，對於一個體，為了使分生組織能夠共存，於增殖個體其嵌合體構造即可維持。但在微體繁殖法時，可參與增殖的細胞數量少，其嵌合體構造就難以維持。微體繁殖時，來自單細胞的擬原球體能形成又可發生時（蝴蝶蘭的擬原球體是單細胞來源），將嵌合體加以增殖，其增殖個體的遺傳特性就會產生分離。

　　在嵌合體品種中：①同株之中，依部位不同就開不同的花（分開開花）；②依部位葉色不一樣（帶斑紋）情形，則屬常見。像這樣的品種加以培養而增殖的情況，則有花色或葉色不一致的增殖株而分離出來。關於花色及葉色的形態變異，雖很容易用肉眼加以確認，但有關於花色的變異，不等開花時觀察則無法確認。

　　嵌合體的存在樣式，有幾種已為人知曉（圖 3-16）。嵌合體外側是植物體的外側與內部細胞，在遺傳上由不同的細胞層所構成的嵌合體，從表面僅可見到形質的關係而難以認識。由此得知，從植物體內層分化時，就和原來植株有所不同。區別嵌合體時，可藉由不一樣的

細胞其某部分進入組織內部的情況，以及由哪種細胞分化的器官發生而致使得到相異的結果。如果是中間性的嵌合體，則在周邊有局部嵌合體。

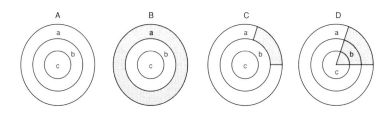

▌圖 3-16　嵌合體植物的概念模式圖。

白色部分為正常細胞層，灰色部分為變異細胞層。

ａ層為表皮，ｂ、ｃ層為內部細胞，Ａ為正常細胞，Ｂ為周緣嵌合體，Ｃ為部分周緣嵌合體，Ｄ為部分嵌合體。單細胞起源的擬原球體增殖時，從ａ、ｂ、ｃ單獨產生個體和分枝等，以定芽增殖時，Ｂ的層狀構造仍可穩定維持，而形成與原株相同苗株。

　　根據培養時變異株分離的情況，使用於增殖的親本株為具嵌合體品種，則分離現象就是培養變異可能性的間接證據。但是把嵌合體品種培養為無變異而能增殖時，與原來的增殖個體相較並非嵌合體品種，唯在培養中發生變異時，其增殖個體也同樣有形質的分離和異常（所謂培養變異）發生。增殖個體為嵌合體時，或是培養變異在培養初期階段發生時，在增殖個體中占有的變異體比率高，在培養變異的增殖後期發生時，可想而知其變異個體的比率少（圖 3-17）。

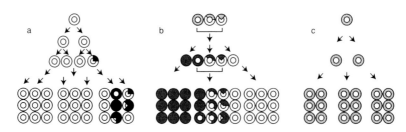

▌圖 3-17 在增殖過程中變異個體發生的推斷圖。

a. 增殖突然發生變異時的增殖情形。黑色部分表示變異細胞，變異發生時期迅速發生時即產生多量變異個體。

b. 由嵌合體增殖情形。具有與母株同樣構造者，亦有非嵌合體混合在一起的個體。增殖嵌合體時，即可預想到表現型為非同一個體較多。

c. 走定芽途徑時，周緣嵌合體個體的增殖情形。以腋芽途徑增殖時，嵌合體的構造有可能保存。另從單細胞而來的增殖中，增殖個體的表現型，可預測分離為兩群。

（三）培養逆境

　　作為培養變異的發生組織之一，在植物中可普遍存在的不安定性遺傳基因如反轉跳躍子（retrotransposon）等，由培養過程中，以高頻率活性化，拷貝數增加，即可想見其性狀被表現過剩而當作一個原因。另在培養變異情況下，有關遺傳基因讀取的部位中，很多的胞嘧啶（cytosine）被甲基化的比例高，遺傳基因轉錄的不活性化（鹼基排列不變化、遺傳基因不能讀取）等，然關於發生的組織仍不清楚（廣近，1994、1996）。

　　盡管在蘭科植物培養變異的 DNA 層次研究也在進行，但在蝴蝶蘭方面，雖然葉片無法區別，而僅有花朵受到認定的培養變異是以 RAPD（random amplified polymorphic DNA）分析和原始株之間的差異，但在年幼植物的酵素活性表現亦有差別（Chen 等，1998）。又在萬代蘭依據增幅片段長度多型性 AFLP（amplified fragment length polymorphism）分析中，培養變異與原始株之間，有 DNA 層次的差別的表現（Lim 等，1999）。

原始株與培養變異株之間 DNA 層次的差別，要確認能解析，需仰賴 DNA 分析技術的進步。因此培養變異株的 DNA 層次差異是當然之事。在現狀下，和表現型有關係的 DNA 層次的差別，或和表現型無關係的 DNA 層次的差別，亦可檢驗出來。因而，原始株的差別如可以檢驗出來亦未必可成為實用的問題，否則類似的培養變異就不能發生了。就培養苗而言，可想像或多或少在 DNA 層次上都有變異，唯大部分變異的表現型幾乎不受到影響，在實用上並不是問題。盡管令人遺憾的是，會影響表現型鹼基排列的類似變化要單獨檢驗尚無法做到。

（四）培養引起的染色體異常

在變異個體之中，可見到染色體數倍數化個體。這些個體和親本的形態已有所差異，所以若深入觀察就能夠選拔。實際上，雖是最容易產生的培養變異，但培養中或是小苗階段就可以行剔除作業，所以不構成嚴重問題。原因是細胞分裂階段染色體複製時，由於某些異常原因，原來的細胞形成倍數性的細胞核。

蕙蘭屬方面，擬原球體培養在含 NAA 的培養基，可見到細胞核 DNA 量的增加，推測可能是有絲分裂被抑制所致（Fujii 等，1999）。另外，經由擬原球體內部組織通常不發生擬原球體的再生，但是添加 NAA 或 2,4-D 於培養基時，可由擬原球體內部組織形成年幼植物（Begum 等，1994）。在擬原球體的分割繼代培養時，通常只從表皮形成新的擬原球體，並維持本來的倍數性。在荷爾蒙添加於培養基的情況下，本來從不帶倍數性的內部組織即可誘導擬原球體的形

成，這是起源於添加荷爾蒙以產生培養變異的原因之一。在蝴蝶蘭方面，共存使成為不一樣倍數性細胞的比例，是依據添加荷爾蒙等培養條件的差異方向發生變異的情況（Mishsba 等，2001）。這些結果，暗示培養基中添加荷爾蒙可能誘導發生倍數性差異。

（五）培養的後續影響

發芽結果良好的蕙蘭屬、樹蘭屬，發根不佳的蝴蝶蘭與花梗萌發容易之的蝴蝶蘭等現象，在蘭花的培養上已被發現。這樣的現象並非遺傳的變異，而是培養時添加荷爾蒙受到影響，波及培養後生長情況。花梗尖端的生育異常和花朵排列異常等，僅在初花花梗可見而不在之後花梗可見之時，這可能是培養時所發生，以致後續開花時才能發現。

從培養的蘭苗，產生和原始株性質不一樣的蘭苗，作為其他案例而依據培養，用不罹患病毒株的無病毒苗（非病毒罹病苗）的情況下，由於不巧於栽培時，被感染了病毒的緣故，致產生和原始性質有差異的分生株。

（六）培養變異的對策

只在分生增殖植株見到變異，而在原始株（母株）就不會發生變異。其引起變異的原因，在增殖過程中可能發生。現階段的技術層次上，當培養株是嵌合體（可見的嵌合體要剔除）時，要做預防作業，為避免培養變異發生，要預知苗階段培養變異發生的情況，是件難題。而現在尚未明瞭能確實迴避的方法，因而：

①培養時間愈長，對於變異的危險性來說，只會增大而不降低，所以宜從一個培養組織限制增殖數量。

②普遍認爲容易提高變異危險性的培養法，宜盡量控制。

③培養時，用肉眼可確認的變異苗需採取剔除等對策。但是和開花有
　關係、在生育最後階段方可發現的遺傳基因變異苗，需要等開花後
　鑑別，否則難以發現是否變異。雖然遺憾，但因爲分生苗增殖的技
　術尚在發展途中，所以要仰仗並利用分生增殖株的場合，必須擔負
　某種程度伴隨而來的風險。不過，和其他蘭科植物的情況一樣，在
　蝴蝶蘭生產上，分生苗的利用具有很大的利處，在現況下，是必要
　的亦是不可欠缺的品種建立技術。

　　從生產者方面而言，在分生苗利用上需注意的要點：

　　①從培養變異較少且具有優良實績者處購買種苗。

　　②勿依賴特定品種，而需分散風險，宜多選擇不同品種栽培。

　　③勿依靠單一委託或來源來生產分生苗，宜多選擇不同的生產廠
　　　商，以導入蘭苗並分散風險。

　　上列三點是現階段可行的實際對策。在蘭科植物生產上，除了
原生種系統的雜交育種外，如不思索利用培養分生苗從事生產，則難
獲得有效率的生產。從而，培養變異是嚴肅的課題，故必須謀解決之
道，唯在現況下，只能盡量規劃減少風險而多利用分生苗，除此之外
並無他法了。

第四章

蝴蝶蘭的栽培
Cultivation of *Phalaenopsis*

　　舒適的栽培環境及適切的栽培管理，可培育出高品質的蝴蝶蘭苗並能開出優質的花。然在蝴蝶蘭培育過程中，舒適的生長環境究竟為何，至今尚未全盤知曉。多數人誤認為蝴蝶蘭屬於耐乾旱植物，即使忘記給水也不致於枯萎，但這麼做卻會使生長受阻。其實蝴蝶蘭對於乾旱（逆境）為非常敏感脆弱的植物。介質、灌水、肥料、光、溫度、溼度等蝴蝶蘭生育相關的適切條件，終於一步步獲得解惑。本章將針對環境條件與栽培管理是否適切蝴蝶蘭之生長，依據實驗資料做基礎解說。

一、生長習性與盆栽

蝴蝶蘭屬蘭科植物，單莖著生蘭類，葉片左右展開並由莖頂繼續生長。長葉速度依栽培環境條件而異，在適切條件下，一年中可長出約 4 片。施肥量少時葉片展開速度緩慢、葉片數少且小的植株（發育不良株）。葉片未完全展開、約 4-5 mm 時，在葉腋處形成主芽及副芽，其生長尚未達分化的狀態就停止並成休眠芽。由上位葉起算 3-4 片葉處的腋芽（主芽），受低溫刺激後開始形成花序（石田、坂西，1974）。

開始伸長的花序芽原體，突破葉片基部後向外伸長、發育並繼續生長。花梗尖先端繼續細胞分裂，其下部節間細胞伸長、花梗也伸長。尖端細胞的分裂組織在一定時間繼續分裂，在節及腋芽分化後生長會暫時停止。花梗下位節的腋芽成休眠芽，上位節的腋芽會分枝或發展成為花芽。分化後花蕾如續予採取時，尖端會繼續生長。是否分枝或成花芽，雖視個體的遺傳性質而有不同，但溫度也會影響。花芽發育成花蕾後逐漸開花，至開花停止後，一時停止生長的主莖又再次長出新葉，並向上順次展開新葉。

主莖休眠芽的芽原體受低溫刺激發育成為花序外，幾乎停止發育成為休眠狀態，少有發育成營養芽產生小苗。然當頂端生長點受傷時，或是蘭株老化節數增加，有時候下位節的休眠芽會產生營養芽。花芽誘導條件不充分時，花梗先端會變成營養芽，花莖腋芽甚至形成營養芽。

蝴蝶蘭雖然是單莖性著生蘭類，但植在蛇木板、木栓板（cork），使之接近於自然著生狀態培育時，葉片呈現下垂狀，且蘭根附著在樹

皮上向四方伸長，並逐漸生長成為大株（圖 4-1、圖 4-2）。以營利為目的的生長，即種植於塑膠盆內栽培。根系在盆內發育生長，而使葉片直立狀的栽培，從本來的生態來說，即是不自然培養法。從事塑膠盆栽培，雖然生育情況改善，管理變更容易，但在自然生長環境下，不曾發生過的新問題會陸續發生。

塑膠盆栽培時，蘭株培養為垂直狀形態，使上位葉遮了下位葉的光，致莖葉的中心部位滯留水滴，易引起病害發生。又以自然形式種植，根及蘭株基部暴露於空氣中，所以膠盆種植培養時根就埋入介質內。蝴蝶蘭新根及花莖會自莖基部表皮或葉片基部突破，而內生性生長根系，如介質中存在病原菌，則病原菌容易由表皮的裂痕處侵害。又蝴蝶蘭根群為氣根，即可猜測其生理上氧氣需求量必相當高。然根系集中進入盆中，發生嫌氣條件的可能性升高，若根群缺氧則容易引起根腐的危險性。

▌圖 4-1　植在蛇木板的著生狀態，雖發育不佳，但栽培過程問題很少。母株種植在蛇木板上易於栽培管理。

▌圖 4-2　印尼以自然開發結果生產的野生株收集栽培，並做有效利用。此等蘭株著生在老舊遮光網捆束上栽培。著生蘭的環境良好，根系能纏繞在介質上時，則任何介質都能培育。

（一）葉片的生長

　　自然條件下，蝴蝶蘭著生在樹幹上，葉片呈下垂狀生長。對下垂葉片的光照量受樹蔭影響與光線入射角度關係，此種光線是葉片能承受的適當強度。盆栽培育的蝴蝶蘭葉片易受直射強光影響，在熱帶的栽培環境中，太陽光在一年中，可由四面八方入射陽光，所以生長方向性就欠缺。然位在北回歸線以北的日本，太陽光常從南方照射，故葉片生長就有方向性。因此蘭苗會偏向南邊生長，致左右前後產生株姿之不平衡感。為避免此現象需定期性做蘭苗的迴轉作業。

（二）花序與花蕾的生長

　　蝴蝶蘭的花梗尖端趨光性強，最容易向強光方向伸長。花梗欲在短期間快速生長，皆在生長期內最喜歡向強光方向伸長。溫室內稍有遮陰，花梗生長方向就會散亂。又在丙烯酸纖維（壓克力纖維，acrylic fiber）夾層板（壓克力板）與溫室銀色遮光網（silver net）的遮光情況下，仍然多散射光，花梗方向亦是易於散亂。如受夕陽光線影響，花梗即向夕陽光線生長。如利用此種性質，則花梗發生方向及伸長方向即可控制。趨光性被認為是對藍色光的反應，所以由單一方向以藍光照射時，可能是可使花梗伸長方向得以整齊有效的方法。

　　花朵（每一朵花）在開花狀態中，與花梗傾向並無關係，其實花朵配置於花梗生長方向的前面兩側開花，唇瓣必在下面位置。這是多數蘭科植物花朵共同性質（倒生）。在花苞狀態時，花唇位置位於花梗側邊，唯在開始開花時花柄會扭轉至花唇向下的位置。開花階段時，不論花序方向如何，花朵之唇瓣方向一定在下面位置垂直綻放。開花後花梗的角度如受到變動，開花的花朵就難以變化，致使花朵方向也會變亂。這種性質就是蘭花花粉需要依存昆蟲之蟲媒花的特質之

證明。在授粉可能的狀態時，需使媒介昆蟲容易停留在花朵上有利位置（圖 4-3）。為便於昆蟲停留，唇瓣上平坦且有細毛狀，又在唇瓣內具有黃色花紋（necktie guide），以便昆蟲辨認。

圖 4-3　圖為 *Phal. tetraspis* 唇瓣部位之放大照片。具有紅色及黃色記號（標記），以引起昆蟲注意；且唇瓣尖端處有絨毛覆蓋，以便昆蟲停留。

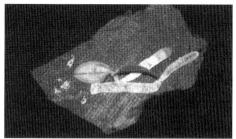

圖 4-4　在溫室培育的蝴蝶蘭，有時根會長出幼苗，非常稀奇。

（三）根系的生長

以蘭科植物來說，光質對根系發育有很大的影響力。多數蘭科植物在高光條件下對根的發達有促進作用，弱光的場合根系發育會受到抑制，這與光合作用似無相關的反應（Ichihashi, 1990）。根群發育量當然要依賴光合作用產物，當光合作用受抑制時，亦可猜想根群生育會緩慢。蝴蝶蘭的根系雖不表示具有向光性，但遮光過多會抑制根的分枝性，致使總根長縮短（窪田等，1991）（圖 4-4）。

蝴蝶蘭的根群，如無附著性就無法承載體重，所以蘭株根系具有往下方伸長或是依重力方向生長的性質（趨重性），然至今並未受認定。著生蘭共同的根系性質就是沿著塑膠盆內側壁面向四方生長。對溫度而言，根系伸長與溫度呈正相關。伸出盆外的蘭根，多向植床下

多溼的地面伸長，這是它的自然特性。要使根群在盆內生長，要點在
於如何合理地增加盆內溫度，並注意塑膠盆內外的溫度差異，此為管
理上的必要問題。要根群在盆中生長，就蝴蝶蘭的栽培來說，這雖是
栽培上必要的技術，然並無確實方法。要設定這種條件，確有困難，
所以根系伸出盆外生長難以抑制。這種性質的向化學物質（水）的趨
性意義謂之向化性（趨化性）。著生蘭根群在樹幹上，具黏附性的生
育性質可說是一種良好的習性。

　　根之大小與灌水頻率相關，灌水次數多會形成粗大根系，灌水少
時則形成細小且分枝的根系。細小根系對換盆的傷害現象較具強力耐
受性，且發生分枝根系容易。

　　蝴蝶蘭根系在延誤換盆的時間即容易伸向盆外，又會進入鄰近盆
中，或伸長於植床下。過度伸長根系在換盆之際，為便利作業必須切
除，但傷口處易受病原菌侵入危害或是容易引起出現花梗的原因（C/
N 比率變大）。有時候為防止根系伸長於盆外，在塑膠盆上裝置迴轉
器防止，這點在物理上而言，可使根系難於伸出盆外，然在換盆時，
以栽培管理的前提下並非實用方法。所以在盆底放置細網，以防止根
系由底孔伸出於盆外，或是根系尚未露出盆外前，提前換盆作業，就
是一種實用對策。又值換盆之際，新根的長出部位處預先植入介質中
（深植些），就是能夠使新根伸入介質的上策。

二、育苗管理

（一）苗的選拔

　　蘭科植物的種子發芽率，因培養基種類而異。一般而言，低濃

度的單純培養基的發芽率高，有機物多的培養基發芽率低。依培養基不同，即有可能選拔特定個體。因實生苗委託者不同，雖是同一雜交組合，但實生苗之後的生長情況也可見到相異情形。這種情況在同一雜交的種子時，可以利用相異培養基選拔相異性質的個體群。所以如有育種目標對策的選拔方式，在種子發芽階段，也許可能選拔特定個體。

　　實生苗是從複雜的集團族群中所選拔而出，在具複雜性的部分小集團族群，每一苗株特性並不一致。因生長速度對營利栽培的降本求利為重要要點，故企望生長快速的蘭苗。同時播種後，於相同的環境及管理下，實生瓶苗的生長速度相異，如能較其他苗株生長快速者，推想乃因遺傳關係導致生長快速。

　　實際上，瓶苗中的個體生長快速，之後生長亦快速（廣島縣離島農業技術中心，1992）。因此實生苗方面，可從同時期播種瓶苗中選拔生育快速的蘭苗，才是對於嗣後縮短生長期間的必須條件。分生苗雖有程度上的差異，但苗的大小程度對之後的生長仍有相關性，故幼苗時期的大小會直接反映其後續生長速度。同樣正常生長時間，小苗絕不會超越大苗的生長速度。這現象可說明大苗的生長速度比小苗的生長速度快，則意味著出貨時間提早。因此在購苗時，應注意幼苗生育整齊度及大小規格。就生產優質蘭苗來說，其生產成本當然提高。

　　以往對於蘭科植物蘭苗馴化的重要性並無認識。生產者從瓶中取出蘭苗並給予馴化作業是一般的方式，但這方式不一定就沒有問題產生。縮短栽培期，可以降低生產成本，應包含瓶苗最後階段的管理，以及有必要改善馴化作業的方式。

（二）馴化與育苗

　　在環境受到控制下，高溼度培養瓶內幼小植物被移出種植，必須接受劇烈的環境變化逆境。因為蘭科植物對於環境變化比較具有強韌性，所以生產者皆直接購買瓶苗出瓶移植及自行馴化作業。如能在此階段做適切的管理更可以縮短生長期，其後段生長更順暢容易。馴化初期葉尖發生枯萎現象，表示幼苗出瓶移植後其管理發生問題。為求快速適應劇烈變化的環境應從培養瓶內的階段開始，應該將瓶苗置放於類似栽培小苗的環境下給予管理，馴化初期，幼苗應以近似瓶內環境狀態並緩緩進入溫室環境而馴養幼苗才是上策（理想）。

1. 馴化前後的管理

　　瓶苗：

　　①相對溼度高，葉片的蒸散量少，瓶苗葉片的表皮層（cuticle, 角質層）氣孔未完成，植物本身的水分蒸散或 CO_2 吸收又無法控制。

　　②培養瓶內的蝴蝶蘭幼苗，雖有 CAM 型光合作用，但通常培養環境中的 CO_2 仍不足，光合作用速度較低弱，如加強光強度即易引起葉片傷害。

　　③培養基內的根，能適應低氧條件，然幼苗一旦出瓶之後並不能完全適應，必須供應充分 O_2 的環境。

　　④無菌條件下，微生物無共存的關聯性，故除生理障害、病毒病外，並無其他病害等存在的危險。所以為了營造更好的適切環境，有必要及早謀求對應方法。

　　瓶苗出瓶後的馴化，前階段的準備作業是把培養瓶由組培室搬至溫室內或塑膠布溫室（vinyl house）內。並經遮光的低太陽光照射，日夜溫度變化切勿太大（合理範圍為宜）。又需要把培養瓶所需環境

逐漸導向接近於溫室環境，是馴化作業最有效之方法，瓶苗出瓶後若能將馴化作業做好，即可促進加強小苗的光合作用獨立營養化。在此階段，如果外界的 CO_2 濃度升高，即葉片內部 CO_2 的吸收容易。由 CO_2 施肥而完成馴化，對角質層、氣孔發育完成，最具有成效。CO_2 濃度升高，可考慮提高光強度。瓶內植物的 CO_2 吸收以 phase 4 的吸收比率高，故在光照期間施用 CO_2 被認為是有效的。在室內培育環境中能夠獨立光合作用營養化小苗，與在瓶苗中形成的細長葉片不同，因可獨自形成正常的形態葉片，即足以表示生長良好狀況，如此就能夠暢順地適應環境（伊藤等，1994）。

　　瓶苗自培養瓶取出前需要將馴化中的瓶苗橡膠蓋除去數日，並仍然置放在如同管理小苗的環境中，使瓶苗跟外氣接觸。經過這樣管理後，幼苗就能夠適應劇烈變化的環境，之後幼苗馴化效果更能順利。從培養瓶取出小苗應該注意下列各點：

　　①為防患病害感染應施用殺菌劑並移植於經消毒的介質。

　　②極力避開氣溫變化，以高溼度管理（一般指植後 1 星期）。

　　③可能範圍內提高 CO_2 濃度。

　　④瓶苗移植之初宜行完全遮光。

　　⑤盡力緩慢進行環境變化。

　　⑥應逐漸使小苗適應環境。

　　上列各點即是馴化要點。瓶內根系（初出瓶）於移植後需多灌水，讓介質不乾燥，雖有可再次生長復原的機會，倘若置放在高濃度 O_2 條件下，則復原機能降低，所以通常剛出瓶的小苗大概都期望能夠維持合理溼度以促進新根群發展，此為非常重要的。

　　以往瓶苗在出瓶階段均以聚合盆栽培，此為標準的馴化方法。這樣可保持溼度，以應變激烈環境變化並減輕幼苗水分損失。又移植於

小單盆（4.5 cm 塑膠盆）內，不如移植於聚合盆之大型塑膠盆內灌水來得容易。但是瓶苗經出瓶後移植於 4 號（12 cm）塑膠盆，每盆移植 10 苗之後再以單苗種植，與直接移植 1 苗於 2 號（7.5 cm）塑膠盆做生育比較測試，最後證實後者得到較良好的結果。瓶苗經出瓶移植於聚合盆，雖有保溼功能，然而從聚合盆再次種植於單盆的時候，即無法避免傷根系。由單盆做換盆（小盆→大盆）時，因換盆作業不傷害根系，所以最後有促進生長的效果（大分溫熱花試，1990）。

　　出瓶種植時，將小苗確實地固定好，即便於操作性、保水性、通氣性等的優良物理性質，同時容易管理，這是水苔介質的良好特性。不論實生苗或是分生苗，培養瓶苗皆是在無菌狀態下培養的，所以並無感染病害。所有病害的感染都起始於瓶苗出瓶後，其最大感染機會在於出瓶當時所發生的。尤其在馴化前的軟弱培養苗，由於出瓶時候的人為（不小心）傷害，則是易於罹病狀態的時機點。如果種植用的介質受到汙染，即無法避免病害的感染，有些水苔介質原來就受鎌胞菌（*Fusarium. spp*）等病原菌所感染，如果不幸使用這種水苔介質，便會受鎌胞菌感染。故種植介質若不事先做殺菌或滅菌等作業後再使用，其後病害發生就會產生困擾。水苔介質的殺菌法以蒸氣殺菌較安全且確實。就效果而言，仍以高溫且殺菌時間長的效果較好，但水苔會產生劣變，故以溫度80℃，時間約30分鐘為標準，較實用且安心。但是雖然使用殺菌過的水苔，若作業場遭受汙染，亦有可能在種植作業中遭受感染的危險。在出瓶作業臺應該與老株換盆場所隔離，使用不鏽鋼或是塑膠布覆蓋完善外，並在作業前以殺菌劑（70% 酒精類）妥善消毒後使用。在幼苗出瓶及馴化過程中為了降低病害感染的危險性，宜在病原菌不存在的場所，選擇無病原菌介質種類，以及不存在病原菌環境中馴化則極為重要。

2. 馴化時引起的小苗生理性變化

培養植物為了適應環境變化，或因為以光合作用獨立營養化之生理組織尚未充分發達的關係，致馴化時易受環境逆境的障害。又加上急遽的溫度、乾旱、強光等環境變化，對於此等逆境小苗無法適應，生育就受到障害，嚴重者會枯死。

(1) 溫度與溼度的影響

角質層未充分發達且氣孔未完全形成時，對應乾旱的防禦能力較弱，是培養植物的特徵。

使用朵麗蝶蘭的培養苗為測試材料，以調查馴化溫度及相對溼度，其對培養苗關係的結果，溫度 25℃ 為適溫，溼度以高溼度時即可改善生育。小苗的相對水分含量（RWC），為相對溼度 50% 或是 70%，所以瓶苗出瓶二天之後溼度開始下降，但隨著馴化作業的進行，即可完全地恢復。在高溫 35℃ 下，水分含量（會暫時性降低，在馴化中的葉尖可見嚴重枯萎現象，其後會緩慢恢復。溫度 15℃ 時水分含量會徐徐降低，並可見到光合作用效率急速（Fv/Fm）下降，在一個月的馴化期間內未能恢復。馴化中的葉綠素含量，以溫度 25℃ 的環境下比 15℃ 及 35℃ 更能快速增加，但葉綠素 a/b 比無變化。葉綠素 / 類胡蘿蔔素比因溫度上升而增加。經 25 天馴化後，CO_2 同化，氣孔導度、蒸散速度等如與溫度條件 25℃ 下比較，則 35℃ 時偏低，15℃ 更低，由此可說明，與溫度條件 25℃ 下相比，在 15℃ 及 35℃ 下，其光合作用活性受到抑制，35℃ 時雖可維持生理的活性，但容易發生障害現象，不過尚可恢復生理機能，然而 15℃ 時，已非適當生育溫度，若是受到障害時生理機能即難以恢復（Jeon 等，2006）

(2) 強光影響

受到強光逆境的植物葉片，其細胞內增加活性氧，如果不立刻

摒除，活性氧會對細胞引起大障害而成為灼傷。為了使活性氧的影響達到最低限度，植物持有各種的抗氧化酵素、抗氧化物質，這些可以形成（製造）防禦系統，以使活性氧無毒化（Asada, 1999；淺田，2003）。引起逆境及障害的光強度並非固定的數值，而是依光的利用效率、防禦系統的強度等而有不同。培養條件如有強光逆境的環境，其培養苗是易於受到光逆境的影響。

將馴化時「光的影響」強度分為三階段（175、270、450 μmolm^{-2}s^{-1}），使用朵麗蝶蘭培養苗做光強度測試，而經調查結果顯示，在 450 μmolm^{-2}s^{-1} 強光下葉片厚度變厚，其餘植株生長特性以 270 μmolm^{-2}s^{-1} 之中等光強度結果最好（Jeon 等，2005）。為調查馴化中的強光逆境影響情形，將蝴蝶蘭培養 6 個月的小苗，以分別弱光（60 μmolm^{-2}s^{-1} PPF）、中光（160 μmol m^{-2}s^{-1} PPF）、強光（300 μmol m^{-2}s^{-1} PPF）培育。置放在強光下的幼苗比置放在弱光下的植物，其光合成效率（Fv/Fm 比）較低，強光下幼苗的光合作用受抑制。這時「抗氧化酵素」之中，葉片的超氧岐化酶（superoxide dismutase, SOD）活性隨光強度提升而增加，然對於根部並未見到顯著的光強度逆境。去氫抗壞血酸還原酶 dehydroascorbate reductase, DHAR）與單去氫抗壞血酸還原酶 monodehydroascorbate reductase, MDHAR）的活性在弱光、中光下雖有增加，然在強光下反而降低。過氧化氫酶（catalase, CAT）不論葉片、根部都隨光強度提升而增加，而愈創木酚過氧化酶（guaiacol peroxidase, G-POD）活性僅在根部增加，葉片即見不到過氧化酶（peroxidase）活性。

穀胱甘肽還原酶（glutathione reductase, GR）活性在弱光下的培養時期，有時候有低下的現象，而在中光或強光下，有些時候也無變化情況。強光下的葉片中抗壞血酸（ascorbic acid）氧化酵素活性跟培養中者比較，大約增加 50%，但根部未見到變化。穀胱甘肽 S（glutathione S）（編按：某些酶的輔酶，其功能被認爲是保護酶和其他蛋白質的巰基的一種抗氧化劑）轉移酶（transterase）的活性，和在培養時用強光培養蘭苗，其葉和根均有增加。又葉片中的總蛋白含量，由於受到光照逆境也會增加。脂肪的氧化比例、脂肪氧化酵素和受栽培者做比較也會因光照逆境而增加，此類則是因光氧化關係而引起生育障害。上述結果表示，在馴化中，抗氧化酵素的活性增加，是因強光關係而對所產生的活性氧增加的適切反應（Ali 等，2005）。

（三）移植

　　蝴蝶蘭栽培流程中，延誤換盆適期，根系即伸出盆外，這情形不但影響栽培，同時浪費作業工時，如作業不當容易誤傷根系，甚至誘導病菌入侵危害蘭苗，嚴重者所費不貲，所以換盆時期是栽培的要點。又盆內根系與外伸盆外根系（空中根）因持有相異的生理特性，雖以人爲方法壓入或導入盆內，也不會發揮正常的機能。

　　換盆的主要意義在於保持根的良好環境條件，換盆時間應有定期性作業流程，並盡量在短期間內完成較好。爲使上節位的新根能伸入盆內，宜在植物體發根處確實地捲填介質，換盆後需預留空間給水。又換盆後需控制給水、確認根系開始活動後才開始灌水作業。但是保持合理溼度是重要祕訣，溼度的管制如能維持良好，雖灌水頻率失當，蝴蝶蘭亦無枯萎之慮。

　　移植或換盆時，切勿植於不當的超大盆（over pot），否則根系在盆壁纏繞伸長費時，且盆內容易過溼，致易引起缺氧，傷害根系的危險性增大。又在根系發育旺盛季節晚春至初夏，使用超大盆徑的大盆，雖然少招致問題，但在生長遲延季節晚秋至冬天，若用盆不當，引起病害的可能性加大（尤以生長緩慢品種更需注意）。

（四）生長的評價

對植物生長做正確的評價至為困難。然對動物生長的評價而言，則可依體重的增加情形來做客觀性評估。植物雖可整株拔起測定鮮重，但會影響嗣後生長。植物體不從植盆整株拔起，也可測定蝴蝶蘭的鮮重，要追求正確的數值雖有困難，但可以連續追蹤個體生長情形來儘量達成。茲以個體為對象做測定生長試驗，有下列二種方法：

1. 葉片的生長測定

由葉長及葉幅，即有可能求出葉面積，葉長及葉幅之積與葉面積之間，已知其相關值是正相關（r = 0.963），故經過某段時間的葉片生長和增加以及多次測定，即可測出蝴蝶蘭生長速率（窪田、米田，1990）。再者，葉長及葉幅之積與葉面積關係（r = 0.998），和葉面積與鮮重關係（r = 0.994）有較高度相關（梶原、青山，1993）。然於蘭苗而言，因根數少，由葉面積推測鮮重的可能性也可考慮。但是根系有生長差異時，根系鮮重比例過大以及花梗產生，此法的正確度可能降低。

2. 每盆別的重量測定

植苗時，先量每苗移植完充分給水後的重量，之後每次充分給水且經過某一定時間後，再次量測重量，這方法的測定值與實際鮮重之間有較高相關值（r = 0.96），故非破壞性連續的推定鮮重也可行（加藤等，1993）。這方法可得知包含

圖 4-5　在臺灣所拍攝而以自然狀態培育的大株 *Phal. amabilis*，可產生分株或由花梗產生高芽苗株並叢生。根據花主說明，其為臺灣最古老蘭株。

根系重量值，然欲知更正確的鮮重變化時，在於測量完畢時，其最大容水量的每盆重量及減去膠盆介質後測植株鮮重，同時需要減除介質含水率的某時間之因素影響變動才合理。

　　根與地面相交處不必切離，而可以非破壞性方法，僅測出根群或是莖葉的鮮重。在天秤上置放水槽，取起植物體而只把根群浸入水槽中，其秤量值的增加，就是根群同體積的水重量（archimedes principle），即是表示根重。植物體離手時讀取天秤刻度，即可知全植物重，如此就可以不切離根群與地上部以得知鮮重。

三、介質管理

　　植物對於介質材料的必要機能要求有三，茲述於後：①根群能生長且能支持植物體；②能供給根群吸收養分、水分；③保護根系發展等。然此等機能對蝴蝶蘭來說，並非本來的性質，因為蝴蝶蘭原為著生條件生育的植物，因此可以利用養液栽培。

　　蝴蝶蘭的種植，以富有通氣性，可確實供給根部所需氧氣為重要條件。又能合理供應養分與水分時，對其生育有益。尤其在營利生產上，資材成本、種植所需時間、勞力供應、管理難易度等都需評估，並在謹慎檢討後執行才是上策。

（一）各種介質的物理性

　　蝴蝶蘭種植的栽培介質，一般使用水苔為標準介質。水苔特性依產地不同而有差異（表4-2），品質優等的水苔具有良好通氣性及保水性外，用手觸摸的手感良好，方便移植或換盆作業，聚合式種植作業也容易，甚至於花梗插立支柱也能快速且確實。但水苔為天然植

物，大量採集使用終有枯竭的一日。其產品價格日趨昂貴，有朝一日定會產生困擾與其他問題，如有些病害的起因，目前認為可能源自水苔〔例如鐮胞菌、疫病菌（*Phytophthora palmivora*）〕，所以栽培蝴蝶蘭是否仍必須依賴水苔，值得深思。今後除使用水苔外，預期其他介質的使用量會逐漸增加。

表 4-1　水苔介質的填充量及灌水管理與生長之關係

水苔填充狀態	多次灌水頻率		少次灌水頻率	
	灌水量多	灌水量少	灌水量多	灌水量少
堅實	缺氧 根腐爛	鹽類累積 根受傷	生育良好	水分不足 生育不良 鹽類累積
柔軟	生育良好 肥料易流失	生育良好	水分不足 肥料易流失 生育不良	水分不足 生育不良 鹽類累積

註：介質待至完全乾燥才灌水的操作，即稱為灌水頻率少；而介質尚處溼潤狀態即灌水的操作，則稱為灌水頻率多。灌水量會由盆底流出時，稱為多量；未能由盆底流出的水量，則稱之少量。

表 4-2　蝴蝶蘭的種植介質種類與特性

種類	產地	特徵
水苔	紐西蘭	品質良好，但價格昂貴。肥料效果不佳，做長時間栽培時，不易腐爛，且無惡臭，易於作業。
	智利	價廉，可替代紐西蘭水苔使用，現今使用者不多，容易產生藍藻、雜草，且容易分解。
	中國	產地不同，品質差異大。低價品分解快，又會釋放肥分。品質低劣者易引起病害。
樹皮	紐西蘭	保水性差，在平常栽培管理下，生長較水苔差，故樹皮填充量力求增多，行多灌水栽培。多用緩效性肥料，對生長有益。最近已受注目。
	荷蘭（混合介質）	保水性良好，生長快速，但長期間栽培時易發生病害。
椰殼纖維	東南亞	有顆粒及纖維狀，保水力差，同樹皮管理法，浸水去脂後使用。
樹皮纖維	日本	可替代水苔使用，但作業困難及易引發白絹病，最近已不再使用。

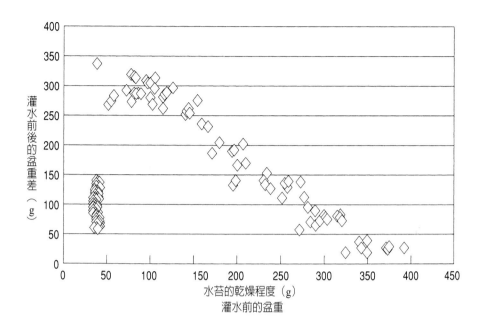

註：3.5寸盆用水500 ml在不溢洗下，慢慢給水，並前後測量盆重。

▌圖4-6　不同乾燥程度的水苔，在一次灌水中所吸收的水量。

1. 水苔的吸水特性

　　水苔吸水量依水苔吸溼性不同，差異很大。乾燥水苔吸水性極差，澆水後水分不易吸收且流失迅速（圖4-6）。其他栽培介質如過於乾燥，也會引起吸水困難，但是一般栽培的盆栽介質都不至於過分乾燥。蝴蝶蘭的澆水管理皆訂有澆水期距，但灌水量都無法全部吸收，因為盆中介質保持通氣性，O_2對於根系的呼吸作用也具有相當的重要性。然而通氣性過於良好，對養分、水分的供給或多或少變成阻礙，因而抑制生長。所以，水苔保持某程度的溼度，則吸水性良好，因此溼潤狀態的水苔，給水後吸水率會明顯上升，但仍需注意環境因子，否則易於過溼。至於水苔其他特性中，尚有植盆介質填充量會影

響。種植時用多量介質壓實或用少量介質使其鬆軟不壓實皆可栽培蘭苗，但欲維持全數植盆的均一性，在品質管制上有其困難。水苔填充比例的不同、吸水量有很大變動。如能緊密壓實填充，吸水量會增加，但通氣性降低，因此緊密壓實並行多澆水，可能引起 O_2 缺乏，致發生根系敗壞的現象。如鬆軟不壓實，吸收水量減少，供應根系利用的水分亦會減少。所以合理的灌水管理方法，即 O_2 供應不缺，則根系敗壞的危險性可減少（圖 4-6，表 4-1）。

另外因水苔介質劣化而隨之腐敗，其理化性引起的變化，在管理上也會發生困擾。這些變化在較短的栽培期間內發生的問題少，但長期栽培的情況下，是一種不易排除的問題。所以栽培者必須了解水苔的特性，爾後才能實行合理化的澆水管理制度。

2. 其他種植介質的吸水特性

椰殼碎屑纖維、樹皮碎屑等再生產可能性大的移植介質，不致於有資源枯竭的疑慮，唯與水苔特性有些差異，因此施肥、灌水的管理方法跟水苔介質栽培情況不同（表 4-2）。然而這些介質的吸水容量，隨介質填入量的增加，會提高某程度的吸水量，這種介質與水苔、岩棉的吸收性有所不同，其吸水量遠不如水苔與岩棉（圖 4-7）。為了增加椰殼碎屑纖維與樹皮碎屑吸水量，宜多量緊密填充，如此較易提高蘭苗的生長速率，此為成功的要訣。然這兩種介質雖經緊密壓實，其空氣容量（氣相）比例仍大，所以吸水量少。故這兩種介質在操作上，作業品質較易均一控制，因此多澆水也易於控制合理空氣容量，如果不予多灌水則易發生水分缺乏。這種特性較適用於多水管理或是自動給水管理的栽培制度。

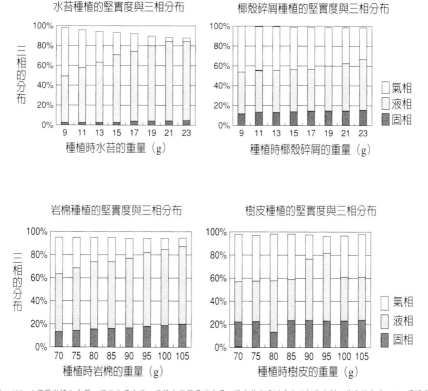

註：499 ml 容器內填入介質，經充分吸水後，當排水後秤量滴水量、排水後盆重以求出三相的比例，其合計未達 100% 原因為微塵的流失所引起。

▌圖 4-7　各種栽種介質，在種植後的不同堅實度情形與三相分布。

　　岩棉是矽酸質岩石、玄武岩、石灰岩、熔渣（slag）等，經溶解的纖維化產物，直徑 3-10 μ 的非結晶玻璃質纖維。天然礦物纖維的石棉（asbestos），是致癌因子，因此在使用上受限制（致癌性以直徑 0.25 μ，長度 8 μ 以上者受到重視）。使用岩棉不慎而直接接觸皮膚，會引起刺激性，如果與石棉比較，其對人體危險性較少，並且不會發生慢性障礙（疾病）。岩棉纖維根本不具吸水性，水分是存在於纖維間的毛管，且幾乎是低 PF 的移動水，其失水性由盆表層急速發

生。岩棉是非結晶玻璃質，不具化學活性，且幾乎無陽離子交換能力
（CEC），也幾乎不吸收磷酸。

岩棉浸漬（泡）水中，會快速吸收。又使用滴灌時，全盆亦可得
到充分水分。岩棉的液相率較氣相率高，且受填充量的變化不大，但
物理性質類似水苔（圖 4-7）。又岩棉的水分會急劇散失（水分管理
不當），此雖是岩棉的特徵，但對於蝴蝶蘭栽培不致於產生問題。然
而岩棉為礦物纖維，由於不慎接觸會引起皮膚刺激性，所以不適合人
工處理作業。另外具不燃性、難分解性，致廢棄物處理困難，或許會
引起二次汙染問題，宜先評估得失後使用。

3.介質材料選擇的觀點

著生蘭介質的基本功能必須能支持植物體，並非一定要供給養分
與水分，這點可以從著生狀態獲得明確答案。在自然生長環境中，可
吸收的水分就是雨水與結露水。所以介質只要能適時提供養分與水分
給根系吸收利用即可，並不需要求更多功能。

至於水苔介質能培育優質蘭苗，其要因在於介質可確保氧的合
理供給量，且比較能夠長期性維持養分與水分供給。唯養分與水分的
供給，在栽培上可以合理補充，故良好的介質條件，通氣性良好者即
可使用。倘若從營利生產為主軸考量介質，種植材料並非選擇最適於
蘭苗生產，而是從生產成本上思考為重。因時值禮品組合盆花的低價
競爭與優質商品時代來臨，所以經營策略上，為以成本求利計，選擇
優質低價的介質宜列入考量。其他從作業效率、輸送及成本等觀點而
言，仍以輕便的介質為宜。又蝴蝶蘭栽培流程，至今仍無法脫離密集
式手工時代（荷蘭已進入自動化種植作業），故要選擇便利操作，以
及至最後階段易於處理的介質為重點（如容易分解或燃燒便利）。總
之，介質的選購宜從綜合性的評估而謹慎選用（圖 4-8）。

水苔　　　　椰殼碎屑　　　　樹皮碎屑

杉皮纖維　　　　木炭　　　　岩棉

▌圖 4-8　上圖各介質皆可培育蝴蝶蘭，但宜從成本、操作便利性及管理方便性之綜合觀點，經評估後決定介質種類。

（二）介質的化學性

　　使用於蝴蝶蘭栽培的介質材料，因介質種類不同，不但物理性不同，其他化學性質亦相異。故在栽培介質上，使用紐西蘭產水苔與中國產水苔做施肥量比較時，在氮肥施用上，中國產水苔宜減施氮肥較妥，這點是經驗所得，爲大家所知。但是介質本身能供給何種肥料成分及多少成分量並不清楚。

　　筆者等爲了解有關於各種種植介質的無機離子釋放情形，將 5 種介質：①中國產水苔；②紐西蘭產水苔；③紐西蘭產樹皮；④椰殼碎屑；⑤岩棉（ニチアス細粒棉）等進行一段時間的離子釋放調查。其方法爲將上述 5 種介質放入玻璃容器內，並注滿脫鹽蒸餾水（去離子

水）置放，或是用高壓滅菌釜殺菌，使其成爲無菌狀態並每週回收浸漬水，以離子色譜法分析（金、市橋，2002）。各種種植介質的離子釋放量，於第 2 週時可達最高值（圖 4-9）。此現象依介質種類不同而異，但上述 5 種介質的無機離子釋放情形，由此可一目了然。紐西蘭產水苔的氮素以外的無機離子，尤其以 Na^+、Cl^- 等釋放源可推想由海水來的離子釋放引人注目。中國產水苔與紐西蘭產水苔做比較，可發現前者釋放較多的 NH_4^+、K^+ 與 PO_4^{3-}。又無菌水苔（殺菌後）與無殺菌水苔（自然狀態）比較，可發現無菌水苔釋放較多 NH_4^+，其原因可推測爲有機物受微生物分解所致，故釋放較多的 NH_4^+。這些相異原因，可推測二者水苔的生育環境不同的結果。至於另外 3 種介質，其各種離子釋放總量並不多，所以對蝴蝶蘭在生長上，要靠這些介質提供必要養分的可能性是微乎其微（圖 4-9、圖 4-10）。

以同樣分析法分析栽培後各種介質，並與新栽培的各種介質做比較分析，可發現離子釋放量極少（圖 4-10）。此現象是因爲介質經長時間使用後，隨著時間的經過，被微生物分解而使無機離子的可溶性成分，僅少量釋放必需元素。又樹皮、椰殼碎屑與水苔做比較，其陽離子釋放較多，而分解情形較水苔緩慢。

關於介質的離子釋放，一般而言，會受氣溫、灌水頻率影響，唯實際栽培條件下，因栽培者訂定合理灌水期距關係，離子釋放應該較爲緩和（本試驗應將介質浸漬水中，故離子釋放比較快速且多）。

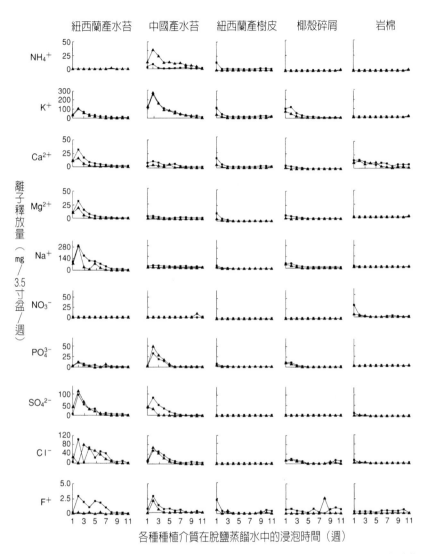

註：各種種植介質填入容器內，注滿脫鹽蒸餾水，其在不同條件（▲自然條件、■無菌條件）下，每週將滲流出溶液交換，而
　　分析各種介質的離子釋放量。

▍圖 4-9 各種種植介質的無機離子釋放特性。

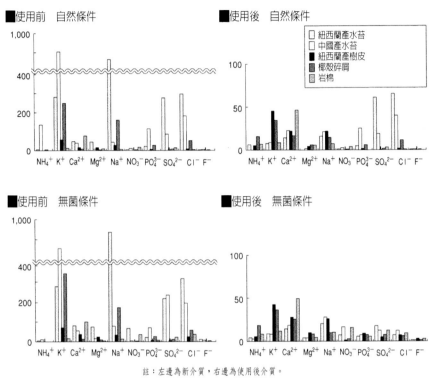

註：左邊為新介質，右邊為使用後介質。

▋ 圖 4-10 從各種種植介質中釋放的無機離子總量。

Y 軸：離子釋放量（mg／3 號盆）。

（三）不同介質的生育

Dtps. Quevedo 'Sierra Vasquez'（商品通稱）以不同種植介質（紐西蘭產水苔、中國產水苔、紐西蘭產樹皮、椰殼碎屑與岩棉）種植於平托盤盆，並以培養液（表 4-3）進行定期的浸漬式施肥及給水（夏季 2 次／週，冬季 1 次／週之程度），此栽培試驗結果得知：中國產與紐西蘭產水苔的生育良好（表 4-4：金、市橋，2002）。各處理區的花梗產生情形大略相同，然花梗生育及開花，則以紐西蘭產水苔、

中國產水苔及岩棉種植者，與紐西蘭產樹皮及椰殼碎屑種植者比較時，花梗生長與開花都大約延遲 2 週左右。此現象，是由於水苔與岩棉的保水性與保肥性較爲良好，因水苔與岩棉對氮肥的吸收性良好，以致植株開花延遲。

表 4-3　培養液的配方

大量要素	gL⁻¹	微量要素	mgL⁻¹
$Ca(NO_3)_2 \cdot 4H_2O$	0.3245	Fe-EDTA	17.14
KNO_3	0.2785	H_3BO_3	1.29
NH_4NO_3	0.0187	$MnCl_2 \cdot 4H_2O$	0.77
$NH_4H_2PO_4$	0.0770	$ZnSO_4 \cdot 7H_2O$	0.10
$(NH_4)_2SO_4$	0.0643	$CuSO_4 \cdot 5H_2O$	0.04
$MgSO_4 \cdot 7H_2O$	0.1821	$(NH_4)_2MoO_4$	0.01

註：本配方是以 Pool and Seeley（1978）使用結果為基礎再修正配成。配方是 N（NH_4/NO_3）：P：K：Ca：Mg = 106.6（26.3/80.4）ppm：20.7 ppm：107.7 ppm：55.1 ppm：18 ppm。如肥料成分表同樣表示時，N：P_2O_5：CaO：MgO = 106.6 ppm：47.5 ppm：129.7 ppm：77.1 ppm：29.8 ppm。

表 4-4　影響 *Dtps.* Quevedo 'Sierra Vasquez' 品種生長與開花的介質種類

介質種類	鮮重（g）			乾重（g）			葉片葉綠素含量		花莖之生長		
	莖葉	根	合計	莖葉	根	合計	1999/5/26	2000/1/11	花蕾數/株	花莖長（cm）	滿開日
紐西蘭產水苔	80.0	39.1	119.1	7.2	4.2	11.4	60.2	62.6	9.3	53.1	2/27
中國產水苔	87.8	36.3	124.1	5.5	3.5	9.0	64.6	69.9	11.7	49.6	2/27
紐西蘭產樹皮	20.8	34.3	55.0	1.6	3.7	5.3	52.2	51.4	4.2	36.6	2/10
椰殼碎屑	19.1	33.4	53.5	1.1	3.6	4.7	56.4	42.8	4.4	38.1	2/10
岩棉	24.7	19.1	43.7	2.4	3.4	5.8	58.8	53.5	4.4	32.6	2/27

註：葉綠素含量以 Milnota 的葉綠素計（chlorophyll meter）SPAD-502 為測定結果。

從培養液的離子吸收而言，以紐西蘭產水苔的 NO_3^- 特多，其次爲中國產水苔與椰殼碎屑。不同介質的離子吸收量除 NO_3^- 外差異不大。

全部介質的培養液中有顯著的 Na^+ 與 Cl^- 離子的聚積。這就是紐西蘭樹皮介質所含的鹽類情形，其介質中原來就含有或是由天然水製備的自來水攜帶而來（圖 4-11）。

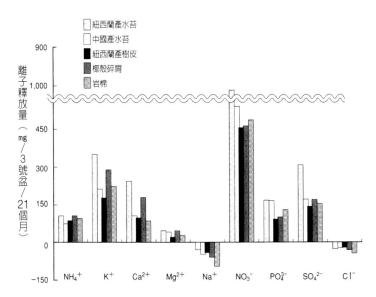

註：以表 4-3 培養液浸泡植盆，將剩餘培養液分析其減少分量作為被植盆吸收的成分量而計算之，此值為從各種介質釋放量的加算值，此為植物吸收的養分值。圖中 Na^+、Cl^- 成為負值，原因為含在各材料的成分量未被吸收，又自來水中含有的成分所集積的表示。

▌圖 4-11　不同種植介質栽培的各種無機離子的吸收總量。

　　從這些結果得知，**蝴蝶蘭種植於不同介質造成生長的差異**，主要原因在於不同介質保水性差異相當大，從介質釋放必要元素的部分離子即可看出。其次，由產地別而論，中國產水苔可以釋放多量元素，而紐西蘭產水苔除了氮素外，亦可陸續釋出多量元素，所以再施肥料，就可以使 *Dtps.* Quevedo 'Sierra Vasquez' 的生育良好。

　　如從鮮重觀察，中國產水苔的生育量最大，大量元素的吸收量仍以紐西蘭產水苔較多，此結果推測是因為中國產水苔可以釋放多量元

素產生的加乘結果。樹皮、岩棉與椰殼等幾乎無法從介質本身釋放肥料成分（肥分釋放極微），因此，除了水苔介質外，有必要注意水分的補充和管理。在施肥原則方面，除了水苔介質外，其他介質需考慮多給肥料的管理原則（編按：蝴蝶蘭施肥原則必須事先了解不同介質種類的特性、品種的肥料需要量等，訂定合理施肥原則並執行，方能培育優質蘭苗，以利市場所需）。

（四）介質與水分管理

施肥與灌水是栽培管理中很重要的一環，對植物的生長影響很大。蝴蝶蘭以水苔為介質栽培時，一般都以介質乾燥時逐實行施肥灌水的管理作業，通常每週約一次灌水，但保水性不佳的介質材料，如與水苔一樣的灌水管理，則灌水頻率嫌不足，無法獲得充分生長。對於保水性不佳的介質，其施肥灌水頻率可略為提高，或混合保水性良好的泥炭土等介質，是可供參考的對策。

為了適當管理水分，有必要訂定合理的灌水期距。要了解盆內的水分狀態可用水分張力計（tensiometer）或電導度計等土壤水分計測定，然此等方法並非適用於大顆粒徑的介質材料水分狀態。其他可行的方法，可用盆內水分依盆重來推定，以了解水分狀態來控制灌水方法，比較適於蝴蝶蘭的栽培方法。使用於蝴蝶蘭栽培的植盆，為一種偏輕膠盆，故盆內含水率的變化，不致受盆重影響，由此得以容易推定水分含量。

蘭苗種植於不同保水性的介質，是否因增加施肥、灌水頻率就可以改善生育？茲為方便調查，使用 *Dtps.* Quevedo 'Sierra Vasquez' 的平托盤盆苗，種植在 4 種介質（水苔、椰殼碎屑、泥炭土與樹皮）中，同時秤量盆重，又在植盆含水率 50%、65% 與 80% 的時間點施肥灌

水，以此模式管理至開花爲止（表 4-5，金等，2005），最終顯示出不同介質栽培的結果有顯著差異。然關於施肥灌水頻率，除根鮮重與花蕾數外，其他差異並不顯著。因此推斷不同介質種類對生育的影響較大，而增加施肥灌水頻率，對於種植在水苔、椰殼碎屑、泥炭土與樹皮的蘭苗生育差異並不顯著（表 4-5）。

表 4-5　施肥灌水頻率差異及植材種類對於 Dtps. Quevedo 'Sierra Vasquez' 品種生育及開花的影響

處理	含水率(%) 肥灌時介質	鮮重（g）				乾物重（g）				乾物重百分率			葉綠素含量	花序生育		
		莖葉	根	花序	合計	莖葉	根	花序	合計	莖葉	根	花序		花蕾數/株	花序長(cm)	滿開日(月/日)
紐西蘭水苔	50	70.2	54.7	63.3	188.2	4.6	6.1	5.6	16.2	6.6	11.2	8.8	58.6	27.4	66.9	3/15
	65	77.9	38.8	78.7	195.4	5.2	4.8	5.4	15.4	6.7	12.3	6.8	58.8	33.3	64.1	3/25
	80	68.9	31.8	67.1	167.8	4.4	3.8	4.9	13.1	6.4	12.9	7.3	57.1	29.1	54.9	3/25
	LSD at 5%	NS	14.4	NS	NS	NS	2.1	NS	NS	NS	NS	NS	NS	NS	10.6	NS
椰殼碎塊	50	52.5	37.2	47.6	137.3	3.2	4.2	3.2	10.6	6.1	11.4	6.8	49.4	21.6	53.1	3/25
	65	45.7	35.1	42.3	123.1	2.9	3.9	3.2	10.0	6.3	11.2	7.5	52.2	18.0	51.6	3/24
	80	53.6	27.4	59.8	140.8	3.6	3.4	4.1	11.1	6.7	12.3	6.8	50.7	25.1	52.9	4/9
	LSD at 5%	NS	NS	16.8	NS	NS	0.8	NS	NS	NS	NS	NS	NS	5.2	NS	NS
泥炭土	50	39.0	21.3	32.8	93.1	2.6	2.7	2.7	8.0	6.7	12.7	8.1	63.2	15.7	47.7	4/15
	65	48.2	27.5	45.4	121.1	3.4	3.3	3.2	9.8	7.1	12.1	7.0	56.2	22.7	53.0	4/2
	80	53.3	25.6	46.7	125.6	3.5	3.5	3.5	10.3	6.9	12.3	7.4	62.0	23.1	50.0	4/8
	LSD at 5%	NS	NS	NS	NS	NS	NS	NS	NS	NS	NS	NS	5.0	6.3	NS	NS
紐西蘭樹皮	50	35.9	34.0	28.3	98.2	2.3	3.8	2.3	8.4	6.4	11.1	8.3	56.5	14.3	50.0	3/12
	65	38.7	33.6	35.0	107.3	2.5	3.9	2.6	9.0	6.1	11.7	7.4	56.2	15.7	52.7	3/18
	80	41.1	29.6	42.3	113.0	2.8	3.9	3.0	9.7	6.8	13.2	7.2	54.8	21.9	54.4	3/17
	LSD at 5%	NS	NS	11.7	NS	NS	NS	NS	NS	NS	NS	NS	NS	4.3	NS	NS

z：（乾物重÷鮮重）×100
y：水苔含水率為飽和含水率 50%、65% 及 85% 時進行肥液灌溉。
x：葉綠素含量係利用葉綠素計（SPAD-502, Minolta）量測。

　　施肥灌水頻率與生育的關係，因各種介質相異，由根、莖葉、花序的合計重量來看，水苔爲 50-65%，椰殼碎屑、泥炭土與樹皮三者，則以施肥灌水頻率較多者，重量有增加的趨勢（表 4-5）。乾物重比率方面因處理別不同所造成的影響較少，但植株不同器官部位影響較大，大略順序爲根的乾物率（11-12%）最高，其次爲花序（7-8%），再次爲莖葉（6-7%）。如與蕙蘭比較，莖葉的乾物率低，其原因可能是蝴蝶蘭爲 CAM 植物，液胞發育良好的多汁質細胞較多所致。

　　這種結果足以表示，帶有不同物理性的介質，在蝴蝶蘭栽培的相異性，不能依施肥灌水就可以改善生育。又使用樹皮作爲蝴蝶蘭栽培介質，藉由施肥灌水以獲得如水苔的生長量，似乎不可能達成。但生產者中，不論使用水苔或是樹皮都有相同良好的生育表現。這表示，除了介質與施肥管理外，對於栽培蝴蝶蘭生長的優劣，尚有其他要因影響。

四、施肥管理

　　包含蝴蝶蘭在內，所有綠色植物要完全的生長，需從土壤、空氣中吸收多量的無機元素。碳水化合物、維生素（vitamin）、胺基酸（amino acid）、荷爾蒙（hormone）等有機物也是植物生長所必需，然這些光合作用產物及無機元素，因植物體本身可製造，故綠色植物就不必要以養分形態施用。但是細胞培養、組織培養、腐生植物等不具有光合作用機能的細胞、組織及個體等，則必須施用以供其吸收。不需從體外吸取有機物質的營養形態稱之自營（獨立營養，autotrophism），需從體外吸取碳源作爲有機物的一種營養方式稱爲異營（從屬營養，heterotrophism）。以蝴蝶蘭來說，瓶苗營養階段，是一種

「異營」，出瓶後則為「自營」。故無論何種營養形態，無機元素均需要由植體外供應吸收。

（一）必需元素

植物生育上必要而不可缺乏，缺乏時生育會遭受阻礙者，稱之必需元素。又這些必需元素中，需要量多者稱之大量元素或多量要素（major elements），以微量足夠需要者稱之微量元素或微量要素（minor elements）。目前必需元素如表 4-6 所列的 17 種，而以肥料形態，能由根系吸收者，為氮素以下的元素（H_2O、O_2 與 CO_2 除外），以離子形態溶於水方能被吸收。這些元素的功能如表 4-7 所示，故不論哪一種元素缺乏，植體上都會產生缺乏某元素的症狀，如某元素過剩時，也會產生過多的症狀。此等的生理障礙，改善方法就是施用缺乏的元素或是只需去除過剩的元素方能恢復。至於缺乏症的原因，除了各元素的絕對量缺乏的情況外，尚有其他元素為相對多量時也會呈現生理障礙。這種情形可稱為是拮抗的吸收阻礙現象，鉀素過多時，陽離子的鎂、鈣的吸收會相對地受到阻礙，即產生缺乏症。同樣的，不但陽離子之間（NH_4^+、Ca^{2+}、Mg^{2+}、Na^+），陰離子間（NO_3^-、SO_4^-、$H_2PO_4^-$、Cl^-）及微量元素間亦會發生，由此可知施肥時各成分該有適當的平衡含量才是最重要的。

表 4-6　肥料、必需元素的種類

元素	說明				
水（H_2O）	自然界中多量存在，通常不認為是肥料，但 CO_2 在設施栽培時，常被認定為肥料（CO_2 施肥）。				必需元素
氧（O_2）					
二氧化碳（CO_2）					
氮（N）	最重要的肥料（肥料三要素）。	3要素	4要素	大量元素	10元素
磷（P）					
鉀（K）					
鈣（Ca）	次於三要素的重要肥料（有時不保證為田間肥料）。				
鎂（Mg）	必要量存在土壤或有機質中，故通常少作為肥料施用。				
硫（S）					
鐵（Fe）	同上			中量元素	
錳（Mn）	必要量存在土壤或有機質中，通常不必要作為肥料施用。			微量元素	
鋅（Zn）					
銅（Cu）					
鉬（Mo）					
硼（B）					
氯（Cl）					
鎳（Ni）					

表 4-7　必需元素的種類、供給形態、作用、功能及缺乏症

必需元素種類（供給、吸收形態）	作用、功能、缺乏症
氫（Hydrogen）（H_2O）	水必須含有多量的必需元素，在日本，優質水雖容易利用，但灌溉用水尚感不足，致植物生長受限制不少。水為植物體溫調節和光合作用反應的基質，以及生物植體反應的溶媒作用。又肥料需溶水後由根吸收，依蒸散作用被輸送至各器官。在水分缺乏狀態下，光合作用受限，肥料不能吸收，體溫上升（灼傷、枯萎）等，使生長受限制。嚴重時，下位葉掉落甚至枯死。又根周圍水分過剩的場合，因通氣不良致根部缺氧而引起根腐情形。如發生根腐現象時，根部所生產的細胞分裂素則會減少以供應地上部分，而加速葉片老化，同時限制水分吸收，最後會陷入水分缺乏狀態。水分的過剩或不足都會使下位葉黃化落葉，其原因在於水分逆境而產生乙烯的生理作用所致。

（續下頁）

必需元素種類 （供給、吸收 形態）	作用、功能、缺乏症
氧 （Oxygen） （O_2）	氧為分解碳水化合物而產生化學能所必需的元素（呼吸）。缺氧狀態時，因依嫌氣的呼吸作用（酒精發酵）的關係，因一時的碳水化合物分解能源的利用也有可能性，但高等植物如果長時間置於缺氧的環境中，會造成嫌氣性吸收，而引起酒精的有毒作用，之後細胞終究走向死亡。即使處於空氣中，也有20%的機會產生缺氧狀態，故若無水淹沒的範圍內，缺氧狀態絕不可能發生，但高溫下，根部過溼的場合，即易於缺氧，致易引起根部腐爛。
碳 （Carbon） （CO_2）	CO_2為綠色植物將光能轉為化學能所必需的固定基質。CO_2濃度低的場合，光能固定不能利用，導致生育變差。又光能不能利用的關係，葉片易於受到灼傷。現在大氣中的CO_2濃度，是過去地球變動幅度歷史中（0.03%-0.3%）的最低水平。C3植物為適應高CO_2濃度的植物，所以現在的CO_2濃度對C3植物而言，屬於不足狀態，因此能提高CO_2濃度，即可促進植物生長（植物工廠，CO_2施肥）。CAM植物施用CO_2施肥，雖可促進生長，但施用的時期，乃受限於氣孔開啟的時段（夜間）。
氮（Nitrogen） （NH_4^+, NO_3^-）	氮素多量由根吸收，且易於流失，導致容易缺乏。從肥料而言，是一種重要的成分。豆科、樺木科、楊梅科、木麻黃科、毒空木科（Coriariaceae科）、石南科、薔薇科、疾芋科（Zygophyllaceae）、茜草科、蘇鐵科、羅漢松科（Podocarpaceae）、松科（Pinaceae）、水苔科（Sphagnaceae）等植物，因具有共生菌能固定空中氮素以供利用的能力，所以在自然狀態下，不供給氮素肥料亦可生育。此等植物在缺少肥料成分的荒地亦可生長良好。但在栽培條件下，供給氮素肥料，即可促進生長。氮素是硝酸態（NO_3^-）或氨態（NH_4^+）的陰陽兩離子形態存在，旱田植物都以吸收硝酸態氮素為主。蘭科植物在發芽後的生育初期（根形成前）對硝酸態氮素，呈短暫性的無法利用。所以在種子發芽的培養基內，應含有胺態氮或有機態氮素，這是根共生發芽的關係。由此可了解蘭株獲得的氮素性質。被吸收的氮素，至最後變為還原態（$NO_3^- →NH_2$），以構成蛋白質、胺基酸、核酸鹽基、葉綠素等的輔助酵素或植物荷爾蒙、維生素等的成分。如果缺乏時，新葉的展開即受抑制，老葉易於落葉，但根的生長受阻礙並不大。倘若氮素肥料過多時，莖葉之生長雖受促進，但根、花等的生長反倒受抑制。
磷 （Phosphorous） （$H_2PO_4^-$）	磷是以磷酸離子（主要以$H_2PO_4^-$）的形態被吸收，並以磷酸的形態存在植物體內。磷酸以核酸、核蛋白質、磷酸酯等，俾以構成原生質的重要成分，又以ATP及NADPH以完成基本植體內的能量轉換反應和氧化還原反應任務。缺乏$H_2PO_4^-$時，葉幅將變狹小且葉色變為暗綠色，下位葉即帶著赤紫色，甚至於乾枯。

（續下頁）

必需元素種類（供給、吸收形態）	作用、功能、缺乏症
鉀 （Potassium） （K$^+$）	N、P、K 為肥料三要素，植物雖吸收多量，但有關其生理作用仍有許多不明之處。土壤中與植物體內，大部分都以離子的形態（K$^+$）存在，一般都累積在分裂組織及代謝活性高的部位。鉀的生理功能，不是作為原生質的構造元素，而是使細胞內的物質代謝正常運作（滲透壓、蛋白質的立體配座的安定化）。鉀在植體內富於移動性，如缺乏時，可由老化組織移動至新組織，故老葉的周邊部分變成黃褐色即是缺乏症狀的特徵表示。缺乏時，碳水化合物代謝或是氮素代謝即發生擾亂，而在植物體內的低分子化合物就會引起集積現象。
鈣 （Calcium） （Ca^{2+}）	在植物體內因為難移動，導致在老舊組織，含量多。其生理的功能，以作酵素的活性化與細胞壁中的果膠酸成分，因此可猜測與細胞壁的機械強度有關係。又液泡內的「鹽」（硝酸鹽類）或以碳酸鹽類的結晶集積，但其生理的意義仍不明瞭。至於缺乏的症狀為幼軟組織（新葉等）壞死（necrosis，變成褐色或黑色致細胞組織崩潰）。其症狀呈現類似受病菌感染，但僅限於幼嫩組織發生，而不感染周邊組織，如使用殺菌劑即無效果，故易於判別。有時候發生在蝴蝶蘭新葉。露天栽培時，有施用石灰，所以不必再次施用。又灌水中含有多量鈣的場合，也無施用必要。盆花栽培時使用不含鈣肥料（露天栽培）時，可能發生缺鈣症狀。又泥炭土等的酸性有機質因缺鈣關係，在種植前，有必要施用消石灰矯正 pH 值。但是消石灰與含有胺態氮肥料混合施用時，會產生胺氣並危害作物，在泥炭土（用土）中要混合消石灰，需要充裕時間予以混合，並在溼潤狀態下充分混合置放。石灰岩地區原生的植物（拖鞋蘭）是一種喜鈣不耐酸性植物，故在種植前介質 pH 值需要充分矯正。施用鈣肥對抗病害具有功效，因消石灰、氰氨基化鈣等，其本身具有殺菌效果外，因有高鈣條件，有益於強化細胞壁，並可抑制病害發生。
鎂，苦土 （Magnesium） （Mg^{2+}）	為構成葉綠素成分，同時也是構成 RNA、蛋白質的單位小粒子的結合，各種酵素的活化劑、葉綠素色素類或核糖體（ribosome）的安定性作用。如缺乏鎂時，葉綠素的合成會受到阻礙，並呈現葉片白黃化現象（綠色的白化或黃化症狀）。鎂在植物體內容易移動，不足時老葉的葉肉呈現黃化，但葉脈仍有殘留綠色。
硫 （Sulfur） （SO$_4^{2-}$）	硫只有雙價硫酸離子（SO$_4^{2-}$）的形態被植物吸收，而在植體內還原成為有機硫化物。還原態硫化物，為消除氧化逆境，具有重要作用的任務。胺基酸中，半胱胺酸（cysteine）、甲硫胺酸（methionine）等為蛋白質的必需成分。又屬於維生素 B 群的硫胺素（thiamine）、生物素（維生素 H）等，會成為其他輔助酵素，為酵素的活性基的重要構成成分。當作物缺硫時，蛋白質合成減低，其結果呈現如氮素缺乏的症狀。因天然供給量多，不用施肥亦不致於發生缺硫的症狀。如果過剩供給，即與氮素產生拮抗作用，而導致氮素吸收困難，即發生氮素缺乏症。

（續下頁）

必需元素種類 （供給、吸收 形態）	作用、功能、缺乏症
鐵 （Iron） （Fe^{2+}, Fe^{3+}）	鐵為酵素或電子傳導體的活化基。缺鐵時葉脈間出現黃化，之後呈現白黃化症狀。日本的土壤雖不缺鐵，但羥基（氫氧基）濃度上升(pH值上升，變成鹼性)時，鐵離子則會變成不溶性的氫化鐵，即會產生缺鐵現象。又在養液栽培、無菌培養時，不用螯合鐵的場合，鐵不易溶解，致發生缺鐵現象。
錳 （Manganese） （Mn^{2+}）	錳與光合作用、羧酸（carboxylic acid）代謝作用相關。缺錳初期的症狀和缺鐵類似，唯黃化部分會伴隨著壞死。
鋅 （Zinc） （Zn^{2+}）	鋅為碳酸脫氫酵素的構成成分。缺鋅時，葉片黃化，其生長變差。
銅 （Copper） （Cu^{2+}, Cu^{+}）	酵素類〔多酚氧化酶（polyphenoloxidases）、胺氧化 amine 酵素〕的構成成分。銅與光合作用具有相關，植物缺銅時生長變差且有軟弱感。
鉬 （Molybdenum） （MoO_4^{2+}）	為硝酸還原酵素(nitrogenase，固氮酶)的構成成分。缺鉬時硝酸態氮素開始聚積，老葉的葉脈間即產生白黃化狀，之後發生捲葉現象。
硼 （Boron） （BO_3^{3-}）	硼與糖的移動有關。硼與鈣同時與細胞壁的堅固性有關，如缺硼時，莖頂和幼葉的細胞分裂也會被抑制，隨後分生組織壞死。
氯 （Chloride） （Cl^{-}）	氯在光合作用的氧釋放反應中為必需的物質。氯離子是葉、枝條細胞分裂時所需，在自然界很多且為高度可溶性。植物容易吸收氯，故常會累積很多的氯，甚至於超出實際需要，但除去氯會抑制生長，造成葉尖凋萎和一般的黃化。
鎳 （Nickel） （Ni^{2+}）	鎳最近(1987)才被列為必需元素，鎳為分解尿素的酵素尿素酶（urease）的構成成分。缺鎳時，在植物體內會累積尿素，使植物生長不良。
有益元素	對於促進特定植物的生育元素，尚有幾種已被知悉。 碘（I, Iodine）可以促進豌豆、番茄無菌培養時根系生長速度。 鈷（Co, Cobalt）為豆科植物與非豆科植物的共生氮素所必需，目前已被世人所知〔鈷為固氮菌（nitrogen fixing bacteria），是宿主豆科植物生長所必需。故鈷的需求性，實際上是在固氮菌，而非其宿主植物〕。 鈉（Na, Sodium）是鹽性沼澤植物（性喜生長在海岸邊的植物）所最必需（為必需的微量營養素）。 鋁（Al, Aluminum）可促進茶樹生長。土壤中最豐富的元素之一，但主要是以不溶性形態存在。酸性土壤（低於 pH 5.0）中，含可溶性鋁。 矽（Si, Silicon）對許多植物而言是有益的元素，土壤中一般含有高量的二氧化矽。又矽酸可增加水稻、胡瓜類的抗病性，且對生育有良好的助益。

（二）施肥以外的養分供給

　　無論異營或是自營營養狀態，植物生長有共同必要的無機元素與有機物質，植物因本身無法製造無機元素，故不論何時都需要從植物體外吸收。必需元素中容易缺乏，需要人為方式供給而能改善植物生長者，可謂之肥料。肥料形態供給的元素種類，如旱田、盆栽等，可從自然界得到供應，且以 N、P、K、Ca 等 4 種為主要，故此 4 元素稱為肥料 4 要素。又由於植物種類不同，肥料需要量相異，吸收量亦有差異，故肥料施用設計（配方）不一定相同。養液栽培或無菌培養時，必需元素非全數供給不可。在土壤中栽培時可從土壤中自然供給，然養液栽培則無法自然供給。無菌培養時，更必須供給蔗糖、維生素、胺基酸等。這是培養植物（瓶苗）尚未具備自營能力，和植物體本身無法製造有機物的緣故。

1. 種植介質的離子釋放

　　蝴蝶蘭盆栽可由種植介質自然供應肥分，然而肥分會伴隨灌水作業流失，不久逐漸損耗殆盡。供給元素的介質種類與濃度，仍以水苔較多，流失養分種類，因介質來源不同（紐西蘭產或中國產）而有異（圖 4-9、圖 4-10）。中國產水苔 Ca 供給少，N、P、K 供給多；紐西蘭水苔則 N、P 供給少而 K、Ca 有較多供給。然水苔介質並非以適當比例供給所有必需元素，故對易於缺乏的元素，仍有施肥的必要。至於其他種類介質（樹皮、椰殼、岩棉）多不含肥料成分。所以綜合上述，需要均衡地供給全部必要元素。

2. 水中含有的離子

　　可供給植物的肥料成分，除由種植介質的釋放及施肥以外，尚可從灌水的原水而來。原水中含有多量離子時，因原水中離子的必要元

素拮抗阻礙，使施肥效果有限。灌水用的原水究竟含多少量的離子？以電導度計測定土壤電導度（EC 值），便易於了解，然含有哪些離子，需經由更深入的分析才能得知。井水含有 NO_3^-、Ca^{2+}、Mg^{2+} 等，自來水則含多量 Ca^{2+}、Mg^{2+} 等。關於全日本的自來水水質，可從自來水水質的資料庫（http://www.jwwa.or.jp/mizu）查詢即可得到答案。倘若不考慮水質而行肥培管理時，不但肥效不彰，有時會引起生育不佳情形。由於不適當的離子拮抗作用會引起吸收阻礙，陽離子間（NH_4^+、K^+、Ca_2^+、Mg^{2+}、Na^+）和陰離子間（NO_3^-、SO_4^{2-}、$H_2PO_4^-$、Cl^-）都會發生。不過，拮抗作用的吸收阻礙，如果是吸收原理不同的陽陰離子間就不會發生。但是反過來時，伴隨離子（陰離子對於陽離子，陽離子對於陰離子）吸收容易，會使相對的離子吸收具有促進作用，即時常可見 H^+ 離子多的情況（低 pH 值）下，就可促進陰離子吸收，但其他陽離子的吸收則受到抑制。Cl^- 離子多的條件下，陰離子的吸取受到阻礙，陽離子則受到促進，這就是需要調整 pH 值的理由之一。故施肥並非以 N、P、K 比率作為思考的基準，而是以陽離子群、陰離子群內的離子比率為思考原則才是最重要的。

　　元素不足則植物生長遭受抑制，雖然他種元素很多，其生長勢卻難以恢復（最小律），所以能平衡施肥極為重要。如果僅施用特定元素，反而容易招致生長阻礙。施用有機肥料時，因為其含有各種微量元素，故不需考慮微量元素不足的問題。以往栽種盆栽時，都會使用有機肥料，然而由於病蟲害，或引起惡臭之故，在實務上還是以化學肥料較為普遍。

　　液肥或單肥配方在盆栽施肥上，因植盆內成分易於流失，所以跟養液栽培一樣，每次施肥時宜將全部必需元素以平衡的原則供施才具有實際意義。蔬菜等以水耕栽培時，所有必需成分能被植物吸收的

量，需要訂定平衡性的配方來供給。因此在水耕栽培時，養液中減少的水量，應與減少水量同等的肥料成分繼續追加。這樣的施肥配方謂之均衡養液，是一種理想的施肥方法。但是蝴蝶蘭栽培專用的均衡養液至今尚未研發完成，因此需靠蝴蝶蘭的種植介質可自然釋放一些肥料，利用蓮蓬噴頭下垂式灌肥水，才不會引起特定肥料成分的聚積或缺乏。然而，溫室的排水可能成爲環境汙染源（原因），園主宜規劃因施肥灌水由植盆排出的水，即時回收再利用較妥。爲此，能夠均衡培養的施肥配方即有開發的必要。

（三）市售肥料成分的表示方法

日本國內的肥料成分依據「肥料管理法」的規則，必須詳細標示在「保證成分表」。保證成分表要標示氮素、磷酸、鉀此 3 要素，另外依肥料種類尚可能需標示矽酸、鈣、鎂、錳、硼等成分的含量。氮素以 N，磷以 P_2O_5，鉀以 K_2O，鎂以 MgO 等標示，且單位爲 100 g 中的公克數（%）。但保證成分表是標示實際上含有成分的形態，並非標示植物可以吸收的形態。故實際上肥料成分爲何，例如：氮素有胺態氮（NH_4-N）與硝酸態氮（NO_3-N）兩種不同形態，磷酸則有水溶性與非水溶性（苦溶性）都會標示在保證表上。

市售肥料的成分表示爲 N：P：K=15：15：15 或 N：P：K=20：20：20。肥料成分調查採樣品分析，上述 15 和 20 的標示是因爲 100 g 肥料中，換算爲 N、P_2O_5、K_2O 時，其各成分含有百分比數爲 15 g 或 20 g。而鈣或鎂等無標示出來的成分，並不代表不含鈣或鎂，但也不保證必含有此成分。唯欲購市售各種肥料使用時，對此種表示法引起感覺不便之處並不多。但是市售肥料做成分比較之後，以單質肥料做調配液肥時，此種標示法既不完全且不充分。

硫（S）雖是量大的要素，但在保證成分表上皆不標示，故在肥料的用途上並無特別受到注意。這是因為肥料中硫成分分析困難，且自然供應較多，然並非它的重要性低。例如：單質肥料配方若不考慮硫酸離子，施肥配方就無法決定。陰離子之中，硝酸離子的需要量並不多，但比起磷酸，則需要較多量。

（四）培養液配方的表示法

　　培養基或培養液的配方，在大多數情況下，以無機鹽類添加量的重量配成（mgL^{-1}）表示。這方法僅需秤量配成的溶液，相當方便，然而要了解培養液的特徵並不適當。例如：表 4-8 中培養液 A 與培養液 B 的關係，它為重量的配成，可與莫爾濃度換算。以當量配方（離子濃度單位 meL^{-1}）為基礎表示法時，則此等培養基可理解為同樣的培養基。在此等培養基中，各無機鹽類含量為 0.0025 當量。這些鹽類為強電解質，在稀薄溶液中，完全以離子解離存在。

表 4-8　不同表示法的培養液配方

無機鹽種類		不同表示法的培養液配方				培養液的離子配方			
		重量濃度（mg/L^{-1}）	莫爾濃度（mol/L^{-1}）	當量濃度（%）（eq/L^{-1}）	陽離子	當量濃度（%）（eq/L^{-1}）	陰離子	當量濃度（%）（eq/L^{-1}）
培養液 A	NH_4NO_3	200.1	0.0025	0.0025	NH_4^+	0.0025（25）	NO_3^-	0.005（50）
	$Ca(NO_3)_2 \cdot 4H_2O$	296.8	0.00125	0.0025	K^+	0.0025（25）	$H_2PO_4^-$	0.0025（25）
	KH_2PO_4	340.2	0.0025	0.0025	Ca^{2+}	0.0025（25）	SO_4^{2-}	0.0025（25）
	$Mg(SO_3)_2 \cdot 7H_2O$	308.3	0.00125	0.0025	Mg^{2+}	0.0025（25）		
合計		1145.4	0.0075	0.01		0.01（100）		0.01（100）

（續下頁）

無機鹽種類		不同表示法的培養液配方				培養液的離子配方			
		重量濃度（mg/L⁻¹）	莫爾濃度（mol/L⁻¹）	當量濃度（%）（eq/L⁻¹）	陽離子	當量濃度（%）（eq/L⁻¹）	陰離子	當量濃度（%）（eq/L⁻¹）
培養液B	Ca(NO₃)₂.4H₂O	296.8	0.00125	0.0025	NH_4^+	0.0025（25）	NO_3^-	0.005（50）
	Mg(SO₃)₂.6H₂O	320.5	0.00125	0.0025	K^+	0.0025（25）	$H_2PO_4^-$	0.0025（25）
	NH₄H₂PO₄	287.6	0.0025	0.0025	Ca^{2+}	0.0025（25）	SO_4^{2-}	0.0025（25）
	K₂SO₄	217.8	0.00125	0.0025	Mg^{2+}	0.0025（25）		
合計		1122.6	0.00625	0.01		0.01（100）		0.001（100）

註：A、B 兩培養液的濃度為 10 meqL⁻¹，陽離子 NH_4^+、K^+、Ca^{2+}、Mg^{2+} 各 25%，陰離子 NO_3^- 為 50%，$H_2PO_4^-$、SO_4^{2-} 各 25%，故完全是同一配方的培養液。

A 液與 B 液中，NH_4^+、K^+、Ca^{2+}、Mg^{2+}、$H_2PO_4^-$、SO_4^{2-} 含有 0.0025 當量，NO_3^- 則含有 0.005 當量，並以水溶液狀態且完全是同樣的培養液所配成。這種配成的無機鹽類組合為多數存在，表 4-8 的組合，僅表示其中一部分而已。然而，僅見到無機鹽類的重量配方，無法明白培養液配方特徵。要明白培養基或培養液的特徵，需要從配方離子當量與各離子間的比例深入思考。分析各無機離子的總濃度與各離子的比率表示配方，方能檢討各種配方的差異。

（五）蝴蝶蘭的施肥

肥料對蘭科植物的生育與開花，以及肥料成分含量的影響，至今仍不斷在研究。種植介質不同時，施肥管理亦相異。在使用石英砂作為蝴蝶蘭養液栽培時，以 N：100 ppm、K：50-100 ppm、Mg：25 ppm 最適當（Poole and Seeley, 1978）。使用多孔輕石＋泥炭土，以 3：1 種植，以每週一次較每天施液肥的施肥法佳，其最適當的氮素施肥濃度，對莖葉重以 308 ppm，對根重則是 231 ppm，每天施肥灌水的情況下，濃度過高（五味等，1980ab；田中等，1988；位田等，

1995）。施肥頻率少的情況下（4次灌水，1次施肥），其氮素濃度以300 ppm較爲適當（窪田等，1990）。施肥濃度在低保水性介質（根與養分、水分的接觸頻率低的介質）時，雖以高濃度較適宜，但爲施肥及灌水需每天供給時，氮素的施肥濃度宜考慮以100 ppm較爲適宜（須藤等，1991）。氮素施肥濃度，爲50-200 ppm範圍均可使用，在高濃度施肥條件下，生育情況可轉變良好，並減少盤根的比率（加藤等，1993）。Wang（1996）的研究結果顯示，使用樹皮＋泥炭土的混合介質做栽培試驗時，高濃度的施肥量即可促進生長。

　　上述不同的施肥方式，是由於介質保水性或是介質釋放離子的關係。因此種植介質相異時，其合理的施肥配方有所不同，但蝴蝶蘭使用水苔作爲標準種植介質時，其施肥配方並無詳細的檢討報告資料。因此直到最近，蝴蝶蘭仍然用實生苗作爲生產的主體，而分生苗品種並未確立用來生產。另栽培用盆分別使用素燒盆及塑膠盆兩種，形成栽培上施肥灌水制度各有不同外，蝴蝶蘭本身對施肥濃度的容許範圍較廣，所以要制定一致的施肥基準，則頗爲困難。因此在實際栽培上的施肥管理仍然各行其是。

▌圖4-12　由催花室移出之際與室外溫度差異大時，對蘭株而言是逆境，故宜依季節變化，調節溫度設定。

▌圖4-13　在日本的灌水情形，對抽梗開花株，因水分吸收多，故每株應確實給水，且須細心注意切勿灌及花朵，此爲灌水的必要條件。

1. 影響施肥效果的要因

(1) 溫度

　　蝴蝶蘭的生育適溫在 20-30℃ 範圍內，其養分吸收情形在該溫度範圍內亦較活躍。溫度在 20℃ 以下，根群活性下降，對水分與肥料需求亦隨之降低，因而無法達到施肥效果，尤其在低溫時，灌水過剩及施肥作業對根系會產生障礙。

(2) 灌水頻率

　　施肥效果與介質的水分狀態有密切關係，盆內呈乾燥狀態時無法發揮效果。介質的易乾易溼狀態受到植盆種類（素燒盆或塑膠盆）、介質類別，以及以水苔為栽培介質時，其鬆緊密度、灌水頻率等影響。素燒盆內的水分，除供盆內根系吸收外，水分向盆壁移動並蒸發。在水分移動的同時，肥料養分亦會隨之移動至盆壁聚積（窪田等，1993）。盆內雖容易乾燥，但盆內的鹽積現象不會發生，因此比起塑膠盆栽培，素燒盆的栽培方式宜多施肥料。

　　另一方面，塑膠盆內的養分與水分不會向盆壁移動，且盆內不易乾燥，然乾燥時容易產生鹽類濃縮與累積。塑膠盆內愈乾燥則肥料濃度愈升高，因此在肥料管理時切勿使之過於乾燥，或是採取乾燥（少水分）管理法時，應以低濃度的施肥管理原則較為重要。又為防止產生肥料聚積，應將灌水施肥的過剩鹽類予以淋洗。實際上盆內的水分量與灌水時間點，由肉眼觀察比較不易判斷，茲為正確計算，仍以秤量盆重判斷較正確。

(3) 營養生長與生殖生長

　　蝴蝶蘭從營養生長轉換成生殖生長，基本上是受溫度誘導。但在氮素過多的狀態下，即使在低溫條件下亦不產生花梗。故花梗誘導階段即需降低氮素濃度，改施以磷酸作為主要元素的肥料，此法在實

際栽培上有生產者採用，但對於促進花梗與花苞分化是否有效仍有疑問。因氮素過多，引起不產生花梗的情形外，在正常施肥配方下，持續施肥並不致影響開花而導致負面效果。然而減施氮素，有時會引起落葉與花朵數減少。

(4) 肥料濃度標準與生長反應

施肥量減少的情況下，雖然根系生長健全，但新葉生長速度緩慢、葉色變淡、下位葉落葉，之後發生氮素缺乏症狀。施肥量增多的情況下，根系生長受到抑制，施肥量過剩時，新根根尖生長停止。如果葉色保持綠色、根群伸長呈健全狀態，即可認為是適當的施肥量。當施肥呈現過剩，或是因不適當灌水，在素燒盆壁及盆面與塑膠盆盆面，均會引起肥料累積，生長中的根尖如與鹽類累積處接觸時，根尖褐變，甚至停止生長。

(5) 施肥與品質

施肥與蝴蝶蘭的品質有關，包含葉色、株態、葉數、花朵數與花朵的持久性，其中施肥對於葉色、葉數和花朵持久性影響很大。葉色、葉數可藉由施用氮素加以改善，但施肥過剩植株容易變大。營養狀態與是否容易發生病害的關係，在實際栽培上是非常受到關心的議題。雖然施肥管理與病害發生的關係仍未十分清楚，但蘭株施用過多氮素，有容易感染病害的情形。

2. 施肥的實務

蝴蝶蘭栽培時，介質（中國產的水苔）本身可供給氮素，因介質個別特性之故，保水性較差，故施肥時肥分易於流失。以素燒盆種植的情況下，可經由盆壁蒸發水分，使肥分移向盆外，所以盆內的肥料環境不一定和實際的施肥配方一樣。

(1) 基肥

在施用基肥方面，施肥時期、介質狀態、施肥結果（生育）以及時間的間隔問題，甚至於相互間的交感作用都難以清楚分辨、界定。緩效性肥料，是藉由肥料受水分侵入溶化而在盆中移動，再由根系吸收。若肥料欠缺水浸或是介質乾燥時，就不能達成肥效。又依肥料成分不同，肥效的持續期間亦有異，如易溶的氮素成分會快速呈現肥效，但效果持續性差。

(2) 液肥與施肥配方實例

灌水兼施液肥，其目的在求介質內的肥料環境接近保持在施肥配方狀態，是施肥時最受期望的有效方法。觀察植物生長情形，並以此改變施肥配方，因此其肥料效果易受確認。

茲將蝴蝶蘭栽培用的施肥配方舉例如表 4-9 所示。然依介質種類與密度、灌水方法、栽培條件等因素影響，施肥配方相異度大。因此對氮素濃度雖有某種程度的意義，但對氮素以外的其他成分就無可根據的數據可言。

施肥配方中的胺態氮與硝酸態氮的平衡會影響蝴蝶蘭生育，其適當的比率標示為 $NH_4^+ / NO_3^- = 4.8$ mM/11.2 mM（編按：NH_4^+：$NO_3^- = 30\%：70\%$）（田中等，1986）。但是蝴蝶蘭在不同離子配方的液肥栽培下，也不會發生問題而生育良好，因此並沒有明確而合適的施用配方（市橋，1982），甚至僅單施氮素也生育良好（Ota 等，1996）。磷酸的適當施用濃度也不明確，不施用磷酸時生育情形變差，然施用濃度在 31-372 ppm 的範圍內時，在生育上並沒有明顯差異，因此效果未受認定（田中等，1987）。緩效性肥料的試驗中，花寶與魔肥（magAmp K）作為基肥的肥效，以混合魔肥 2 gL^{-1} 時獲得效果（五味等，1980），魔肥的效果是每週追加鎂 12 ppm 施用時，

生育獲得改善（田中等，1985）。又在液肥中施加有機肥（油粕＋骨粉），未能見到肥效（窪田等，1990），另施用油粕等有機肥料時，與發生葉蟎類的害蟲有關。

目前幾乎已了解有關微量元素的效果，但鈉、錳、鐵、鈣的含量，以枯葉含量爲高（遠藤、杉，1992）時，則認定此等元素在平常的施肥管理中不虞缺乏。

蝴蝶蘭的施肥效果，受溫度變化影響很大，在室溫 20℃下的條件時，其施肥效果不明顯，30℃時可發現依施肥濃度不同致表現有異，由此可認定適當的施肥濃度很重要。在氣溫升高的 7 月中旬以後，就可見到依施肥量比例而增加生育的情形，而氮素吸收也隨著增加（窪田、米田，1990）。氮素施肥以 4-9 月連續施用的效果最大，尤其在 4-5 月的施肥效果更爲突出，其次爲 6-7 月，再次爲 8-9 月，唯在實際上仍以氣溫上升前施用氮素的效果與 7 月以後施用者有差異。如施用氮素延遲或停止，其花梗即發生延遲萌芽的情形（窪田等，1991）。

水耕栽培期間（設定最低溫度 15℃）作肥料吸收調查時，N、P、K 的吸收量與養液中的濃度比例相符合，在 5-7 月吸收多，1-4 月吸收即減少。Ca 吸收量與養液濃度間並無關係，植物體中的 N、P、K 含量可反應出吸收量傾向於高濃度，又上位葉亦含有多量 N、P、K（遠藤、杉，1992）。

施用後氮素的利用率，6 月分爲 36%，8 月分爲 51%，10 月分爲 54.3%，由以上數據足以表示愈後期其利用率愈高。從器官別檢視施用氮素的含有率，以花梗、上位葉、根系較高，枯葉相對較低（田中等，1986）。依有無花梗，其氮素吸收情形有不同變化，又花梗產生，接近花梗老葉的氮素會移動至花梗，同時氮素吸收量亦增加（田中等，1988）。

表 4-9　蝴蝶蘭的市售肥料與施肥方法

施肥處方例		N (NH₄/NO₃)	尿素	P₂O₅	K₂O	CaO	Mg	備註
市售綜合肥料	Peters Professional (20-20-20)	20 (3.94/6.05)	10.1	20	20	0	0.05	微量元素含有 Fe、Mn、B、Cu、Mo、Zn。
	大塚蘭用肥料 (15-15-15)	15 (10.2/4.5)	0.3	15	15	0	0.2	微量元素含有 Fe、Mn、B、Mo、Zn。
	大塚 OK-F-17 (12-20-20)	12 (1/6.5)	4.5	20	20	0	1	微量元素含有 Fe、Mn、B。
施肥處方（ppm）	Pool 等配方 (1978)	100 (25/75)	0	54.5	121.2			以石英砂種植，每日灌水三次兼施肥，微量元素含有 Cl、Fe、Mn、B、Zn、Cu、Mo。
	五味等配方 (1980)	231.0	0	35.5	47.1	112.1	20.2	9cm 塑膠盆，以發酵樹皮培養土種植，每週施用含有 Fe、Mn、B、Zn、Cu、Mo 的微量元素 10 ml。
	田中等配方 (1988)	308.0	0	142.0	188.5	149.4	17.9	使用 9cm 塑膠盆，以 3:1 輕石與泥炭土，每週灌水外亦施用含有 Fe、Mn、B、Zn、Cu、Mo 的微量元素 10 ml。
	金等莖葉配方 (2004)	75.6 (21.3/54.3)	0	36.2	167.0	111.5	35.1	每週灌注肥水一次，含有 Fe、B、Mn、Zn、Cu、Mo。
	金等根配方	113.3 (50.3/63.0)	0	81.4	108.1	65.3	35.1	
	金等花序配方	108.9 (26.2/82.7)	0	90.4	166.3	92.7	35.1	
事例1	Peters Professional (20-20-20) 5000 倍使用	40		40	40			蘭株培養時灌水施肥，以中國產水苔，輕石盆種植，配合葉面噴霧及乾燥時灌水。
	市售液肥 (10-30-20) 3000 倍使用	33.3		100	66.7			同上，花莖誘導時。

（續下頁）

施肥處方例		N (NH_4/NO_3)	尿素	P_2O_5	K_2O	CaO	Mg	備註
事例2	市售養液栽培用液肥 *1	10		6.7	16.7			繼續至開花為止，以中國產水苔、輕石盆種植，乾燥即灌水。
事例3	在自園單肥調配 *3	53		66	107			繼續至開花為止，灌水施肥（數次施肥，僅水洗 1 次）以紐西蘭產水苔、素燒盆種植，乾燥即灌水。

*註：事例為生產者使用水苔栽培的液肥配方。

3. 依據系統變量分析法檢討施肥配方

　　筆者等以系統變量法（Hammer 等，1942；Takano and Kawazoe, 1973）配合水苔種植 *Dtps.* Quevedo 'Sierra Vasquez'（中輪系品種，商品名稱サニーフエース），然後詳細檢討適合的肥料配方（金等，2004）。這種方法是以有系統地設定培養液配方，而從施肥後如何影響生長結果，以決定各種適宜的施肥配方。表 4-10 呈現各處理區配方的培養液持續供給時，由於處理時培養液配方相異，各處理間差異顯著。在陽離子處理區的施肥配方中，僅有陽離子的配方發生變異，其生育差為陽離子的配方不同所引起。再者，僅處理區 1、2、3 的 NH_4^+/ K^+ 發生變化，其生育變化被認為是 NH_4^+/ K^+ 的關係。同理，處理區 3、4、5 是 K^+/ Ca^{2+}、5、6、1 是 Ca^{2+}/ NH_4^+ 變化的關係。有關陰離子處理區，亦可以同理來思考。

表 4-10　依系統變量後培養液處理的配方 ^{z}

處理區		陽離子（%）				陰離子（%）		
		NH_4^+	K^+	Ca^{2+}	Mg^{2+}	NO_3^-	$H_2PO_4^-$	SO_4^{2-}
陽離子	對照組 ^{y}	21	31	31	17	65	8	27
	1	33.2	24.9	24.9	17	-x	-	-

（續下頁）

處理區		陽離子（%）				陰離子（%）		
		NH₄⁺	K⁺	Ca²⁺	Mg²⁺	NO₃⁻	H₂PO₄⁻	SO₄²⁻
陽離子	2	24.9	33.2	24.9	17	-	-	-
	3	16.6	41.5	24.9	17	-	-	-
	4	16.6	33.2	33.2	17	-	-	-
	5	16.6	24.9	41.5	17	-	-	-
	6	24.9	24.9	33.2	17	-	-	-
陰離子	7	21[x]	31	31	17	77	3	20
	8	-	-	-	-	67	13	20
	9	-	-	-	-	57	23	20
	10	-	-	-	-	57	13	30
	11	-	-	-	-	57	3	40
	12	-	-	-	-	67	3	30

z：全處理的介質離子濃度為 $\Sigma Mn\pm$ ＝ 8.5 megL⁻¹ 時，添加 Fe-EDTA 16.00、H₃BO₃ 1.20、MnCl₂•H₂O 0.72、ZnSO₄・7H₂O 0.09、CuSO₄・5H₂O 0.04、(NH₄)₂MoO₄ 0.01 mgL⁻¹。

y：此配方為參考 Poole、Seeley（1978）的結果後決定。

x：與對照組相同。

表 4-11 　不同培養液配方對 *Dtps.* Quevedo 'Sierra Vasquez' 品種生長的影響

處理區		鮮重（g）				相對葉綠素含量 z	花序的生育		
		莖葉	根	花序	合計		花朵數/株	花序長	滿開日
陽離子	對照組	52.1bc[y]	41.6a	52.2a	145.9b	60.1a	20.7cd	58.0a	Mar. 22a
	1	49.6c	46.3a	58.9a	154.8ab	61.4a	28.0a	59.8a	Mar. 16bc
	2	56.2b	43.5a	50.5a	150.2b	58.6a	23.2cd	59.8a	Mar. 15c
	3	65.1a	41.0a	60.3a	166.4a	58.4a	27.7ab	61.0a	Mar. 18b
	4	45.3d	33.7a	43.1a	122.1c	60.8a	20.3d	57.2a	Mar. 23a
	5	42.6d	38.2a	49.5a	130.3c	59.5a	24.5abc	54.2a	Mar. 21a
	6	57.4b	43.1a	56.2a	156.7ab	60.9a	24.0bcd	59.2a	Mar. 18bc
陰離子	對照組	52.1a	41.6abc	52.2a	145.9a	60.1ab	20.7abc	58.0ab	Mar. 22a
	7	44.8a	36.5c	45.6b	126.9a	62.0a	21.2ab	50.5c	Mar. 21a
	8	51.2a	45.5ab	49.2b	145.9a	56.8cd	19.3abcd	60.7a	Mar. 17bc
	9	44.0a	41.4bc	44.0bc	129.4a	51.9e	17.8cd	56.2b	Mar. 19ab
	10	45.6a	47.1a	39.2d	131.9a	58.4bc	16.8d	54.5bc	Mar. 16c

（續下頁）

處理區		鮮重（g）				相對葉綠素含量[z]	花序的生育		
		莖葉	根	花序	合計		花朵數／株	花序長	滿開日
陰離子	11	46.9a	41.0bc	34.7e	122.6a	55.8d	19.0abcd	54.2bc	Mar. 14c
	12	40.5a	31.6d	42.9cd	115.0a	52.3e	21.7a	54.7b	Mar. 15c

註：以 2.5 寸硬質黑色塑膠盆及紐西蘭水苔種植，平盤（flat）盆苗栽培期間，由 2000 年 11 月 26 日至 2002 年 3 月 26 日止。
z：用葉綠素計（SPAD-502, Minolta）於 2001 年 10 月 11 日測定。
y：不同字母間以鄧肯氏多變異率分析，達 5% 顯著差異認定。多次檢定包含對照組之陽離子處理區與陰離子處理區。

表 4-12　處理區 5、6、1 的適宜值計算法

處理區	NH_4^+	Ca^{2+}	NH_4^+ / Ca^{2+}（X）	莖葉重（Y）
5	16.6	41.5	0.4	42.6
6	24.9	33.2	0.75	57.4
1	33.2	24.9	1.3333333	49.6

$Y = -59.602X^2 + 110.83X + 7.751$

極大值 $= -b \div (2a) = 110.83 \div (2 \times 59.60) = 0.947$

　　各處理區之生長情形如表 4-11 所示，從這些資料中求出適切的離子平衡的解析法，可在處理區 5、6、1 的莖葉重數據加以說明如表 4-12。在這些處理區中，僅 Ca^{2+}/ NH_4^+ 發生變化，然各處理區 5、6、1 的生育差（Y）是 Ca^{2+}/ NH_4^+（X）的係數（$Y = aX^2 + bX + C$）。此處理區的極大值給予的 X 值就是這處理區所求的適切 Ca^{2+}/ NH_4^+ 值。處理區無極大值時，最大值表示處理區離子比例被認定為適切比例。同樣適切的 NH_4^+/ K^+ 值可從 1、2、3 處理區求得，適切 K^+/ Ca^{2+} 值可從 3、4、5 處理區求得，從這些值即有三種之適切比率 $NH_4^+ : K^+ : Ca^{2+}$ 可以求出。如此求出的適切離子比率的結果即可得如圖 4-14。

　　圖中數據在各處理區中以○表示對照區配方。在陽離子處理區，對於全鮮重、莖葉重、根重的適切離子平衡範圍是屬於比較狹小的範圍，但對於花序重範圍變大。又全鮮重、莖葉重及花序重的適宜離子

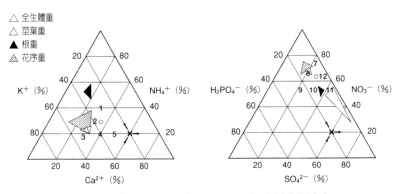

註：圖中數字表示處理區，○表示對照組離子配方，×與→表示各離子的位置%。

▌圖 4-14　以系統變量法求出適合 *Doritaenopsis* 的生長範圍。

平衡範圍雖是重疊，但根重適宜的離子平衡範圍，即與此等大不相同。陰離子處理區適宜離子的平衡範圍，依各器官的不同而相異大，但是對於各種離子的特異影響是有可能的。

　　以適宜離子平衡範圍中心的配方作為適宜離子配方，如表 4-13 所示，其組成換算為 N：P_2O_5：K_2O 時，對於全鮮重為 1：0.7：1.6，對莖葉重時是 1：0.5：2.2，對根重時是 1：0.7：0.9，對花序重時則是 1：0.8：1.5，故和 Pool 及 Sheehan（1982）的蝴蝶蘭施肥配方的適當成分比率，N：P_2O_5：K_2O = 1：0.8：1.5 極為類似。以此等保障表的表示法作表示時，對於全鮮重為 11.2：8.1：18.1，對莖葉重為 8.6：4.1：19.1，對根重為 13.2：9.5：12.6，對花序重為 11.8：9.8：18.0。

　　當適宜配方的施肥氮素濃度範圍為 6.6-8.3 meL^{-1}，這相當於 92-116 ppm。蝴蝶蘭的適宜施肥氮素濃度是 100 ppm（須藤等，1991），或施用氮素濃度 300 ppm 的程度亦有（五味等，1980；窪田、米田，1990；田中等，1998）。這種施肥氮素濃度有差異的原因，可從施肥頻率或是介質保水性來看，如果施肥頻率低或介質保水性較差，在施用氮素肥料時宜將施肥濃度略予調高為宜。如果介質為水苔，因持有

良好保水性及保肥性，故施肥氮素濃度宜調整爲稍低才適當。

表 4-13 　對 *Dtps.* Quevedo 'Sierra Vasquez' 品種的生長（鮮重）適宜離子
配方（A）與其無機鹽組合（B），以及肥料保障表的表示（C）

A	陽離子（%）				陰離子（%）		
	NH_4^+	K^+	Ca^{2+}	Mg^{2+}	NO_3^-	$H_2PO_4^-$	SO_4^{2-}
對照區的組合	21.0	31.0	31.0	17.0	65.0	8.0	27.0
全鮮重	18.9	41.8	22.3	17.0	68.1	12.4	19.5
莖葉重	17.9	41.7	23.4	17.0	45.6	6.0	48.4
根重	42.3	27.0	13.7	17.0	52.9	13.5	33.6
花序重	22.0	41.5	19.5	17.0	65.5	15.0	15.5

B	對應各適宜離子的無機鹽類的組合例子（mgL^{-1}）								
	NH_4NO_3	$NH_4H_2PO_4$	KNO_3	KH_2PO_4	K_2SO_4	$Ca(NO_3)_2$ $\cdot 4H_2O$	$Mg(NO_3)_2$ $\cdot 6H_2O$	$MgSO_4$	肥料合計
對照區的配方	143.3		112.2	92.5	74.1	311.7		178.7	912.5
適宜配方 全鮮重	128.1		231.5	142.9	18.3	224.3		178.7	923.8
莖葉重	121.7		37.4	69.4	231.8	235.0		178.7	873.9
根重	196.1	132.3	90.0		122.8	137.0		178.7	856.9
花序重	149.7		228.5	172.8		194.8	16.7	162.7	925.1

C	肥料保障表的表示					
	N	（NH_4	NO_3）	P_2O_5	K_2O	SO_2
對照區的配方	11.2	（2.7	8.5）	5.3	13.6	16.1
適宜配方 全鮮重	11.2	（2.4	8.8）	8.1	18.1	11.5
莖葉重	8.6	（2.4	6.2）	4.1	19.1	30.2
根重	13.2	（5.9	7.3）	9.5	12.6	21.4
花序重	11.8	（2.8	8.9）	9.8	18.0	9.1

註：此配方的濃度爲 Σ Mn± ＝8.5 megL^{-1}，用以表示以 B 的各無機鹽來秤量，再以微量元素添加 Fe-EDTA（16.0）、H_3BO_3（1.2）、
$MnCl_2 \cdot 4H_2O$（0.72）、$ZnSO_4 \cdot 7H_2O$（0.09）、$CuSO_4 \cdot 5H_2O$（0.04）、$(NH_4)_2MoO_4$（0.01 mgL^{-1}）。

五、根據光合作用進行栽培環境管理

　　栽培條件是否良好，可依生長速度的情形來了解，在合適的環境條件下，植物生長得以促進，因此可縮短培育時間。至於影響蝴蝶蘭生育的因素，如溫度、光度、溼度等環境因素，及灌水、施肥等栽培管理，皆要保持在合適的範圍，此為非常重要的栽培技術。在合適的栽培環境條件下，進行適宜的管理法時，蝴蝶蘭即可健全且迅速地生長，然目前對蝴蝶蘭生長的合適條件並不是很明確。生長速度雖可依據鮮重的增加而得知，但植物生長速度的測定並非僅僅從植盆連根拔起測得即可，故要正確地測知並非簡單之事。再者影響這些生長速度的因子，亦需經過一些時間之後方能得知其反應，故要直接了解栽培條件的因果關係相當困難。

　　植物生長必需的能量都依賴光合作用，所以為了植物的生長，首先要確保光合作用良好，因此適合光合作用的環境就是合適生長的環境，故從栽培觀點來調查光合作用的意義，即在於此。關於光合作用的調查有各種方法，皆有其優劣。所以如能了解影響光合作用的原因，在栽培管理上是有益的資訊。

（一）植物的光合作用

　　植物的光合作用是利用太陽能製造 ATP 及還原力（NADPH）的反應（光反應），以 ATP 及還原力使 CO_2 被還原，而來構成固定化學能的反應〔卡爾文循環（Calvin-Benson cycle），或稱之暗反應、三碳途徑或三碳循環）〕。此反應就是所有光合作用的共同反應模式（C3、C4、CAM），光合作用的速度則受制於此等反應的遲延一方的反應，植物並不會因光強度比例的增加而加速光合作用速度。相反

地，當光度過強時，ATP 或還原力即過剩而引起累積，致引起傷害。過剩而累積還原力狀態時，氧也還原而生成爲活性氧，致破壞葉綠體。故強光條件時，引起葉片灼傷即是因爲上述這種情形，當 CO_2 不足時，因卡爾文循環消耗不完 ATP 或還原力時也會引起灼傷。爲避免灼傷，植體會將剩餘的 ATP 或 NADPH 利用於分解有機物爲 CO_2（光呼吸）以抑制活性氧，而後再產生的活性氧又把它分解爲氧，形成使還原性物質無毒化的構造。

　　植物的光合作用，因 CO_2 吸收方法不同，分爲 C3、C4、CAM 三種類型的光合作用模式已爲世人所知。C3 型光合作用爲基本的，是原始的光合作用模式，其 CO_2 固定由卡爾文循環來固定，C4 型光合作用，爲 CO_2 濃縮設計，C4 途徑（Hatch-Slack pathway，海奇──史來克途徑）爲進化版的光合作用模式。進行 C4 型光合作用的植物，因多消耗能源以固定 CO_2 的緣故，故較 C3 型光合作用具有效率以固定 CO_2。同時不因高溫、乾旱、低 CO_2、低氮素條件抑制光合作用。但爲了 CO_2 濃縮關係，致多耗用能源、如與 C3 型光合作用比較時，其光合作用效率較低。

　　蝴蝶蘭的 CAM 型光合作用則是 CO_2 吸收與濃縮主要在夜間進行，這也是爲了適應水分不足環境下所進化的 CO_2 吸收模式，因爲在日間開啓氣孔吸收 CO_2 的 C3 型與 C4 型植物，爲了吸收 CO_2 關係，植體會散失大量水分。可是 CAM 型植物是在夜間溫度下降，溼度上升之際開啓氣孔，而吸收 CO_2 以 CAM 代謝（crassulacean acid metabolism），將 CO_2 轉變爲蘋果酸形態並貯藏於液胞中，而抑制水分的損失。在夜間的高溼度條件下被吸收的 CO_2 以蘋果酸貯藏，在日間釋出後以卡爾文循環被固定，此時氣孔關閉，植體內的水分即不散失。夜間所貯藏的 CO_2 在能利用期間，透過 ATP 及 NADPH 即可有效率地利用，故卡爾文循環就不易受影響。

模式	CO_2 吸收的方法	CO_2 的流動	卡爾文循環（暗反應）	NADPH ATP 的流動	NADPH 及 ATP 的生成（明反應）
C3 型光合作用	空氣中的 CO_2	➡	C3 植物（葉肉細胞） 以卡爾文循環利用 NADPH 及 ATP 而使由氣孔吸收的 CO_2 為原料以製葡萄糖（碳水化合物）。	⬅	利用葉綠體的光能，分解水為質子、氧分子、電子，再使用電子及質子做 NADPH 及 ATP。
C4 型光合作用	C4 植物（日間葉肉細胞） 經海奇－史來克途徑，空氣中 CO_2 在日間吸收而在葉肉細胞內濃縮以天門冬胺酸等供給。	➡	C4 植物（維管束鞘細胞） 由天門冬胺酸脫碳的 CO_2，即跟 C3 植物一樣以卡爾文循環被固定。	⬅	
CAM 型光合作用	CAM 植物（夜間葉肉細胞） 空氣中 CO_2 在夜間被吸收而在葉肉細胞內濃縮後以蘋果酸貯藏在液胞內。	➡	CAM 植物（日間葉肉細胞） 由蘋果酸脫碳的 CO_2 跟 C3 植物一樣以卡爾文循環被固定。	⬅	

▌圖 4-15　不同光合作用的形式與 CO_2 吸收模式

　　蘭科植物之中，屬於 C4 型的植物尚未明瞭，僅知曉 C3 型（蕙蘭屬、春石斛類、捧心蘭屬、菫花蘭屬、茅慈姑屬、文心蘭屬、拖鞋蘭屬）及 CAM 型（蝴蝶蘭屬、萬代蘭屬、嘉德麗亞蘭屬、蕾麗蘭屬、秋石斛類）兩型而已（安藤、銅金，1991）。

1. 光合作用的測定

　　光合作用的反應，用簡單的方程式表示即如下式：

$$CO_2 + H_2O \xrightarrow{\text{光}} CH_2O + O_2$$

此時測定光合作用的基質、生成物質的變化量，即可獲得有關光

合作用的資料。原理上，CO_2 的減少與 H_2O 的減少，以及 CH_2O（碳水化合物）的增加及 O_2 的增加即可測定。但是 H_2O 則由於植物不同，有多量吸收與進行蒸散的關係，要測定光合作用中水分消耗變化情形有困難。O_2 的測量要檢出大氣中的 21% O_2 變化情形，就需要更多時間來鑽研。再者要測定因光合作用增加的碳水化合物時，要檢出短時間內微量變化的碳水化合物仍然存有困難。而光合作用 CO_2 的濃度變化，因為 CO_2 的變化量大，易於檢測，故光合作用量大多以 CO_2 濃度變化量為調查對象。

　　光合作用測量法有下列幾種方式，但無論哪種方法，僅能查得一部分相關的資料而已。關於蝴蝶蘭的光合作用，至今尚有部分問題無法究明確實原因，但可由不同方法測定結果，經綜合性整理而判定之後，則有益於更進一步了解蝴蝶蘭的光合作用。

(1) CO_2 吸收速度的測定

　　C3 或 C4 型光合作用類型的植物，能透過 CO2 吸收量的多寡，進而判斷栽培環境是否為植物生長之最適環境。C3 條件下，視葉片 CO_2 吸收量的多寡，以了解其光合作用情形，所以 CO_2 吸收旺盛的條件，即是生長合適的條件。因此測定葉片 CO_2 的吸收量，非但不傷害植物體，也是非破壞性作法，而且可以即時處理（real-time）方式進行，故可了解現在置放植物的環境條件（溫度、光度、溼度條件）是否為適宜光合作用（生長）的良好環境。

　　空氣中的 CO_2 濃度為 0.04% 以下，唯因植物吸收 CO_2 情形不同，有很大的變化，所以測定其變化量較易於進行。又 CO_2 會吸收紅外線之故，因此測定空氣中的紅外線透過量，即可知 CO_2 濃度。故調查通過葉片前後空氣的紅外線吸收量的不同，即可知由於植物不同，被吸收的 CO_2 量變化情形。

　　C3 型植物光合作用的 CO_2 吸收速度，可由卡爾文循環來表示，這是因為 C3 型植物的光合作用，受溫度條件、光照條件的影響。NADPH 與 ATP 的供應充足時，水分潛勢（water potential）高，此時 CO_2 供應充分條件下，CO_2 的吸收速度變較快速。

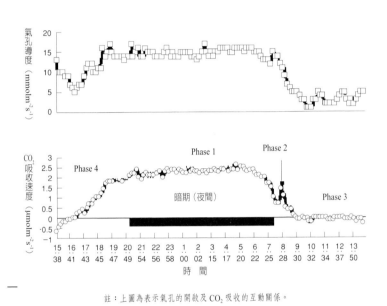

註：上圖為表示氣孔的開啟及 CO_2 吸收的互動關係。

▌圖 4-16　蝴蝶蘭的 CO_2 吸收與氣孔導度的日變化。

　　CAM 型光合作用植物，皆在夜間吸收 CO_2，所以日間 CO_2 的吸收測定方式即受到限制。在明期後半期所見的 phase 4 吸收情況，為 C3 型光合作用，雖可觀察 CO_2 的吸收，但是可推想此吸收屬於附加的，且其吸收 CO_2 為不安定的，所以不易得到再現。CAM 型的光合作用，其 CO_2 吸收，主要在夜間，其 CO_2 吸收速度，即可表示蘋果酸的代謝速度，CO_2 吸收除了溫度條件外，又受到 CO_2 代謝細胞中的磷酸烯醇丙酮酸（phosphosenolpyruvic acid, PEP）量、空氣溼度、氣孔開啟度、液胞的容量等影響（圖 4-16）。

(2) O_2 釋放速度的測定

CAM 型光合作用的蝴蝶蘭，在明期（phase 3）時，CO_2 的吸收是見不到的，但光能的固定及 O_2 的釋放、碳水化合物的合成均在進行。從此測定 O_2 的釋放情形，即可知明期的光合作用（明期反應）情形。但是如前述一樣，與空氣中的 O_2 相比，光合作用釋放的 O_2 量僅是少量而已，所以調查其濃度變化，則需要下一些功夫。在密閉空間中，葉片所占體積較大時，依光合作用而釋放的 O_2 即可檢測出其空間的 O_2 量濃度變化情形。此方法因需切取葉片做測定，所以同植物就不能做連續性的測定。

實際上，以氧氣電極法測定蝴蝶蘭 phase 3 的光合作用結果，與後述依 CO_2 吸收關係測定結果稍有差異。

(3) 螢光的測定

照射在葉片上的光被葉綠素吸收而轉變為化學能，但光能並非全部被有效利用，其中一部分即以熱或螢光形態散放掉。在光合作用進行順暢的情況下，受有效利用光能的比率較多，但不知何種原因，光化學反應稍作停滯時，被吸收的之光能，就不被利用而成螢光散放掉。所以植物受到水、溫度、光等逆境時，與正常狀態的葉片做比較，可發現不被利用而釋放的光能比率增加。

在光照射時，測定散放的螢光強度，就可了解光能的利用效率、光能利用方法的健全情形（光阻礙的程度）。至於葉綠素螢光測定為非破壞性，不但可做經常性測定，同時亦是簡便測定法。

2. 蝴蝶蘭的光合作用

(1) 蝴蝶蘭 CO_2 的吸收方式

CAM 型植物如蝴蝶蘭，其 CO_2 吸收的日變化可分四個時期進行，夜間的 CO_2 吸收（phase 1）、由明期之後 C3 卡爾文循環的 CO_2 吸收

（phase 2）、日間 CO_2 不吸收（氣孔關閉）（phase 3），以及明期後半段的 C3 途徑 CO_2 吸收（phase 4）等四種式樣（pattern）。由此可知在各種時期（phase）的 CO_2 吸收或釋出的收支為 CO_2 吸收量，其值愈大則表示「光能」愈有效率地轉變為「化學能」固定，由此可推斷能促進生育。至於 CO_2 吸收方式，仍如氣孔開與閉（氣孔導度）類似變化的表示，這是氣孔開閉與 CO_2 吸收具有密切關聯的表徵（圖4-16）。這四個時期之中，phase 2 與 phase 4 的 CO_2 吸收，被認為由C3 型光合作用進行，故在此時期內吸收 CO_2 同時被固定為碳水化物。因而在 phase 2 或 phase 4 的 CO_2 吸收多寡亦即被固定的「光能量」多寡，所以有關於 phase 4 即如 C3 植物的情形，由 CO_2 吸收量可知光合作用（卡爾文循環）合適的溫度及光度條件。但 phase 2 為天亮後氣孔關閉前的短時間內的 CO_2 吸收，其特性如從 CO_2 吸收的方式做調查則是困難的。

　　蝴蝶蘭吸收 CO_2 主要在夜間（phase 1）進行。夜間吸收的 CO_2依 CAM 途徑轉變代謝為蘋果酸而貯藏於葉肉細胞內的液胞中，在白天再進行固定。其消長隨著入夜而增加，明期開始前達到最高峰（940 mg 100 g^{-1}），而在明期開始的同時低降，於暗期開始前即變為最低（264 mg 100 g^{-1}）（遠藤、宮崎，1987）。此時的相差值可推想為CO_2 在暗期被固定，而於明期分解同化的蘋果酸。如單純思考，此蘋果酸的差為 676 mg 100 g^{-1}，就是在 phase 1 固定而在明期同化的量值如換算為 CO_2 時，相當於 887.7 mg 100 g^{-1} 以每 1 g 葉面積的鮮重為 6.64 cm^2g^{-1}（未發表）計算時，暗期 CO_2 固定量為 13.37 $mgdm^{2-1}$，此值由CO_2 吸收求得的 18.99 $mgdm^{2-1}$（太田等，1992）來看，可說妥當之數值。

　　而日間（phase 3）時，氣孔呈關閉狀態而將蓄積於液胞內的 CO_2

利用於光合作用，在此時期氣孔仍然關閉而不吸收 CO_2。中午過後有時候可見到 CO_2 吸收（phase 4）情形。這是夜間蓄積的 CO_2 用盡的關係，故 phase 4 CO_2 吸收情況，常受到植株狀態、環境條件的影響，並非一定可進行。

(2) phase 1 及 phase 4 的 CO_2 吸收特徵

CAM 型的光合作用方式，是 phase 1 吸收的 CO_2 短暫地貯藏於液胞內，然液胞內蓄積達飽和時，就停止 CO_2 吸收。唯 CO_2 濃度增加（370 ppm → 1,500 ppm），或因日間光強度增加（35 $\mu molm^{-2}s^{-1}$ → 70 $\mu molm^{-2}s^{-1}$）的緣故，夜間的 CO_2 吸收量有程度地（1.7 或 1.79 倍）增加（伊藤等，1994）。為促使夜間 CO_2 吸收量更增加，則必須增加貯藏容量（增加葉面積及體積）。

CAM 植物在夜間吸收的 CO_2 優先被同化，日間吸收的 CO_2（phase 4），需等夜間蓄積的蘋果酸經消耗後始能同化。蝴蝶蘭在本來的生息環境內，無論從保持體內水分意義上，或是要避開與 C3 植物的 CO_2 吸收競爭上而言，在夜間吸收 CO_2 較具有益處。在夜間能充分吸收 CO_2，明期就可抑制水分損失，有利於進行「光能」固定。夜間的 CO_2 同化量減少時，明期 CO_2 的吸收可提早開始吸收，如此雖可見到日間 CO_2 吸收量增加，可是仍受到植物體的水分條件、環境條件限制，並非都有可能進行 CO_2 吸收。在日照不足或多雲天氣的情況下，夜間蓄積的蘋果酸的同化延遲，並非日間 CO_2 的吸收不進行，而是夜間蘋果酸在未完全消費時，由於尚有積存蘋果酸，次夜間之 CO_2 吸收亦受到抑制。像這樣，日間的光量不足（非光強度而是連續性的日照時間較重要）會影響 CO_2 的同化量減低，致生長受到延誤。

（二）溫度

植物具有變溫性，基本上受周圍狀況、溫度變化決定植物體溫。也可以說，吸收太陽光的輻射能、紅外線，由葉片依蒸散作用的放熱，傳導對流以使能量交換，在代謝過程的吸熱、發熱反應等收支被總合結果而決定體溫。當體溫較周圍空氣低時，受到對流或傳導關係，除了由空氣中吸取熱量外，並由太陽輻射能吸收熱能，若體溫較周圍空氣高，亦可由對流、傳導以及紅外線的放射而失去熱量。又因高溫、低溼度而體內水分充分時，由於蒸散關係，葉溫會較氣溫保持於較低溫的狀態。CAM 植物或置放在水分缺乏環境的植物（水分逆境），不受蒸散作用而降低體溫者極少。其體溫降低的原因，主要是由輻射熱引起體溫下降。因而蝴蝶蘭葉溫在明期時較氣溫高，暗期時較氣溫低（市橋、太田，1995）。

植物生長期所需的生長溫度與生長適溫，因品種而異。對於生長所必要的各種酵素反應，隨溫度上升而變得活躍，但若溫度再提升，其活性就下降。光合作用吸收的溫度特性亦如各種酵素反應一樣，因「種」不同而異，各有不同的溫度存在。這些綜合結果，會決定植物生長適溫。生長適溫於日夜間具有差異性，其原因在於日間需進行呼吸的化學能消耗與依光合作用的光能固定進行，夜間僅進行呼吸。但就 CAM 植物而言，因其都在夜間進行 CO_2 的吸收固定，固其適溫即可歸為夜間適溫。

適溫範圍外的溫度條件下，植物面臨逆境時，其生長會受到阻礙。蕙蘭及嘉德麗亞蘭的溫度逆境障礙被認為是活化氧（李、松井，2001）。然蝴蝶蘭在高溫逆境下，受到活化氧阻礙時，其化學能效率就下降，因脂肪質氧化的關係，丙二醛（malondialdehyde, MDA）等增加。又因受到溫度逆境影響需防護細胞，LOX（lipoxgenase）、過氧化氫酶

（CAT）、殼胱甘肽還原酶（GR）、去氫抗壞血酸還原酶（DHAR）、（愈創木酚過氧化酶（G-POD）等還原酵素、氧化酵素即增加，這些酵素均爲保護細胞不受活化氧傷害而產生保護性功能（Ali 等，2005a）。因低溫產生的逆境，也有同樣的組織存在，所以對某種程度之低溫，亦具有低溫耐受性。但是能否耐受一定的低溫性質（耐寒性、耐凍性），是依植物的遺傳性質，熱帶植物這種能力較差。對蝴蝶蘭而言，如持續置於 15℃ 以下溫度的環境，就會受到不可恢復的傷害。其理由之一是，膜脂質的構成脂肪酸特性不同的關係，然熱帶植物的細胞膜構造，在低溫下易受到變性而破壞，使其無耐寒性。

1. 育苗

育苗栽培溫度以恆溫 30℃ 與恆溫 20℃ 比較時，葉片數的增加以 30℃ 恆溫較良好，並隨施肥量的增加，其葉面積亦增加（窪田等，1990）。日溫／夜溫爲 25／20℃ 與 25／15℃ 比較時，日長 12 小時以上的時間爲 25／15℃ 較良好，日長 12 小時以下時，即以 25／20℃ 之生育較良好（廣島農試所離島分場，1991）。30／25℃ 與 25／20℃ 比較時，葉片數及葉長仍以高溫條件生長良好，葉片細長並成爲大株（梶原等，1992；梶原、青山，1993）。而在 35／25℃ 條件下，即發現有個體枯死，生長情形與 30／25℃ 區比較時，其生長顯然變劣（市橋，1996）。至於冬季育苗期的暖房溫控以 25／22℃ 較爲良好（小川、西尾，2003）。

此等結果經縝密考慮，可得知苗期的初期生育所需溫度，日間以 25-30℃，夜間以 20-25℃ 左右爲合宜的溫度。此等溫度對成熟株而言，雖達抽梗可能的溫度範圍，但在小苗時間，發生抽梗機率甚低。

2. 高溫抑制

開花適期的大苗，用高溫條件抑制抽梗，而使之更壯碩，這是確

保蝴蝶蘭的營養生長與控制開花的確實手段。如能度過此期間培養，嗣後在低溫時便容易誘導萌芽與抽梗，並能增加朵數。

　　每天以室溫 28℃ 以上管理時，大約可抑制花梗發生，唯實際上，於多天低溫季每天室溫控制 28℃ 以上管理，其能源費用成本龐大，非經濟之道，花序發育的重要溫度，仍以日間能涼溫，而夜間溫度宜在某種程度範圍降下較為可能。日溫設定於 30℃，夜溫控制於 18℃ 或 21℃ 場合，花序的抽梗率僅 30-20%，但是日溫設定於 25℃，夜溫設定於 21℃ 或 18℃ 時，花序的抽梗率達 100%（小川、西尾，2003）。因而夜溫降至某種程度時，產生花序並不容易。

3. 溫度與光合作用

　　綠色植物生長所必要的能源，全都依賴光合作用，所以促進植物生長的大前提，需要確保光合作用量達到最大量。為確保光合作用的最大量，光照條件、溫度條件、溼度條件等各種因子，必須保持最適合的環境狀態，但控制上則尚有困難。其中，溫度是可能控制的因子，比較容易控制並保持在最適宜範圍內。但是蝴蝶蘭的生長適溫與光合作用的關係目前並無明確的答案。

(1) 溫度與 CO_2 的吸收

　　CO_2 吸收會受到溫度影響，暗期 25℃，明期溫度分別為 20℃、25℃、30℃ 時，明期的 CO_2 吸收速度溫度愈低時，CO_2 吸收速度則較快。又明期為 25℃ 時，暗期的溫度分別為 20℃、25℃、30℃，則明期的 CO_2 吸收速度，亦溫度愈低愈快速（狩野、內藤，2001）。這一點在圖 4-17、圖 4-18 皆有清楚的表示。就蝴蝶蘭而言，CO_2 吸收速度不論明期、暗期，凡在 15-30℃ 範圍內，仍然是 20℃ 左右 CO_2 吸收為最大值（市橋等，2000）。

CO_2 吸收會受盆內水分條件所影響。每週一次灌水頻率，於次日調查溫度變化對於 phase 4 的 CO_2 吸收速度反應，則表現快速，而在 20℃ 左右 CO_2 吸收為最大量，如果偏向低溫時，即逐漸下降，如偏向高溫時，從 25℃ 起始，CO_2 吸收下降，至 30℃ 就急速下降。灌水當日，灌水前的 CO_2 吸收速度低，唯於 25℃ 達到最高。氣孔導度亦如 CO_2 吸收一樣變化。由灌水後 CO_2 恢復吸收的狀況可得知，灌水前在水分缺乏狀態下，植物為防止水分蒸散，氣孔就不易開啟（圖 4-17）。

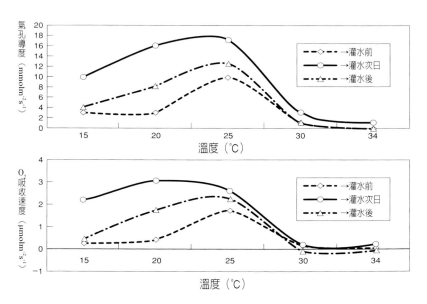

註：供試品種 *Phal.* White Dream ‘MM72’ 測定。

┃圖 4-17　不同溫度條件下 phase 4 的灌水前後 CO_2 吸收與氣孔導度變化。

溫度對於 phase 1（夜間）的氣孔導度與 CO_2 吸收速度的影響，如同 phase 4 的趨向顯示，然其 CO_2 吸收的極大值仍以低溫時偏多。這種相違情形，在於為反映 CO_2 固定為蘋果酸的 PEPC 特性（圖 4-18）。

如上所述，有關於蝴蝶蘭 CO_2 的吸收適溫，就 phase 4 與 phase 1 而言，仍在 20℃ 左右，但在實際生長上，會有些適溫差異存在（市橋等，2000）。

(2) 從 O_2 釋放調查溫度的影響

蝴蝶蘭葉片放入小型密閉容器的空間內，使用氧氣電極法調查明期 phase 3 時因溫度不同的 O_2 釋放方式，結果（Ota 等，2001）發現 25℃ 以上時，O_2 釋放（光合作用）並未見到下降，35℃ 左右，即達到極大值，而由 CO_2 吸收所得結果，即見到少許差異（圖 4-19）。Phase 3 的 O_2 釋放為明期反應時期，因發生水分解，故跟 CO_2 吸收並無直接關係。但是卡爾文循環時，如不快速消耗 NADPH 與 ATP 而又過剩積存，就會發生光阻礙。30℃ 時 O_2 釋放速度降低，35℃ 以上時，O_2 釋放即減少，這是因過剩形成 NADPH 發生的光阻礙關係。換個角度來說，30℃ 時光阻礙還不會發生，也就表示尚能順暢使用 NADPH 與 ATP。這是對於 phase 1 與 phase 4 的 CO_2 吸收需開啟氣孔進行，至於 phase 3 的 CO_2 供應，即由貯存於液胞內的蘋果酸所供應進行，所以溫度 25℃ 以上時其 CO_2 供應不會成為卡爾文循環的效率影響因子。

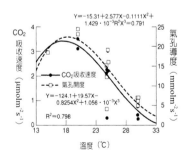

▌圖 4-18　蝴蝶蘭夜間的 CO_2 吸收特性。

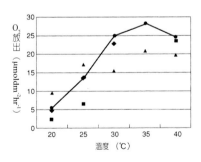

▌圖 4-19　O_2 釋出時測定的溫度光合作用曲線。

(3) CO_2 吸收與 O_2 釋放所見的溫度管理

蝴蝶蘭的 CO_2 吸收適溫（20℃）與 O_2 釋放所見的光合作用適溫（30℃）是有差異的。CO_2 吸收適溫偏低的原因，在於水分蒸散易於發生的高溫條件下，可推想由於氣孔需關閉，導致 CO_2 吸收較少。為了多吸收 CO_2，氣孔即需打開，但氣孔打開後會引起植體內水分蒸發。故對蝴蝶蘭而言，除吸收 CO_2 為重點外，防止水分散失，應是更重要的課題。因此，CAM 型光合作用的重要目的，在求減少水分蒸散而進化的光合作用模式。

從實際的溫度管理，仍然以夜間蓄積的 CO_2 能夠在午前時段利用的溫度略調高為 25-30℃ 之間管理，而 CO_2 可以從外供應（phase 4 與 phase 1）時，如能管理在 20-25℃ 範圍內，即可以促進整體的光合作用。

（三）光度與光合作用

促進生育的前提下，除溫度管理外，控制光照條件，才能確保最大的光合作用量。唯實際上，為促進光合作用能夠旺盛，調控光照條件在栽培管理上是最困難的課題之一。晴天時，使用遮光網即可持續調節適宜的光度，裨益蘭苗生育。然在時晴時雲天氣下，又需在短時間內開啟與關閉遮光網時，就無法僅用遮光網應對多變化的天氣。尤其在多雲天氣或是冬季日短季節光度不足的條件下，雖可用人工照明補光以改善生長環境，但絕無法獲得能與太陽光匹敵的光能量，且有增加成本的問題。又現在的遮光系統，其重點在求閃避過剩的太陽光，以避免對蘭苗構成致命傷害，此被列為優先的考量模式，而不是將有限光能發揮至最大利用效率的設計系統。

為增加光合作用量，期望光飽和點附近的光度能夠持續，然而除

了晴天外，幾乎難以獲得。氣象雖可預報次日天氣情況，但人類不可能將陰天變爲晴天。故可資利用的光能量，要用人爲方法改變使之增加，是一件難事，但管理者得運用合宜的栽培管理以及利用有限光能予以效率化，以確保更多光合作用量，就容易獲得需求目的。這是光合作用管理有效的理由。在實際的栽培環境中，除了光條件外，尚存有許多可抑制光合作用的因素，進而引起生長遲延，故如能除去這些阻礙生長的原因，即可增加光合作用量，而增進生長。

1. 光強度的表示法

　光強度的表示法，以前用 Lux（lx）表示，唯現在的光合作用等，因有關於植物生理的立場，故都以「能量」（$\mu molm^{-2}s^{-1}$）爲單位來表示。Lux 爲附合於人類眼睛感度的單位，人類眼睛在高亮度（Lux）的光譜會感覺明亮，但是對於植物而言，必然不會跟人類眼睛感覺的明亮度一樣。這關係到光與生物間生理作用的波長具有依存性，又因光源種類不同，其波長別的能量亦不同。日光燈與鎢絲燈的明亮度，透過人類眼睛看來雖是同樣感覺，但波長有相異關係，對植物的效果即有很大差異性。因此，儘管是同一明亮度（Lux）的不同光源，對植物的效果就產生差異。單就太陽光遮光，之後用 Lux 來比較光度的方式也有可能採用，但光源狀況，或對光透過性具有波長依賴性有關的遮光材料，雖是相同 Lux 光度，但生理作用則不一定相同。

　植物生長有關的光強度，爲植物光合作用與生長反應有相關之 400-700 nm 波長範圍（光合作用有效照射，photosynthetic active irradiation, PAI；光合作用有效輻射，photosynthetic active radiation, PAR；光合作用有效光量子束密度，photosynthetic photon flux density, PPFD）的光合計能量來表示。此時雖是同能量，其波長別「能」分布爲相異時，生理作用就不相同，因而光源（種類）的波長別「能」分

布與能量就不能表示，即不能成爲正確的資訊。但實際上對光強度的測定表示方式，仍使用簡便的 Lux 儀來測定較便利，之後都使用 Lux 儀測定光照度，再將測定值換算「能量」。各種不同光源的 Lux（照度）與能量換算係數如表 4-14 所示。

表 4-14　各種光源其光合作用的有效波長範圍的換算係數

光源	$\mu molm^{-2}s^{-1} \rightarrow Lux$	$Lux \rightarrow \mu molm^{-2}s^{-1}$
自然日光	59.52	0.0168
鎢絲燈	50.00（2800°k）	0.0200
白色日光燈	87.72	0.0114
日光色日光燈	90.09	0.0111
植物燈	35.21	0.0284
水銀燈	79.37	0.0126
陽光燈泡	64.52	0.0155

註：稻田勝美著《光與植物生育》作成。

2. 光度與光合作用

　　光合作用的光飽和點以上的「光能」，除過剩之外，尚有害處。因光能過剩所發生的 NADPH 過剩與活性氧的影響需要降至最低限度，植物就各自內生各種抗氧化酵素與抗氧化物質（Asada, 1999；Ali 等，2005b）。光飽和點以上的光度下，爲消解因光能過剩所發生的活化氧關係，因光吸收（CO_2 釋放）而多餘的能量，則被消費殆盡。所以說這是光飽合點以上的光度下，光合作用（CO_2 吸收）會降低的原因之一。無法無毒化的強光存在時，細胞便會死亡。這就是因強光引起的葉片灼傷。倘若遮光時，因依光呼吸的關係，能量消耗下降，就不會引起葉片灼傷。故遮光的意義在於去除多餘的光能，而在光飽

和點附近的光度宜盡量維持長時間條件下，俾利增加光合作用量。但是對遮光爲必要的蝴蝶蘭而言，其光飽和點至今尚無法完全明瞭（表4-15）。

表 4-15   蝴蝶蘭的光飽和點

光飽和點（lx）	測定方法	測定時的 CO_2 濃度	補充說明	研究者、發表年
12,000	明期 CO_2 吸收量	大氣濃度	人工光下以 2-3 片葉幼苗測定 24 小時	須藤等，1980
5,000	暗期 CO_2 吸收量可變成最大的明期光強度	同上	同上	同上
13,000	暗期 CO_2 吸收量	大氣濃度	同上 4-5 葉苗株的第 2 葉	太田等，1991
13,000 以上	明期 CO_2 吸收量	同上	同上	同上
11,000	24 小時的吸收量	同上	4 年生株的第 2 葉，自然光＋複合金屬燈	窪田等，1994
67,700	用葉切片 phase 3 的 O_2 釋放	貯蓄於葉內有機酸	用最上位葉的葉圓片（以 phase 3 的光線決定光合作用曲線	太田等，2001
38,700	Phase 4 的 CO_2 吸收速度	2,000 ppm	用 4 年生株第 2 葉的 phase 4 光線決定光合作用曲線。人工燈	市橋等，2000

最適當的光度非正確理由之一，在於要測定單葉 CO_2 的吸收或是要測定保持二片以上之整株 CO_2 的吸收即有不同數據的結果。受上位葉陰影的下位葉其 CO_2 吸收量，在強光下 CO_2 吸收增加，而從整株所見的適當光條件並不是各葉片的適當條件，反而變爲強光條件（須藤，1993）。

又使用人工照明測定蝴蝶蘭的光飽和點比較低，然而在自然光條件下，推定蝴蝶蘭的光飽和點，夏季的最大光度爲 800-900 $\mu molm^{-2}s^{-1}$

（47,600-53,600 lx）時，CO_2 吸收量則多，其光飽和點則高（窪田等，1993）。自然光下，其光度的日變化激烈，故切勿連續形成最大強光條件。故得知高光度下，過剩的光能，並非全部可貯存，而是表示其明反應所固定光能（NADPH、ATP）的一部分方可保存被利用。積算光度（光積值）與 CO_2 吸收量，則顯示高相關（R＝0.93）。然光積值以 9-10 $molm^{-2}day^{-1}$ 即達到飽和。這是以日照時間 14 小時做連續光照射而換算，所得數據相當於 178-198 $\mu molm^{-2}s^{-1}$（太陽光→ 10,595-11,785 lx 植物育成用螢燈＝植物燈→ 6,267-6,972 lx）（窪田等，1994）。

3. 從 CO_2 吸收以推定光飽和點

CAM 型光合作用植物，在日間時段 phase 3 中，不進行 CO_2 吸收，故此時段的光強度，到底應該設定多少強度較好，即無法直接了解，但值此時段則利用夜間吸收而貯積的 CO_2 以進行光合作用，其「光能」並未造成浪費。

午後的後半時段，有時候可見到 CO_2 吸收（phase 4）情形，故以此為指標，則可求出最適當的光強度。以 CO_2 吸收為指標，求出的蝴蝶蘭光飽和點則幅度大，且多在 10,000 lx 範圍左右（表 4-15）。這些資料是將明期以一定的光強度預先管理，並做 24 小時 CO_2 吸收量的總計調查，以 CO_2 吸收達到飽和時，將明期的光強度作為光飽和點而重新設定。作者等以 phase 4 測定結果（市橋等，2000），在 800 $\mu molm^{-2}s^{-1}$ 也未見到光飽和點（圖 4-20）。這是將 phase 4 的 CO_2 吸收設在 2,000 ppm 高 CO_2 濃度下所測定，如與前述量值比較，即成為高量值。又在此條件下氣孔打開程度降低。光飽和點成為高值且在高 CO_2 條件下，多量的光能被有效固定。

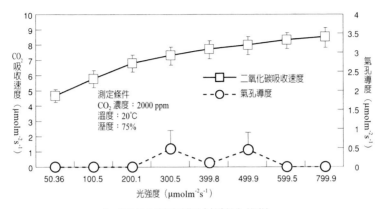

注：表示10次測定的平均值與標準誤差（縱軸）。

▌圖4-20　蝴蝶蘭的光強度與 CO_2 吸收的關係。

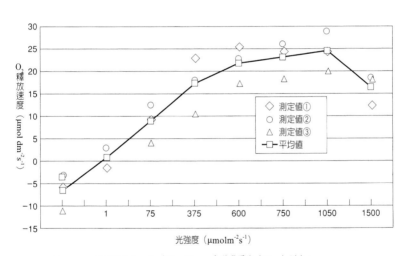

注：*Phal.* Quevdo 'Sierra Vasquez' 的葉圓片（10 cm）測定。

▌圖4-21　以氧氣釋放測定明條件所見的光合作用量。

4. 藉由氧氣釋放量測定光飽和點

　　如前述的氧氣電極測定方法，早上從蝴蝶蘭切取葉面切片，藉著

光照處理以測定氧氣釋放量。結果顯示，隨著光強度增加，光飽和點為 1050 $\mu molm^{-2}s^{-1}$ 的高光強度（Ota 等，2001；圖 4-21）。於 phase 3，蝴蝶蘭氧氣釋放與溫度的關係（圖 4-19），可得知在更高光強度時，可見有光阻礙現象產生。主要因為被夜間蓄積 O_2 取代補充（蘋果酸而來），通常也被認知為未按照卡爾文循環進行而產生的現象。

（四）實際栽培的光度管理

實際栽培條件的光度管理，仍以不引起葉片灼傷為原則，其光強度的設定宜以高光較好。其理由在於確保受上位葉陰影的下位葉獲取較多的光合作用量，以及蘭株整株光合作用量能獲得最大的標的（須藤，1993），同時亦需防止萌芽反應，不受弱光阻害。蝴蝶蘭葉片的光合作用能適應於光強度微量的變化。下位葉受上位葉遮光的影響，如能再次增加照射光度，即能增加其光合作用量。利用鏡子配置，則由側面向陰影面提高照射光度，除光合作用量增加外，花朵數亦可增加（Lin and Hsu, 2004）。

實際栽培的光度管理要點為；①下位葉需太陽光照射到；②需做到 CO_2 吸收達到最大量的夜間管理；③光飽和點附近的光條件能盡量長時間管理；④夜間吸收蓄積的 CO_2 用盡後為確保 phase 4 的光合作用，需加強遮光，裨益降溫與提高溼度等措施的管理，這些皆應列為重要的要點。

從①觀點來說：受上位葉陰影影響的下位葉蘭株（3 葉以上蘭株），如能培育成挺直葉態，此為重要的栽培管理要點，又除直射光外，反射光、散亂光也需有效利用管理。葉片數較少的蘭苗，任何葉片都需要均一性的光照量，其光強度的設計，有必要較成熟株略低為宜。

從②觀點來說：夜間溫度以 20℃ 左右為宜，然溼度宜維持高溼度則是重點，但為不使 CO_2 缺乏，宜行空氣攪拌之外，外施以 CO_2 亦是重要作業。夜間吸收 CO_2 充分的蘭苗，在日間可行強光照管理。

從③觀點來說：日照條件少變化的環境（晴天率偏高場所），可視為理想的栽培環境。在連續晴天的日照條件下，由遮光維持並控制一定標準的光照條件的可能性。唯在短時間內，天空時晴時雲、變化難測天氣，其光強度成多變化的條件時，即需利用感應靈敏的遮光設施，或裝置人工照明作補充，雖有助於蘭苗生長良好（窪田等，1994），但增加成本。

從④觀點來說：能夠了解 CO_2 用盡時間即速予遮光以提高溼度，即可降低溫度。如能外施 CO_2 就有可能維持較強的光強度。倘若可簡單調查夜間蓄積 CO_2 是否用盡時，則可得有效栽培管理在原理上，可以檢查出氣孔開啟的微妙葉溫變化，因此可能得知以 CO_2 吸收為開端的 CO_2 濃度變化時間。

（五）日長影響

日落與早晨的人工電照處理，對促進生長的成效有利無害，尤以早晨處理效果明顯（櫪木農試所花卉部，1990），設定日溫／夜溫分別為 25／20℃、25／15℃ 的場合以做生育比較，日長 12 小時，以 25／15℃ 的鮮重增加大，12 小時以下則以 25／20℃ 的鮮重增加大。自然日長及日光燈依補光 12 小時的日長做比較時，以 12 小時日長的生長較具優勢。又以日光燈補充並將明暗週期設定在 6 小時，其生育變劣勢但葉片增多。又蝴蝶蘭的營養生長與日長關聯密切，其效果更受到溫度不同所影響（廣島縣農業試驗所離島分場，1991；梶原等，1993a），結果足以顯示，日長條件仍以長日照為優，又暗期需維持

一定時間較爲重要。

　　蓄積在蝴蝶蘭液胞內的 CO_2 用盡後，如果植物體就進行 C3 型光合作用時，以長日照條件即可行促進蘭苗生長，這也許被認爲是當然之事。CO_2 吸收量隨著日照長短發生變化，如明期愈長則每天的 CO_2 吸收量增加。明期變長時，夜間 CO_2 吸收量不增加，但 phase 2 及 phase 4 時間連續延長，每天日間的 CO_2 吸收量增加。暗期的 CO_2 吸收量，仍以暗期 14 小時成爲最大量，但暗期更長時，CO_2 吸收量則下降。在明期短的情況下，日夜間的 CO_2 吸收量都降低（狩野等，1992abc），至於每天的總吸收量即以明期 16 小時之時變成最大量，唯與 12 小時之差很少（須藤，1993）。如上所述，明期至 16 小時止，明期愈長，其 CO_2 吸收量可增加，可推斷日長條件長時，生育愈良好。

（六）溼度管理

　　CAM 型光合作用的植物，對於水分的有效利用爲最優先進行之光合作用方式。因而進行 CAM 型光合作用的植物有仙人掌科（Cactaceae）、景天科（Crassulaceae）、鳳梨科（Bromeliaceae）等均屬於耐乾旱植物。此等植物在日間的高溫乾旱條件下，氣孔不開啟，於夜間低溫高溼條件的時段，氣孔展開以行 CO_2 吸收。CAM 植物的蝴蝶蘭，在減少灌水頻率後造成水分缺乏，但不至於有枯死之慮。然蝴蝶蘭在乾旱條件下，其生育極爲容易受到抑制。尤其夜間乾旱時，對蝴蝶蘭易於引起顯著的損害。在自然條件下，夜間溫度下降，溼度上升。可是保溫或冷氣房的溫室，因進行溫控措施，故必然引起溼度降低，之後必造成不良栽培環境，致蝴蝶蘭生長受損。

　　引起水分逆境的原因，不僅是根系吸水不足，而是從氣孔之水

分蒸散，為造成水分逆境的很大原因。空氣中溼度下降時，蒸散作用轉為旺盛，又氣溫升高時蒸散也會旺盛。氣孔的蒸散作用轉為旺盛，可由晒衣物是否易乾作為判斷。當夜間的空中溼度處於偏高時段內，雖是開啟氣孔亦可抑制體內水分的蒸散。夏天終止，節令時值多露之際，蝴蝶蘭開始生長旺盛，其原因在於夜間溼度逐漸升高所致。

1. 溼度與 CO_2 吸收

蝴蝶蘭 CO_2 的吸收，受盆內水分乾燥條件影響較少，反而受夜間的低溼度條件所阻礙。實際栽培的灌水管理，都等到盆內水苔介質乾燥時，才進行灌水。受到如此管理的蘭株，不一定是水分缺乏狀態。倘若蘭株在夜間置放於高溼度環境中，即不易形成水分缺乏的情形。

盆內的水分條件，影響到 phase 4 的 CO_2 吸收速度（市橋等，2000）。灌水次日的午後時段氣孔開啟，CO_2 吸收速度增加，但灌水 2 日後 CO_2 吸收速度則呈現下降。當植體內水分充足的場合，雖由氣孔散失水分現象，但 CO_2 吸收並未停止進行，如植體內水分減少時，氣孔關閉，裨益於保持植體內水分（圖 4-17）。Phase 4 就蝴蝶蘭來說，不是主要的 CO_2 吸收時間段，故是否能夠吸收 CO_2 並不重要，重要的是不要從氣孔散失水分，便是合乎 CAM 型光合作用的意義了。

另一方面，phase 1 對蝴蝶蘭而言，則是最重要的 CO_2 吸收時段。自然條件下，通常此時段的溫度偏向於下降，而溼度反而上升，氣孔打開亦不至於由植體內蒸散水分。在人工制控環境下，整天的相對溼度降低於 30% 時，phase 4 的 CO_2 吸收也受到明顯抑制，而整天相對溼度在 70% 時，與盆內水分條件無產生關係，但 phase 1 的 CO_2 吸收不但不受到抑制，反而盆內水分含量偏向乾燥時，phase 1 的 CO_2 吸收即增加，24 小時的 CO_2 吸收總量仍以灌水前日較灌水次日為多（資料未發表）。至今不知何種程度的灌水頻率為 24 小時 CO_2 吸收的最

大量，但停灌 10 日時，其日夜的 CO_2 吸收即受到抑制（太田等，1991）。因而當 24 小時的 CO_2 吸收量為最大時，盆內水分條件非灌水後的時段，而是盆內有程度的乾燥條件下才是 CO_2 吸收量最大時段。

2. 高溼度條件下的生長

蝴蝶蘭氣孔的開閉，並非為蒸散植體內水分，而是防止水分蒸散。然繼續在氣孔蒸散、水分旺盛的低溼條件下時，氣孔自然關閉，同時 CO_2 吸收受到抑制。相反地，在高溼條件時氣孔易開啟，CO_2 吸收不受到抑制，易於促進蘭株生育。

Phal. Medinah 'Labios Rojos' 的分生苗，栽植於 90 cm 壓克力纖維製水槽內，並在水底裝置植物燈（NEC Biolux HG, FL20SSBR/18-HG）照明栽培。栽培溫度日夜溫（12 小時）設定在 35／25℃、30／25℃，並依照生產者管理法（加溫設定溫度 22℃，天窗開閉溫度 28℃）做生長比較試驗（圖 4-22、表 4-16：市橋，1996）。在 35／25℃ 條件下，發現枯死蘭株，但在 30／25℃ 條件下的蘭株，則有顯著的生長促進。其原因為培養槽內的環境，無論日夜間的溫度為恆溫或終日高溫，光度條件維持低照度等條件，與溫室環境有很大差異，這些為蘭株生長促進的原因。這項實驗以植物燈管控制在 1,500-2,400 lx 或 3,000-4,000 lx 範圍內。植物育成用的植物燈的 3,000-4,000 lx 相等於 85.2-113.6 $\mu molm^{-2}s^{-1}$，換算為 12 小時日長的連續光照射時約等於 3.7-4.9 $molm^{-2}$ 12 hr^{-1}。蝴蝶蘭光飽和點的光積值光強度為 9-10 $molm^{-2}day^{-1}$（窪田等，1994）時，則可認為光照度不足狀態，故增加光強度，推測更能改善蘭苗生育。

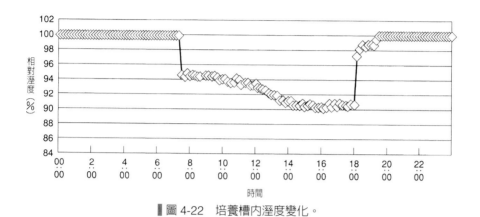

▋圖 4-22　培養槽內溼度變化。

表 4-16　日光燈照明與溫度條件對蝴蝶蘭生長的影響

日夜溫度(℃)	植物燈12小時照明(lx)	供試苗的性狀			231日後生長的性狀				
		葉數(片)	鮮重(g)	葉數(片)	鮮重(g)	生長倍率		生存率
						葉數	鮮重	
30/25	3000-4000	3.38	2.34	4.86	40.20	1.44	17.18	10/10
30/25	1500-2400	3.17	2.17	4.73	29.87	1.49	13.76	10/10
35/25	3000-4000	3.48	2.41	4.29	31.93	1.23	13.25	7/10
35/25	1500-2400	3.12	2.20	4.25	28.23	1.36	12.83	4/10
對照區	通常栽培條件	3.29	2.26	3.35	5.53	1.02	2.45	10/10

註：對照區栽培管理委託蝴蝶蘭生產者。

　　用馴化完成的蘭苗做試驗時，仍以高溼環境較易促進生長（圖 4-23）。蘭苗放入密閉狀態的塑膠布溫度內，將室內空氣及使用經通過蒸餾水、飽和食鹽水的空氣，以培養蘭苗，在此三條件下，以通過蒸餾水氣溼度可維持最高，其次為飽和食鹽水，最後為對照區的順序（圖 4-23）。植物的生長情勢與空氣溼度的高低順序一樣。至於人工加溼的影響，於初期影響大，到後期即差異縮小。這是馴化後的蘭苗，對於乾燥條件下，氣孔開啟時間增加，這一點與 CO_2 吸收量產生連接關係，最後致光合作用量增加與促進生育相關。

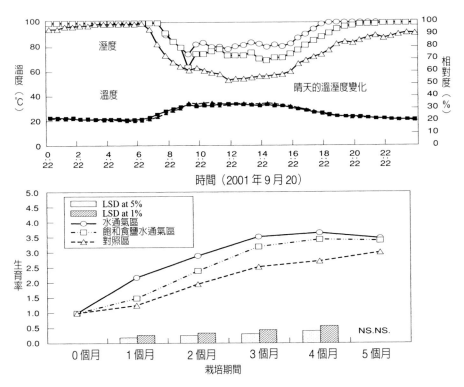

上圖：栽培期間晴天的溫溼度變化；下圖：Dtps. Quevedo 'Sierra Vasquez' 品種穴盤苗的生長曲線

▌圖 4-23　加溫處理影響蝴蝶蘭馴化的生長情形。

（七）CO₂ 施肥

　　C3 型植物的 CO_2 吸收都是在日間發生。但 CAM 型植物的氣孔開啟時段是在午後後半段（phase 4）與夜間（phase 1）時段才吸收 CO_2，因此以 CO_2 為肥料時，應選擇在此時間段內（phase 4 及 phase 1）供給，否則便失去意義。但是馴化前後的分生苗，因表皮組織尚未發育完成，致氣孔功能不完全，故外氣的 CO_2 濃度高時，隨時都可吸收 CO_2，因此 phase 4 或 phase 1 的時段以外，都具有 CO_2 施肥效果。

　　圖 4-24 為 phase 1 時，在不同溫度與變化濃度之中所調查的 CO_2

吸收速度資料。不論溫度為 20℃、25℃皆隨 CO_2 濃度的上升，其吸收速度也順著上升，但是增加率以 20℃較 25℃較為顯著。這現象說明 CO_2 施肥溫度，仍以 20℃較 25℃時，其效果更為良好（市橋等，2000），原因是溫度 20℃時，水分蒸發少，氣孔開度較大。

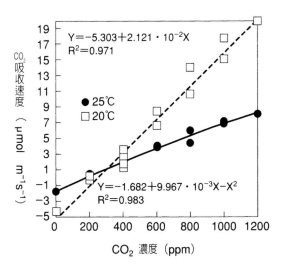

圖 4-24　不同溫度及 CO_2 濃度下在夜間之 CO_2 吸收速度。

CO_2 施肥以①密閉條件下、②置放在 CO_2 缺乏的環境、③氣孔開啟時段（日間後半、夜間）具有效果。冬季與夏季冷氣房置放在如①的條件下，因而這時段的 CO_2 施肥就具有效果。除此時段之外，添加 CO_2 都會擴散到大氣中，其效果偏低。②及③的條件時，CO_2 可充滿於 phase 4 與 phase 1，但為了氣孔開啟，需要維持高溼度。

Phase 1 時 CO_2 施肥的可能時間，雖是可長時間進行，但 CO_2 的濃度需要多少，以及需要多少施用時間，至今無法澈底明白。CO_2 吸收速度不降低的情況下，尚有吸收 CO_2 的餘力，可期待其 CO_2 施肥

效果。但是次日天氣變為陰天時，其蓄積的 CO_2 如不能在明期同化，CO_2 施肥效果則無法達成。另一方面，夜間末期的 CO_2 吸收速度似乎降低。（暗期時間長等）在液胞內的 CO_2 有充分貯積並達到極限，則可推想，外施 CO_2 就得不到效果。

Phase 2（明期開始之後）與 phase 4（明期後半）時，由 C3 途徑進行固定 CO_2。C3 途徑的光合作用中，CO_2 濃度增加與光合作用增加具有連帶關係，所以此時段的 CO_2 施肥，具有較大效果。C3 型的光合作用進行時段，需要確保光合作用量為蝴蝶蘭生育促進的有效方法之一。又 CO_2 施用效果來說，對於出瓶後初期的蘭苗即具有較大的生長效果（遠藤、生嶋，1994），嫩葉（大田等，1998）或是光自營培養條件（伊藤等，1994）時與 C3 型光合作用較有明顯關係，葉齡（表皮蠟質膜化程度）與 CO_2 施肥效果亦足以推測有相關性。

實際上從日落至日出止的暗期時段，用液化石油氣（LPG）燃燒方法，以濃度 700 ppm、1000 ppm 添加施肥，隨 CO_2 濃度提高，蘭苗的初期生育加速，其葉面積與乾物重增加（遠藤、生嶋，1997a）。又開花株之情況，亦隨 CO_2 濃度提高增加其切花重量，並提高切花支數、花朵數，使花朵持久性更佳（遠藤、生嶋，1997b）。

從光合作用觀點來討論栽培管理的要點，可歸納如表 4-17。但栽培管理要點並非如表 4-17 所匯集者而已，而是需要整合蝴蝶蘭容易進行光合作用的必要條件，才能有益於蘭苗生育。

表 4-17　　從光合作用觀點檢視蝴蝶栽培管理指南

	phase	時段	CO_2	O_2	生理的意義	管理指南
phase	1	夜間	吸收	吸收	吸收 CO_2，以蘋果酸形態貯存於液胞內。	為抑制氣孔的蒸散作用，需保持在高溼低溫(20℃左右)的狀態，對於 CO_2 施肥才有效。
	2	黎明天亮	吸收	吸收	氣孔關閉前的短時間吸收，不能明確見到蝴蝶蘭有此現象。長日條件時夜間吸收移動至明期，到有時候可見到吸收。	短日條件時因 phase 2 時間較短的關係，即無實質的管理意義。長日條件下，因夜間 CO_2 吸收無法充分進行，對於 CO_2 施肥，溫溼度管理比較有效。
	3	日間	±※	釋放	由貯存的蘋果酸，還原為 CO_2 以進形光合作用。	氣孔關閉的關係，水分無蒸散，溼度降低亦不影響。溫度可提高(25-30℃)光強度亦可升高。
	4	午後｜黃昏	吸收 ※※	釋放	貯存的蘋果酸，用盡後可見到 C3 型光合作用。	為抑制氣孔蒸散，需加強遮光，以維持高溼低溫(20℃左右)。即對 CO_2 施肥有效。

註：＊在通常見不到 CO_2 釋放，但生育不健全植株有時候可見到 CO_2 釋放。

　　＊＊在水分缺乏或乾旱條件下，有時見不到 CO_2 吸收。

六、花序分化要因與花期調節

　　Phal. amabilis 與 *Phal. schilleriana* 在短日處理的 18.3℃(低溫)條件下，開花變成不定期。自然條件下，*Phal. amabilis* 在秋天開花、*Phal. schilleriana* 在冬季開花。低溫長日照條件下，開花期有時候有延遲情形，但開花期不變。尤其在長日照條件的夏季，*Phal. schilleriana* 在花梗形成營養芽，而 *Phal. amabilis* 則在根基處形成營養芽。同樣現象在自然的長日照條件下，亦可在晚春、初夏見到。自然環境中，蘭株愈大，在秋冬的短日低溫下，會發生花序。花梗的原芽體與溫度和日長無關，它會自行分化，在遇到低溫刺激或短日條件時，即開始生長，若這些條件持續不斷，花梗就會進一步發育，並一直至開花。花

梗生長時，低溫或短日條件如果中斷，即轉變爲營養生長。因而花序尖端生長點生育具可逆性，視當時環境條件的變化，有時花芽分化會轉變爲營養芽（Roter,1959）。有關於蝴蝶蘭的開花生理研究，遠在半世紀前已在進行並確實說明蝴蝶蘭的開花習性。

　　蝴蝶蘭花梗伸長，主要依靠低溫刺激誘發，日長條件幾乎不影響（西村、小杉，1972）。以 *Phal. amabilis* 置放於 12 小時以上、25℃以下的溫度環境中，經過 6-8 週後, 由上算起的第 3、4 葉葉腋處發生抽梗現象（Sakanishi 等，1980）。低溫處理（23℃、55 天）的效果，仍是自然條件不如短日條件良好（米田、石瀨，1989）。使用人工光照下，因可做比較正確的溫度管控，所以光度愈高，開花則提早（井上、樋口，1988），又光照時間（4-16 小時）愈長，至花梗產生的日數，除了開花日可提早外，花梗數亦增加（井上、樋口，1889）。蝴蝶蘭花梗的分化誘導，則以光照量較重要。如在連續暗條件或低照度條件時，花序分化則受到抑制（窪田、米田，1993ab；Wang,1995；Kubota 等，1997；Konow and Wang, 2001；久松等，2001）。日間高溫時，花序的發生，顯著受到抑制（小川，2003）。又在低溫、強光、高 CO_2 等各條件下，葉片中的蔗糖濃度增加，這些現象，與花梗發生有關（Kataoka 等，2004）。這些現象與花梗發生的光照條件，以及在低溫條件下進行的生理皆過程爲必要。

　　Doritis pulcherrima 的開花特性與大花系列蝴蝶蘭有所不同，它是一種秋季開花的原生種。其爲開花受短日條件所促進，而受到長日條件所抑制的相對性短日植物，花芽萌發誘導時，葉中與開花有關係的蛋白質受到合成（Wang 等，2003）。現在生產線上所栽培的蝴蝶蘭品種爲含有 *Doritis* 系統與多種蝴蝶蘭的原生種所雜交而選育者，其開花特性受到各種原生種的遺傳基因所影響，故品種不同，其開花特性

當然有相異性。但是蝴蝶蘭的開花特性①花梗萌發誘導的主要要因爲低溫；②花梗誘導方面，低溫下短日條件，有助於促進抽梗，長日條件具有抑制作用；③花梗形成後的長日條件，除可促進光合作用外，間接有利於提早開花。又花梗在發育階段，需要不同的必要條件，以促進開花，以上特性皆可列入思考。倘若要完全明白這些開花要因，則需要做更進一步研究。

蝴蝶蘭花序的誘導及發育，受到溫度與日長以外的各種因子所影響。受到低溫刺激的蝴蝶蘭，其腋芽形成花序後開始伸長，其花梗伸長到某程度（編按：約 2-3 cm，林育如，2002）後花蕾開始分化。這一連串的發育過程可連續產生，但其有各不相同的發生過程，不同發生過程的必要條件也不一樣。因此，如能記住此現象，則有益於理解其開花過程。故花期調節方法並非僅針對溫度控管，尚有其他的開花管控方法可資利用。

（一）花序分化的階段

成熟狀態的蘭株，受到低溫刺激後，腋芽休眠，開始發育。在腋芽開始發育前，植物體內頂芽的優勢不再。其頂芽優勢不再的原因之一，被認爲是受到日間的低溫影響，但是日間低溫足以使其喪失頂芽優勢的理由並未明。

頂芽強制去除，而失去頂芽優勢的植株，在與溫度無關的情況下，腋芽變成營養芽（莖葉）而開始成長。去除頂芽蘭株，以 NAA 處理後，不論溫度如何，腋芽受到抑制。高溫條件時，腋芽生長延遲，但延遲情形經施用 GA_3 後即減輕。在低溫條件下施用 GA_3 後並未獲得效果，即可料想低溫效果的一部分即已融入於 GA 合成。僅在低溫條件施用 BA 時，發現有腋芽發育的促進效果（窪田等，2003）。

此結果在花序發生上，其頂芽的存在具有必要性，與植物荷爾蒙有關係且各個有關於荷爾蒙的分配方法未盡一致。

　　感應到低溫後腋芽開始發育，大約 4 週時間才能用肉眼觀察到。花梗最初的生長緩慢，但花梗的產生可由肉眼確認，5-6 週時即開始急速伸長，其後又轉為緩慢，此時上節位花梗腋芽的花蕾開始分化。花梗分化可分 3 階段：

①休眠芽將形成花序的創始發育階段。

②從發育最初的花梗開始分化花蕾階段。

③花蕾開始分化至開花為止階段。

　　至於花蕾分化階段，從花梗發育可確認開始 8 週（56 天）之後，開花以第 13 週（91 天）之後開始（圖 4-25）。然各個階段的必要條件不一定相同（表4-18）。低溫處理開始至出貨為止，所需時間約 4-5 個月，但受溫度條件影響，其出貨時間表有時候會發生變動。

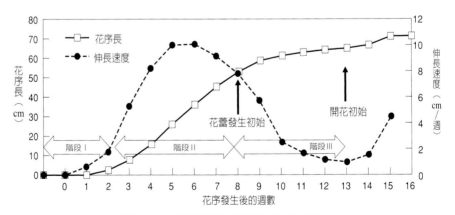

▌圖 4-25　蝴蝶蘭花序的伸長與發展情形。

表 4-18　蝴蝶蘭的花序發展各階段與其相關因子

花朵形成階段	說明	促進因子	阻礙因子
階段 I	從葉腋休眠芽要萌芽形成花梗而開始發育止,「低溫」外的要因皆不能替代。	要高溼度及適當的日間低溫(1)、短日照、BA(?)	低照度、日間高溫、長日、過剩的胺態氮素 NAA
階段 II	生長開始的花梗發生分枝或開始花蕾分化為止。	GA₃、BA、氮素、適當的低溫(2)、長日照(?)	高溫、短日照(?)
階段 III	花蕾開始分化並至開花為止,低溫需求不如階段 I 一樣低溫。	GA₃、氮素、適當的低溫(3)、長日照(?)	低溫、短日照(?)

註:階段 I 所必要的低溫(1)＜階段 II 所必要的低溫(2)≦階段 III 所必要的低溫(3)。
　　階段 II 以後的生育對低溫雖非必須,但低溫不足時有益於花梗的伸長、分枝的促進作用。

（二）花期調節的方法

1. 依賴暖房的高溫抑梗與冷氣房的低溫促進開花

　　充分營養生長的蘭株,遭遇低溫條件,其芽原體就萌芽抽梗,但在 28℃高溫條件時,花梗的萌芽受到抑制(坂西、今西,1977;Sakanishi 等,1980)。因而以最低溫度 28℃管控時,可抑制花梗產生,故在必要時期以低溫開始處理,並經低溫處理 4-5 個月,即可開花,故蝴蝶蘭在產業上,可週年出貨。至於開花期間的差異性,其原因在於低溫處理中的溫度差異,如以低溫度管理時,開花所需時間較長,唯花朵品質較良好。

(1) 高溫抑制

　　在自然條件下,花梗幾乎不產生的時期在梅雨後約 2 個月左右,如要高溫抑梗,需長時間設置暖房(加溫設備)。唯蝴蝶蘭的花序分化誘導上,依然以日間的低溫較重要,如日間的溫度超過 28℃以上,花序的發生受抑制情形較顯著,其抑制程度,在夜溫 21℃時,比

夜溫 18℃大。當日溫 28℃、夜溫 18℃時，花序的發生受抑制，但可見到花梗長度較長及分枝產生。如日溫上升至 30℃時，對花序抑制更大，如夜溫設定於 21℃時，則抑梗的情形達 2 個月之久。設定日溫 25℃、夜溫 21℃或 18℃，則花梗產生率達 100%，唯夜溫 21℃與 18℃比較時，前者提早 10 天開花。另外，當夜溫 21℃時，抽梗數為 1 支，夜溫 18℃時，近半數植株的抽梗數為 2 支，但花梗的花蕾數減少（小川、西尾，2003）。故要確實地依賴高溫抑制抽梗效果，宜日溫設定於 30℃以上，夜溫須設定於 21℃以上，否則效果不彰。依賴高溫抑制花梗發生，雖效果良好，但暖房「能源經費」很大，為降本求利，可考慮併用多種方法，其效果更佳。

(2) 低溫促成開花

在日本的蝴蝶蘭栽培上，利用冷氣房處理以誘導腋芽萌發的必要時段，仍以 6、7、8、9 月這 4 個月（或未滿）的時間為主。其餘 8 個月可利用自然低溫以誘導腋芽萌發。但是低溫處理最需要豐富的太陽能，尤其高溫期更是必要。太陽能導入冷氣房內，並能將日溫控制於 25℃時，則更需要大容量的降溫能力。要提高冷氣房效率，外部遮光具有效果，但光量為花梗產生的要因，茲為加強遮光效果，相反地將降低低溫誘導花梗的效果。

改善冷氣吹出方式亦可節省一些冷氣房經費，有助於產業降本求利的原則。通常冷氣房裝置，都將吹出口設計在上部位，使冷氣能均勻而易於混合。但催花房的重點在於植株溫度（所需低溫），並非整體溫室降溫。故為了提高冷氣效率與降本求利，需加強內溫室氣密性，不使冷氣外漏損失宜列為要件之一，所以設計上內溫室高度合理化（棚架高度降低），冷氣通風管改設於植床下，使冷氣停滯而不使之過度流失，地面覆蓋斷熱材料，以及使用塑膠布製隧道，使冷氣針

對植株降溫等，都可以節省冷氣房費用。

　　通常契約容量爲配合最大耗電量而設，但整年中的使用的電量通常達不到契約容量。爲了使用數個月的冷氣房期間而需支付全年用電費用，不符合經濟原則，爲了避免浪費而改用瓦斯冷氣房，也有利於降低成本。對於使用改裝瓦斯式冷氣房設備，在初期投資成本較高，但支付電力基本費及流動電費合計後，再做成本分析比較，仍然是使用瓦斯式設備較節省成本。另外自家裝設發電機亦有助節約契約用電，其他尚有租用發電機來發電。以補救一時增加的耗電量亦爲減少冷氣房費的有效手段。

2. 上山栽培

　　高溫抑梗與冷氣房低溫處理相互配合，對蝴蝶蘭的花期調節可管控自如，但會使能源成本增加。除了依賴人工設施如冷氣房的溫度處理外，夏季利用高冷地區的低溫場所栽培（山上栽培）成熟蝴蝶蘭株，則可調節花期。又利用不同海拔亦可全年誘導花梗萌芽，但因利用自然氣候條件栽培管理，其出貨時期較不易掌控，致生產量值無法穩定。上山栽培時，因不需要冷氣房設備，所以可節省能源費，蝴蝶蘭花期亦可調節生產供應市場所需。但是因運輸、降雨、結露或過度低溫等，容易引起蘭株損傷。茲爲使本方法可穩定進行，宜選擇週年可誘導花期調節的氣候帶的高海拔場所，並設置有保溫設備的溫室，裨益運用。選擇的場所夏季宜不超過 28℃ 以上，僅添加加溫設備，就可整年進行蝴蝶蘭的花期調節，所以印尼、臺灣等地，爲配合日本的接力式栽培，即於高海拔處，專設有花期調節農場。

　　上山栽培前的遮光管理會影響腋芽萌發，1 層遮光（7 月 3 日的光度爲屋外的 11.3%）較 3 層遮光（同 5.1%）的花梗產生多（米田等，1991）。依據下山後的管理溫度，其開花及梗長雖受到影響，但下山

之後，溫度高時，開花時間遲延，開花朵數亦少（米田等，1989）。上山栽培（6 月下旬至 8 月中下旬）中的花梗發生狀況，會受到之前施肥影響。株齡小、停止施肥早者（2-6 月），產生花梗會提早。不停止施肥或延遲停肥者，也有不生花梗，但梗長及糖分開花朵數則良好（米田等，1984）。

3. 依賴植物生長調劑的花期調節

上山栽培為利用自然低溫促進腋芽萌發，其效果易於偏向不安定性。如併用植物生長調節劑處理，有利於提早上山栽培的腋芽萌發，如果單用 BA（200 ppm）或 GA+BA（100 ppm+200 ppm）施用二次會促進其開花。經過這些處理後，提早產生的花梗比率增加，開花時間提早，但是最後的花梗發生率並無差異。此等效果都由 BA 而產生，經 BA 處理後，可由下位節抽出花梗的比率增加、著花朵數亦增加。但是花梗長度經過 BA 處理後變短，而 BA+GA 處理後，其花梗長度即回復正常（米田等，1988、1990）。

花序誘導（階段 I）時，「低溫」為必要要件，目前低溫以外的方法不可進行花芽誘導。從花梗伸長至 8 cm 的 *Phal. amabilis* 來看，在日夜溫 25／20℃（12 小時日溫／12 小時夜溫、9 小時日長）的條件下，花蕾雖可發育，但日夜溫 30／25℃（12 小時日溫／12 小時夜溫、9 小時日長）的條件下，花蕾發育即受到完全的控制。但是高溫條件（30／25℃）下，每週 3 次由花梗尖端第二節位處的苞葉內施用 GA_3 40 μg 處理的結果，如繼續低溫處理一樣，其花梗及花蕾都能繼續伸長或發育。GA_3 與蔗糖的處理組、對花蕾數並無關係。BA 處理組即無效果。維持高溫者其花梗內的糖分濃度並未見到變化，但維持低溫者或經 GA_3 處理的花梗，其花梗內的蔗糖合成酵素的活性即呈上升，蔗糖、葡萄糖、果糖濃度即增加為 2 倍左右。葉片以 2% 蔗糖處

理時，葉中糖分含量呈明顯增加，並使葉片徒長。GA_3 處理 9 天葉片上偏生長停止，糖分濃度下降，但花梗中的糖分濃度提高（Chen 等，1994）。

以低溫條件（日溫 25℃／夜溫 20℃）誘導花梗萌芽至 2-3 cm 長度時，如又移至高溫條件（日溫 30℃／夜溫 25℃）下，並以 GA_3 處理後，花蕾雖可誘導萌芽與發育，但會產生畸形的花朵。

又如以 GA_3 處理 4 天後再以 BA 處理，則可抑制畸形花發生，但節間長度變短（Chen 等，1997）。這方法可短縮低溫處理所需時間，但畸形花的發生等受荷爾蒙影響，致花朵品質降低，紅色系品種的色調不均勻等，這些都是起因於溫度升高再開花所導致的後遺症。

蝴蝶蘭花梗從基部切除後，基部殘餘的休眠芽，可再次萌芽，並可能發育伸長成第 2 次花梗。其花期自春季至夏季開花，如在花梗切除處塗抹 1% BA 羊毛脂膏後腋芽約經處理後 7-10 天開始發育，但高溫期處理時，易產生高芽。BA（1%）與 GA（0.25%）併用處理時，腋芽即萌發為花梗而順利發育成長。但是 7 月以後高溫期時，朵數減少，花瓣變細小且不能正常開花（澤，1997）。又在低溫下植株以 BA 處理（0.1 或 1 mM 溶液的 30 ml 噴施葉面或 150 ml 施灌土壤）時，可促進花梗形成（窪田等，1995），至今蝴蝶蘭花期調節方法的抽梗和開花的主要環境因素，除了以低溫為主，目前尚不知其他可替代進行的方法。

低溫條件下的花序發生，如果以 NAA 0.1、0.5、1 mM 溶液 100 ml 灌注土壤中，某程度上可抑制花梗形成（窪田等，1995）。又以 0.1%（1000 ppm）的 NAA 鈉鹽水溶液，從頂端往下數第 3、4 葉腋處各施用 200 μl 可延遲形成花序大約 1 個月之久。但是施用 BA 對花序的形成並無影響（圖 4-26；Chansean and Ichihashi, 2006）。

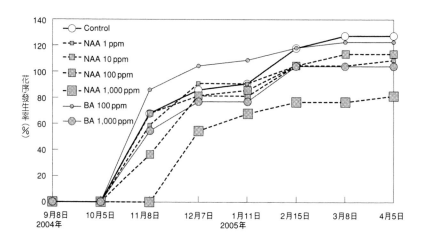

註：NAA、BA 從第 3、4 葉腋處各施用 200 μl 在 8 月 17 日、9 月 22 日、10 月 21 日計 3 次處理之。

▎圖 4-26　NAA、BA 處理對花序發生的影響。

4. 依賴暗處理抑制花序發生

　　為提高冷氣房的效率，加強遮光較有效果，所以低溫處理時，已知加強遮光較有利於抑制花序發生。故在花梗誘導期間，能確保日照量為管理上的重點，因在低溫光度下，花梗形成易受到抑制。這現象可在冬季（低溫條件下）時，用於抑制花梗。

　　從低（涼）溫刺激花芽形成花梗開始，至可用肉眼確認，花芽萌發後，約 4 週（PPF：160 $\mu molm^{-2}s^{-1}$、日溫 12 小時 20℃／夜溫 15℃；Wang, 1995）或是 21.3 日（PPF：250 $\mu molm^{-2}s^{-1}$ 20℃恆溫、14 小時明亮處；Kubota 等，1997）時，再增加日照量，其誘導期間便縮短。相反地，在低溫下花梗誘導時，若植株置於暗處，花芽誘導作用會暫時停止，且置放在暗處期間，其花序發生與開花都均勻遲延。

　　放置暗處處理的方法有多種可考量，例如：5 天放暗處與 2 天放

自然光下，並重複操作，通常在 1-2 月間開花的蘭株，可延遲至 5-6 月間開花，但花朵數減少（Wang, 1998）。又通常在 2 月 16 日開花者，以連續 20 天或 80 天期間置放於暗處時，其開花時間改變爲 3 月 15 日 - 5 月 15 日。因使用暗處理時，花序長度、花朵大小未受到很大影響，但 80 天處理者，其朵數減少（久松等，2001）。這種置放於暗處的方法，再加上低溫條件，可使開花時間延遲。

5. 花序切除與摘蕾處理

秋天來臨之後，氣溫漸低，蝴蝶蘭短縮莖的休眠芽體，經低溫刺激一段時間後，芽原體開始發育而形成花梗。但是其開花期適值氣候寒冷時期，產品價值又處於低賤期，故宜將發生的花序從花梗基處切除，使其短暫延遲裨益抽第二次花梗。當花梗尚在幼小時切除，會立刻再抽第二次花梗。切除完全開花後的花序時，其第二次的抽梗率降低，倘若產生第二次花梗時其花朵數減少。故開花後的蘭株要重新誘導開花前需要訂定營養生長時間。

延遲第二次花梗的產生時，爲裨益確保花朵數，有必要抑制蘭株的營養消耗。爲此可先切除花蕾發育的頂端處，俟適當時期再從花梗基處切除花梗則效果良好。另外如不切除花梗，但從 4 月至次年 1 月止，當花蕾發育如大豆一般時，連續摘除花蕾，花梗上端即繼續分化花蕾，其花梗亦繼續發育伸長達 286 cm 之長。在此階段切除花梗時，於 3.5 個月後蘭株才會正常開花（長谷川等，2003；米田等，2004）。

在較早階段（時間）切除花梗的方法，可減少花梗數發生，小花型品種等欲使之同時發生複數的花梗時，會減少花梗數且降低品質。故保留花梗並提前繼續摘除花蕾的方法，是減少開花株負擔，同時將管理勞力移爲其他用途的好方法。

6. 依賴氮素施用以抑制花梗的形成

蘭株過量施用氮素，雖可促進營養生長，但花芽分化受抑制。這種多用氮素的蘭株，要確實誘導花梗，宜先使其營養生長旺盛，俾以消耗植物體內氮素，另外，有必要檢討思考高溫處理過程。利用此現象，則可抑制蝴蝶蘭花梗分化。

蘭株由高溫抑梗溫室（22-32℃）移至低溫溫室（15-27℃）前後施用氮素（280 ppm／200 ml／3.5 寸盆／週），則可抑制花梗產生。

高溫抑梗室中，4、5、6 週間的氮素（硝酸銨，NH_4NO_3）施用株，其花梗產生率，各為 37.5%、18.8%、0%。但是經過長時間施用氮素，卻適得其反，在高溫抑梗溫室中的蘭株，施用氮素 7、8 週後，其花梗發生比率分別為 6.3%、37.5%（圖 4-27：Ichihashi, 2003）。

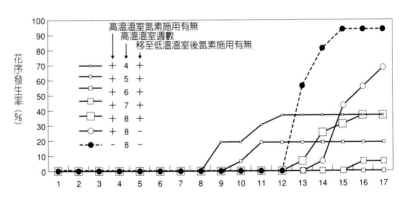

註：在高溫溫室以 NH_4NO_3　0.8 gL^{-1}（N280 ppm）200 ml 每週施用之後移入低溫溫室並調查花序的發生。

▌圖 4-27　施用氮素抑制花序的發生。

硝酸銨（NH_4NO_3）含有 NH_4^+-N 與 NO_3^--N 兩種形態的離子，為了解何種形態的氮素會影響花梗產生，設計試驗以 10 mM 的 K_2SO_4、KNO_3、$(NH_4)_2SO_4$、NH_4NO_3，每週施用於 300 ml／3 號盆的實驗結果

得知，其抑制花梗效果與 NH_4^+-N 有關。又花序滿開時切除花朵的持久性，將 NH_4NO_3 與 $(NH_4)SO_4$ 兩區及 K_2SO_4 與 KNO_3 兩區相比，得知前者的花朵持久性較短。從上述結果可說明，花梗發生與花朵持久性的抑制效果，仍受到 NH_4^+-N 的影響，由此可推論 NO_3^--N 並無影響效果（堀尾、市橋，2003）。爲更進一步確認此點，用 5 meL^{-1} 的 $(NH_4)_2SO_4$ 或 NH_4NO_3 300 ml / 3.5 號盆，每週施用後，其花梗的產生大約受抑制 1 個月，但使用 K_2SO_4 與 KNO_3 時，花梗的產生與開花並未受抑制（Chansean and Ichihashi, 2006）。

　　從這些結果得知，花梗分化的抑制，足以證明是否施用 NH_4^+-N。但爲穩定並確立具有可信度，有必要繼續加強研究，又因施用 NH_4^+-N 致花朵持久性縮短，故在化肥選擇上，宜融合花序生長需要，使用 NO_3^--N 對於改善花朵持久性有益處，這種不損及花朵壽命的處理法，有必要再次確立（蝴蝶蘭花朵壽命長爲其重要特性之一）。

7. 生長調節劑

　　在日本，以往各種生長促進劑，皆作爲葉面散布劑或是培養處理劑販賣，爲配合農藥取締法（農藥管理法）的改制，舉凡使用方法不明確者，至 2005 年 10 月止，依規定不能販售使用。但效果明確，並有其必要性者，依特定農藥規範（特定防治資材）得以使用。何種藥劑具有效果，應謹愼考量並加以選擇。以下所列者，其效果比較明確，依據使用技術而言，依使用方法不同其效果可能也不同，但並非所有藥劑都可受到認定。

(1) 木酢液

　　高濃度（5-200 倍）木酢液對多數微生物具有殺菌效果，比前列（5-200 倍）的濃度低時，則對多數的微生物、植物的生長具有促進效果（木嶋，1992）。因目的不同，散布濃度亦相異，用錯濃度時可

能無法獲得預期效果。實際使用上，有些生產者將木酢液散布在蝴蝶蘭上，其效果僅能減少病蟲害的發生，對害蟲僅有忌避效果，可減少農藥使用量。

再者散布木酢液對地錢屬（*Marchantia*）的病蟲害防治具有效果。對於其他植物的效果姑且不說，唯在現況下，因其未被包含在特定防治資材內，故不能當作農藥使用。然由於木酢液等未經政府機關確認，使用者必須自負風險責任。

(2) 氧化劑

氧化氫水（oxyful，雙氧水、3% 過氧化氫水溶液）為一種殺菌劑，可用於皮膚受傷時作為消毒劑。另外在無菌播種時可用於洋蘭的種子消毒。而過氧化氫水溶液（MOX，mixed oxide，混合氧化物），能作為殺菌劑及氧氣供給劑使用於蝴蝶蘭栽培。本劑至今雖未能認定為特定防治資材，唯對器具類、換盆作業場所的殺菌上，如認為必要時，雖然未註冊登記為農藥類，仍可用於家庭的殺菌劑（ハイター：商品名稱→德語：heiter）。

(3) 植物生長調節劑

①細胞分裂素（cytokinin）

苄基腺嘌呤（BA）已註冊登記為萌芽促進劑及著果促進劑。在低溫做花梗誘導處理時，可見到促進花梗發生的效果。

②生長激素（auxin）

2, 4-D 用於除草劑、4-CPA（para-chlorophenoxyacetic acid，對氯苯氧乙酸）用於著果劑（4-CPA, Tomatotone）、NAA 用於發根促進劑而被登錄利用。具有萌芽抑制效果的 NAA 現在尚未登錄。低溫時如以 NAA 處理，可抑制花序的發生。如以 DCPTA（2-(3,4-dichlorophe-noxy) triethylamine，通稱「增產安」）30 μM（10 ppm），做浸漬處理

2 小時後，**蝴蝶蘭實生苗存活率及之後長期性發育可得促進效果**，甚至於開花性亦有明顯進步。另外經 DCPTA 處理後，植物葉綠體會發育，跟光合作用有關聯的酵素也會增加，因此被認為能促進蘭株發育（Keithly and Yokoyama, 1990）。以 DCPTA 30 μM 處理的各種洋蘭實生苗，其根群生長，則比未以 DCPTA 處理的對照組增加 2-3 倍，莖葉生長、存活率亦是比對照組更有促進效果（Keithly 等，1991），但是本藥劑亦未註冊登記為農藥。

③激勃素（gibberellin）

以植物生長促進劑登錄。當蝴蝶蘭花梗形成後，具有替代低溫效果。

④離層酸（abcisic acid）

離層酸功用為使浸水式直播水稻發芽苗能直立向上生長，並因而得以註冊登記。又因為發現其鉀素效果，便以含有天然型離層酸的家庭園藝肥料 Miyobi（ミヨビ：商品名），由 Baru（バル）企劃社販銷。對於蝴蝶蘭（花期調節）用 1 μg 處理時，花芽分化受到抑制（Wang 等，2002），但尚不確定是否可用於花期調節。

⑤乙烯（ethylene）

乙烯發生劑的乙烯利（Ethephon）的效用為促進成熟期、摘果等目的，而受到註冊登記。乙烯對蝴蝶蘭的作用效果，眾所皆知的有提早落蕾、花朵提早萎凋等生殖器官壽命縮短現象。

第五章

日本和外國的接力栽培
Relay Cultivation between
Japan and Foreign Countries

　　日本蝴蝶蘭的生產需耗費大量能源，而減少保溫費
支出，為有效降低生產成本的方法。在不需保溫作業的熱
帶地區培育蘭苗，是非常有效的節能方式，且不需額外實
行保溫作業的自然環境，為生產蘭苗最適宜的環境。在日
本，栽培蝴蝶蘭的場所中保溫設施絕不可缺，但因保溫後
會引起夜間溼度降低，勢必影響蝴蝶蘭的生長。因此，在
海外熱帶地區從事蘭苗培育產業，可大幅降低生產成本，
然缺點為增加運輸成本，故並非無難題存在。由此可以想
見，今後國際之間接力栽培將成為重要的蝴蝶蘭盆花生產
方法。

接力栽培為不同生產者培育不同階段的蘭苗，可說是一種蝴蝶蘭專業分工生產的方法。秋石斛蘭栽培，是在 1980 年末以後，日本與泰國國際合作的接力栽培，在此之前，秋石斛一般以自家供應的實生苗為主，待泰國能生產分生苗建立量產化後，則改以瓶苗進口代替，不久後又改為進口可開花株，日本於購入後進行接力栽培來供應需求。此栽培方式對秋石斛的生產所需耗費的生產成本（保溫費）減少許多，且泰國育出優質品系與分生苗品種已達普及化，在曼谷周邊為合適的生產地，交通運輸亦相當便捷，形成接力栽培能迅速發展的條件。

　　在蝴蝶蘭生產上，以往只在日本國內生產者之間進行接力栽培，不像秋石斛較早就進行國際間的接力栽培生產，因此延遲了多年才開始蝴蝶蘭的接力栽培。因蝴蝶蘭與石斛蘭生產的原則相異，前者需要避風雨的設施，因此泰國曼谷地區無法成為蝴蝶蘭接力栽培的最適宜地點，且在泰國，蝴蝶蘭的分生苗生產技術尚未達到實用化階段，以致蝴蝶蘭在泰國行接力栽培發展延遲。不過目前的蝴蝶蘭產業已具備有效率的生產體系，並建立國際間接力栽培，並已成為蝴蝶蘭標準化的國際性生產方式。

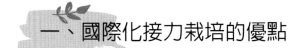

一、國際化接力栽培的優點

國際生產者之間，其接力栽培的優點：

① 經常可做特定生育階段的集中栽培，並做精密管理以提高栽培技術。

② 各階段栽培者得以舉辦觀摩會，以獲取正確栽培資訊，裨益各生產者。

③國際化接力栽培時，可降低人事費、設施費、能源費、土地租金等。

④可選用最適當的自然環境做育苗栽培作業。

⑤在日本境內的栽培期間得以縮短爲半年內，溫室利用率高，可提高產業效率。

⑥在日本國內栽培期縮短，可降低損耗率，以提高良品率。

但國際化接力栽培並非無危險性存在。國際化接力栽培，除降低生產成本外，主要目的在於提高日本栽培的效率。在海外基地生產蘭苗的目的，則是減少蘭苗生產過程中，出現不良株的風險，使此風險於生產成本偏低的生產地吸收，而使生產成本偏高的日本國內最終商品率偏高。自然條件適合於蝴蝶蘭生長的場所不但成本低，亦適合作爲接力栽培的地點。從溫度條件而言，蝴蝶蘭營養生長的最低溫度爲20-25℃，最高溫度 30-35℃，所以能滿足此條件的區域以赤道周邊莫屬。其他條件爲需要夜間溫度自然降低，溼度自然升高，這對蘭苗生長速度而言相當重要。然而人爲溫度調節的加溫或冷氣催花房降溫，都會使溼度下降。

蝴蝶蘭生長最適宜的場所，雖然世界各地皆有，但若將其他條件列入考慮時，適合與日本進行接力栽培的地點則有所限制。

二、國際化接力栽培的難題

國際化接力栽培受到長距離運輸而產生各種難題。一般而言，運輸費受到距離長短的影響，且空運或海運二種運送方式的優劣差異很大，例如空運雖然快速，但所費不貲。又國家不同，其費用亦不同，有時運輸距離短費用卻很高昂。另外，政府頒布外銷獎勵制度的國家，費用一般較爲低廉。實際需要的運輸費包含：

① 付給當地花農的苗株費。

② 海運或空運前的一切運費。

③ 海運或空運費用。

④ 到達日本後通關費及內陸移動費等。

以上包含了日本業者需付出的費用。用貿易用語表示時，FOB（free on board），價格為上述費用的① + ②，海運或空運費用與保險費由買方負擔。CIF（cost + insurance + freight）則為① + ② + ③，包含到達日本為止的運輸費與保險費。另外尚有 C&F，是 CIF 的變形，不包含保險費。C&I 通常由買方負擔，契約價格當然以 FOB 最廉價，其次為 C&I，再次為 C&F、CIF 等。商品到日本後，必須支付通關手續費、消費稅（CIF+ 進口稅 5%）及陸地輸送費（汽車）等。唯依據日本進口稅法規定，蘭苗屬於半製品，可以免除。因輸送引起的問題，主要為機械損傷，或是激烈的溫度、溼度變化引起傷害。輸入日本之蘭苗可以帶介質，所以比起裸根者可減少蘭苗損傷。

假設從臺灣海運蘭苗輸出美國，設定溼度 70% 與 10%，溫度設定 25℃ 與 30℃，以及有無照明處理測試 30 天，若無兩種以上不良條件時，則不致引起海運輸送的損傷問題（Su 等，2001）。從東南亞各國海運輸入日本時，所需時間 30 天以上者不宜考慮。如果使用經調整完善的冷凍貨櫃（reefer container），則可增加輸入日本的可能性。但是輸送蘭苗需要斷水、止肥，因蘭苗置於無光線狀態，致使光合作用成暫停狀態，所以船期愈短對蘭苗愈有利，因此必須將船期控制於最短時程內。至於已產生花序者，以海運運輸會增加危險性。

理論上，空運機艙貨物室溫度設定良好，飛行途中空調鮮少失靈，且東南亞各國對日本運送為直飛航線，航程短暫，因此極少產生問題，但實際上並非萬無一失。經包裝的蘭苗植體溫度，受到氣溫、

光照影響會發生變化。因蝴蝶蘭接力栽培國位於熱帶地區，雖可不考慮低溫影響，但長時間置於高溫溼熱天候下，紙箱中溫度會升高，繼而引起高溫障礙。為防範未然，在 2006 年，泰國、印尼對日本運送蘭花航班均已改為夜間航班，因此對日照高溫的危險並未發生。但在裝機作業仍有淋雨風險，唯未引起太大的困擾。實際上，難處是到達日本的低溫問題，即驗關開始至送達溫室的過程，才是障礙發生的時間點。

　　如圖 5-1，為保溫需要，在紙箱內先裝入 6 張 3 cm 之發泡合成樹脂板（styrene），在冬季從北京送至日本時，紙箱內與外界溫度變化情形。2003 年 1 月 28 日 9 點於北京起飛，12 點抵達成田機場，然在到達目的地前，紙箱內部溫度變化受到外部溫度影響，溫度會徐徐下降。又紙箱內部溫度變化，受到外界低溫影響，紙箱內部溫度會快速下降。另外長時間置放於低溫下，亦可理解為何紙箱內的溫度變化大（資料由札幌啤酒農業部提供）。

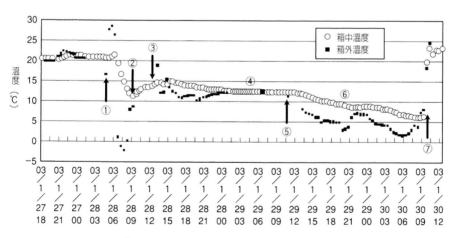

圖 5-1　北京到成田空運期間紙箱內溫度的變化（冬天）。
①農場出發→②北京機場起飛→③到成田機場
④入庫保管→⑤裝上卡車→⑥卡車輸送→⑦ 到目的地

　　另看到印尼雅加達（Jakarta）輸日案例（圖 5-2），在日間陽光照射下，其紙箱內溫度上升，但仍爲在容許範圍內的溫度變化。到達日本後，溫度變化隨著時間的延長亦有所增加，但仍在容許範圍內（資料由 PT Ekakaria 提供）。所以冬季輸日蘭苗，到達日本後，蘭苗仍有遭受低溫障礙的風險。

　　經包裝後的紙箱溫度，易受到植盆乾燥狀態及高低溫變化的影響。輸送紙箱爲密閉狀態，植盆含水量過多易引起溼度過高而導致病害發生。又裝箱前如未做乾燥處理，會因溫度下降而產生溼度上升的現象，如此狀況長時間持續，就容易成爲病原菌繁殖的環境。所以輸出蘭苗宜預先乾燥處理後才可進行包裝作業，如此蘭苗較易獲得保障。唯乾燥處理，將造成生長暫時停止，因此被認爲不是理想的方法，應有所警覺。

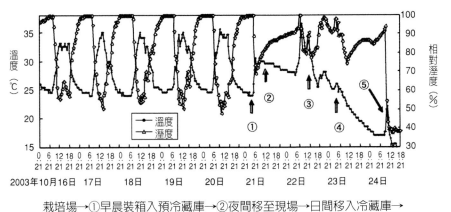

栽培場→①早晨裝箱入預冷藏庫→②夜間移至現場→日間移入冷藏庫→
③夜間裝貨，空運→④翌日到日本→國內運輸→⑤農場開箱
圖 5-2　印尼雅加達航空運輸時紙箱內的溫溼度變化。

　　除 2001 年 9 月 11 日紐約恐怖攻擊事件外，國際航線到達時刻延誤亦不少，經常有航班隨時取消的狀況，又蘭苗到達後，通關等時程會增加或引起凍、寒害及病蟲害的機率提高，且在週末通關又會增加費用。如發現蟲害，蘭苗會遭受退運或燻蒸處分，則蘭苗活力大減，這些風險要如何防止發生或降低至何種程度？經考慮各風險因素後，尚能提高生產效率時，則國際接力栽培便能實踐。

　　輸日蘭苗面臨的風險不只上述，尚有成熟苗經涼溫處理後，蘭株不產生花序者。不能萌芽形成花序時，之後生產計畫將大幅失敗，生產效率降低。導致這種現象的可能原因是為促進營養生長，氮肥施用過多所引起。故在選擇輸日蘭苗時，如無法使植株體內維持低濃度氮肥，在輸入日本後，宜進行高溫栽培，以提高 C/N 比（降低氮素含量）。

　　從泰國或印尼輸日的蘭株，似無施用過多氮素現象，所以低溫處理後，抽梗結果較佳。但與日本國內生產的蘭苗做比較時，葉片似嫌偏長，推測原因是在高溫條件下栽培的結果，而此點可由育種克服。

　　關於經過嚴選外銷的日本蘭株，要預測病害發生是一件困難的事情。輸日後發生各種病害仍有所聞，至今也無一定的解決方式，都是經多次試行失敗後，累積經驗，才能對個別病害對症下藥。當蘭苗到達日本後，應盡速請求驗關，盡快搬送至溫室內，並開箱取出置放於植床上，做適當遮光處理，夜間溫度應維持在合理範圍內，使蘭苗逐漸恢復、適應於一般環境（馴化作業）。

　　病害發生原因包含：①輸送流程中經過物理性逆境，對蘭苗造成損傷，致引起感染病害危機；②經乾燥處理後，蘭苗在水分缺乏的狀態下，CO_2 不足，而無法進行光合作用；③營養生長地與日本栽培環境相異，蘭苗無法快速適應環境等。關於第①點，宜噴施預防性殺菌

劑，並灌注眞菌類殺菌劑，第②點，則需在夜間保持高溼度及高濃度 CO_2，使蘭株充分吸收 CO_2 並加強遮光管理等方法來加以改善。

從海外從事輸日蘭苗貿易時，上述危險常伴隨而來，且尚有不同文化背景、商業習俗等問題，不能相互理解者亦不少。其他尚有因日本花卉產業少量生產化與精緻式管理的特性，對於以外銷爲主要目的而量化生產的海外農場而言，無法快速適應的問題。

日本人看重商品品質，倘若是日本人則容易理解，但要海外人士了解，則需要相當長時間的配合。這些問題對於經營接力栽培的績優生產者而言並不是問題，但對於新投入此領域者可能遭遇極大問題。

三、國際性接力栽培的條件

國際間輸送過程中，可能發生的問題宜盡量排除，以使生產效率提高與穩定，是接力栽培能否實踐的要件。對方國家政治的安定性、公路交通便利性、電力供應、產業基礎建設完備性，例如高速公路等，及其他社會環境條件是否完善亦是重要條件。不論自然條件如何優越，如無法按照計畫或無確實運輸手段，則接力栽培無法成功。空運時，仍然以有無直航班機飛往日本列爲重要條件；而海運時，以是否有定期性船期與運輸速度爲重要條件，所以要選擇合適的地點就有其侷限性。

能否在產地做生產消費亦是一重要的要件，當地蘭花市場存在時，則可在當地獲得農藥、肥料等生產所必要的資材，同時凡是不適合外銷的產品，得以在當地市場出售。以前的泰國市場上，不易見到蝴蝶蘭瓶苗或是盆花，但現今已隨處可見。這個現象的起因，被認爲是受到與日本的間接力栽培所影響，使泰國終於有了蝴蝶蘭市場。

　　自然條件下，日夜高低溫宜在 20-35℃ 範圍為要件，日射量需安定且在合理範圍內，其他還有需無颱風侵襲、容易獲得灌溉水等。為利於 CAM 行光合作用，蝴蝶蘭夜間可保持高溼度環境模式亦是不可缺的要件。

　　為推行精緻化管理的蘭園，需要大量優質又廉價的勞工，此亦是重要課題。雖然一開始從事生產，但無法獲得所期待的業績時，想考慮退出生產組織，唯基於提供勞動機會之社會責任關係，結果難於退出的個案亦有所聞。所以有些問題需在當地實際從事生產，否則也無法了解問題所在。其他尚有政治安定性、周邊基礎建設是否完備、勞力供應、工資高低等條件，都能符合或令人滿意的場所實在難以尋覓。

　　此外，對農產品之國際貿易，有各種法律要遵守，所以國際接力栽培更需要注意並思考下列幾點。

（一）農藥登記

　　蝴蝶蘭栽培上，所用農藥在日本花卉類用途上，有註冊者才能使用。但各國間農藥使用規定未盡相同，所以當地經核准可使用者，在日本不一定可使用，由此欲外銷日本的花卉類植物所使用的農藥，以限於日本政府核准者為準。所以外銷日本的植物，經查使用未經核准農藥者，依規定不准進口。因此有定期性輸入蘭苗到日本境內時，貿易商、生產者有必要謹慎確認。

（二）輸出口許可證

　　包含蘭科植物在內，有關野生生物之國際性貿易，依據華盛頓公約而受到限制，所以在輸出國未製發輸出許可證則無法輸入。華盛頓

公約是保護野生動植物之國際性有關貿易之規則，但以人工增殖者，必須證明非野生植物，所以華盛頓公約在貿易上有其必要性。對蘭花輸出國家而言，有關人工育種之栽培品種已經很明顯者，華盛頓公約證明均可快速發放，但外銷經驗不足的國家，索取證明許可書則需花費時日。筆者（市橋）等，曾經從高棉輸入蘭花時，要取得華盛頓公約證明，則需等一個月以上的時間。

（三）植物檢疫證明書

從國家保護農產品觀點而言，凡是進口植物必須接受檢疫之義務。以日本而言，首先必須檢附輸出國檢疫證明（phytosanitary certificate）。依不同植物並從植物防疫觀點來說，都有受禁止作物及地區。這時候雖是無菌培養苗也是受到輸入禁止，但蘭科植物在此點上並未列入禁止問題。

土壤中均有病害蟲潛伏的可能，凡植體上帶附根系狀態者，不論何種植物均在禁止輸入之列。蘭科植物栽培上，不使用土壤而是以各種介質替代，故只需裸根即可輸入。水苔、泥炭土、椰殼、椰纖、樹皮、混合介質（peat, vermiculite, carbamic acid）等，都有輸入實例。除此之外，其他介質種植的盆栽亦有輸入的可能性。唯實際計畫輸入前，應事先向農水省植物檢疫所探詢，有利於作業進行（http://www.pps.go.jp/）。

在害蟲方面嚴格執行植物檢疫，就不致於發生病害。輸入植物在檢疫時，如發現害蟲，該批貨品即必須受燻蒸。至今曾造成蝴蝶蘭檢疫問題者，有紅蜘蛛、介殼蟲、薊馬、蛾類幼蟲等。而每一株都用報紙細心包裝的蘭苗，受燻蒸危害則極為輕微，經輸入後害蟲問題通常較少，反而病害才是主要問題。

四、接力栽培的現況

　　蝴蝶蘭接力栽培已快速普及，在此介紹的資訊並不是最新狀況，而是作者所知各地情況。圖 5-4 為現在進行接力栽培株地區的溫溼度資料。為明瞭蝴蝶蘭栽培環境是否適當，應從日照資料分析並加以了解，但很遺憾地未能取得有關資料。

（一）臺灣

　　蝴蝶蘭國際接力栽培，最初從臺灣與日本開始。現在接力栽培仍以臺灣為最重要的貿易地區。關於蝴蝶蘭的學術研究，臺灣亦積極活躍地進行。現階段的蝴蝶蘭生產，臺灣已是世界的生產中心，尤其育種或生產，臺灣已站在領先位置。

圖 5-3　臺灣的蘭園肥灌情形。

　　臺灣蝴蝶蘭生產的特色，包括相關生產設備均具備。同時臺灣保有豐富的遺傳基因資源與獨創性品種，不但生產者持有，業餘愛好者所作多量雜交實績亦有貢獻。雖然自然溫度條件不能謂之最適合蝴蝶蘭之生產地，唯在環境自動化控制下，已符合蝴蝶蘭生產的適宜條件。以日本來說，設備現代化的生產溫室至今並未普及，但溫室已裝設水牆及抽風電扇以供應生產所需。唯該溫室僅能降低高溫時段的溫度而已。從蝴蝶蘭生產上而言，在乾燥時利用加溼來降溫的效果顯著。又該方法在設備上，可與外面做隔離的栽培環境，所以可防範害蟲入侵，致可減用農藥。臺灣為世界最大蘭苗輸出國，又可配合消費國家多樣化的需求，而供應蘭苗生產，正是

因為臺灣已配備現代化的優良溫室（如溫溼度控制自動化、光度自動化控制等），以進行生產。尤其蝴蝶蘭栽培管理進步，其育種、微體繁殖技術、育成蘭苗效率化以及花期調節的專業生產者齊備，雖然沒有自己的栽培設施，亦能從事於蝴蝶蘭盆花生產行列。

臺灣與日本進行接力栽培的形態有：

① 從臺灣或日本輸入業者，購買開花可能成熟株的生產方式。

② 日本生產業者直接前往臺灣選擇品種，並委託生產分生苗，之後委請臺灣代養蘭園栽培至開花可能株，再輸入日本而在日本蘭園催花出貨的方式。

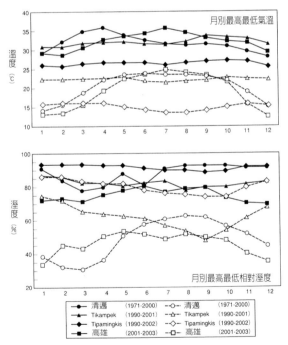

上圖為溫度，下圖為溼度，實線代表最高，虛線代表最低。

圖5-4　接力栽培植株供應來源地的每月平均最高最低溫溼度。

　　上述①為在臺灣購入既成品，②為日本生產者本身在臺灣深入參加栽培，並定期親自走訪委託蘭園，培育符合需求蘭苗的訂貨方式，可如此仔細參與，其主因在於日本和臺灣的地理條件及交通便利之故。

　　在臺灣從事蘭苗生產的難題，與日本有類似的共通點，即冬季需要保溫設施。在溫室內因保溫的需要，必然使溼度降低（夜間溼度下降），亦使蝴蝶蘭生長受阻。夏季生產時，則多利用自動化水牆及風扇強制抽風，較日本栽培環境良好。冬季不利用水牆及電扇，生產條件與日本相似，這情形對蝴蝶蘭而言，絕非良好條件。

（二）泰國

　　泰國以往為秋石斛、萬代蘭供應地，並且已有良好成績，曼谷近郊 Kamphangsaen（海拔 746 m）之氣象資料（1990-1999 年）中，其一年最低氣溫為 13.0-23.4℃，最高氣溫為 33.1-38.7℃。又一年中最低溼度為 19-45%。最低溫度以不需要保溫措施的蝴蝶蘭栽培為界。蝴蝶蘭栽培過程中，常有適溫以外的栽培期，但亦有可能不需保溫栽培的時段。低溫時期的夜溫為生殖生長所需的必要溫度，如日間溫度不能降低時，即無法穩定抽梗，甚至於有抽梗的困難。夜間最高溼度整年中保持在 97-99% 時，可說偏高，但一年中夜間均是高溼度時，則頗適合於 CAM 植物生育，這一點就是曼谷周邊石斛蘭、萬代蘭容易生育之理由。其他還有外界不明問題，在曼谷附近進入旱季，為灌溉用水量不足的區域，其能否確保優質灌溉用水是困難問題。

　　據清邁（海拔 312 m）2002 年氣象資料顯示，一年中的最低氣溫在 12.5-22.9℃，最高氣溫為 31.6-39.8℃，最低溼度為 26-68%，又最高溼度為 75-97%，較曼谷的變化大。從這項資料（圖 5-4）來看，清邁屬於內陸型氣候，較曼谷周圍溫度變化大，亦比較涼爽而乾燥，欲

在此種氣候條件下栽培蝴蝶蘭時，需保溫設施，又溼度嫌低，故認為非最適當栽培場所。泰國栽培蘭花歷史久，其相關分工充足，因此從總合觀點言之，仍很適合蘭花栽培。但泰國經濟發展後，人事費、物流成本均上升，其優越的栽培條件逐漸產生變化。

在清邁蝴蝶蘭接力栽培植株的育成，據作者所知，有兩家公司在營運，但在清邁從事於生產蘭苗，非日本業者想得那麼簡單。M Kat Bio 公司對蝴蝶蘭生產與輸出，偏重於小型花，其理由為大花品種除空運費昂費外，易損傷蘭苗，風險較大。如海運即可消除成本問題。在清邁接力栽培的優點是，在當地可確認蘭株能否開花。反過來思考，要培育不開花株時，即需增設保溫設備。

蝴蝶蘭小花品種，在當地經確認後，即刻切除花梗輸日，三個月後在日本則有出貨市場的可能。在清邁經開花確認再輸日的目的，於確認分生苗的生產上，保證沒有「培養變異」的風險。這種對策在栽培成本低廉的熱帶國家為可行方法。另外泰國市場對蝴蝶蘭需求頗高，所以凡外銷殘貨亦有可能可當地市場出售。

（三）印尼

印尼栽培蘭花的歷史悠久，似從二次大戰前開始。在荷蘭殖民時，則以茂物植物園為中心，從事蘭花收集與栽培，同時為了蝴蝶蘭花期調節作業，會將蘭株移至山上的 Kebun Raya Cibodas 植物園，裨益催花順利進行。時至今日蘭花生產仍然盛行，尤其是秋石斛、文心蘭切花以及蝴蝶蘭生產都在進行。意料之外的是，現今印尼國內市場之大，其蝴蝶蘭消費量與日本國內市場同等量，所以不符合外銷規格者，可全數在國內出售一空。

雅加達周邊接近赤道，一年中溫度變化少。PT Ekakarya Graha

Flora 公司栽培場所屬 Tikampek（海拔 28 m），一年中最低溫爲 21.9-22.9℃，最高溫度爲 31.1-33.9℃，很適合蝴蝶蘭營養生長的溫度範圍。該公司山地催花場所 Tipamingkis（海拔 1150 m）的整年最低溫度爲 13.5-16.3℃，最高溫度爲 25.9-27.2 ℃範圍內，最低氣溫雖略低，但都維持在蝴蝶蘭生殖生長的適溫範圍。夜間溼度整年均是屬於高溼度狀態，此類天然條件爲蝴蝶蘭生產最適宜的場所。

Graha Flora 公司以生產大白花爲外銷主力，而印尼國內恰好喜愛大白花，凡不符合外銷的實生株，可在當地市場販售。接力栽培時，日本買方對輸入要求品質極嚴格。但日本自營栽培時，雖略有缺陷，仍可入選輸日規格，但接力栽培株則會被淘汰。對品質嚴苛的要求時，該公司可在嚴格品管下，以謀求對策。從業人員之主要工作爲蘭苗生育的查核及選拔，凡達到標準就可以輸出日本。在印尼，非全部蘭株都經開花確認後才輸出日本，但是外銷日本的蘭苗事前都需要抽樣送至山上催花場測試，以利進行開花確認。

Indo Orchid 亦是在印尼從事蝴蝶蘭生產的公司。以前該公司曾經輸出蘭苗至日本，但目前並無交易進行。目前該公司僅供應實生株，已有良好植株在生產中，並對與日本的貿易有濃厚興趣。

PT Bintangdelapan Holtikultura 爲生產外銷歐洲方面的文心蘭切花、蝴蝶蘭苗株、開運竹（million bamboo）。因歐洲蝴蝶蘭市場價格低迷，致 2004 年 7 月時改變爲國內消費市場。這些農園與茂物植物園共同協力從事於印尼的原生蘭增殖工作，所增殖的半數回植於當地執行復育，另半數則轉爲銷售。

（四）韓國

在 2000 年以前，韓國生產的洋蘭可見到對溫度有不同需求的蕙

蘭及秋石斛同時置於塑膠布溫室，但是對栽培技術的改進與擴大和更新溫室已在進行中。在政府補助政策下，硬體方面獲得急速改善，但要使經營企業化的技術並未隨著進步。

關於栽培技術，受到地域性或生產者等級差別而有所不同，所以就整體性而言，可改善進步的空間尚多。唯與日本生產者同等級產品亦有生產者生產，因此在技術進步下，產品品質的差別漸漸縮小。但是韓國在洋蘭生產上的自然條件，並未得上天眷顧，其較日本地域低溫，且有石油不安定問題，致要降低生產成本頗困難。唯實際上對接力式植株所要求的嚴格性以及須具高品質基準外，其價格無法跟他國競爭以外銷日本。

今後韓國與日本在蝴蝶蘭生產上的關係是，當韓國為培養苗供應國並能接力栽培輸日時，雙方將成為相互競爭的對手吧！但關於蘭花國際性貿易戰略，韓國仍是領先。此因在於輸出具競爭力的花卉品質已是韓國花卉產業的重要目標，再加上其富於行動力的民族性所使然，因此蝴蝶蘭要從日本外銷至海外市場，是無法跟韓國相互競爭的。

（五）中國

中國蝴蝶蘭生產急增，可歸功於臺灣生產者的貢獻。臺商生產者不但栽培技術水準高，且從事於生產高品質的蝴蝶蘭。其生產狀況之進展令人眼花撩亂，至於盆花生產量亦急速增加中，在沿海大都市，於 2005 年春節時達飽和狀態，使價格已經顯著下降。另一方面，因價格低迷造成停止生產的關係，今後雖可知欲在何處生產蝴蝶蘭，但仍不能明瞭全中國的生產情形。

中國農場的生產狀況，須改進之處尚多，也未能達到良好狀態。另因病害蟲危害關係，損失多且生產率低，其生產量值未達到生產效

率化。此因可歸咎於急欲擴大生產規模而引起的一種弊端。

　　作者了解的北京林業大學林業科技股份有限公司的情形，有關蝴蝶蘭生產方式，同時有較日本進步或是受惠於日本部分，該公司為盆花綜合生產公司，生產多類盆花產品。關於蘭類生產有蝴蝶蘭、蕙蘭、春石斛等，但實際上生產的蘭科植物僅有蝴蝶蘭與蕙蘭而已。前二項中，蝴蝶蘭是接力栽培，蘭株生產地在華南的廣州、雲南等，所以均由該地輸日（編按：最近天津、北京地區臺商生產者亦有輸日案例）。另外跟日本有很大不同之處是，蘭株在中國南方地區和北方地區接力栽培，甚至於同一企業體在本國內進行接力栽培。而在北京仍以 P&F 方式之冷氣房，以形成花期週節作業的可能性，而且除了有豐富且年輕力壯的勞動力外，還能取得適宜土地以供生產。北京林業大學公司已進行蝴蝶蘭接力栽培並供應消費地，另也為中國南部大都市的需求而生產，所以在海南島設立蘭花生產基地（80 萬 m^2）並整備完成。當中國國內市場飽和階段時不排除也可從中國南部與日本進行接力株的供應，唯海南省地理位置在印尼、泰國以北，故以蝴蝶蘭的生育環境需求而言，絕非有利的地理位置。

　　日本與中國生產方式的相異處，為集約式生產與大規模生產，所以經營者思維可快速反映在栽培管理；但中國的生產方式在管理上則較為困難。在大規模生產時，即有經營者、農場經理、現場監工、勞動者等，因設立了職階，致農場經理的思考重點不易受到勞動者理解。所以了解管理作業的意義後執行作業，與被動地按照指示作業，其所得結果不同。

　　中國農場所生產的蘭株，要外銷至日本則略有困難，但在臺商農場或日本農場，已在進行生產高品質的蘭株，其中一部分輸出日本，未來中國成為日本接力栽培的主要供應國的可能性已不可忽視。

第六章

病蟲害防治
Pests and Insects Control

　　病蟲害防治對生產者而言，也許是最需要關心的議題。以前的蝴蝶蘭栽培是由瓶苗開始生產，對初學者而言是幸運的（beginner's luck），因為不管在瓶苗或新溫室裡，都不存在病原菌及害蟲，而沒有病原菌就無病害發生。同理，不存在害蟲，哪會發生蟲害？若要根絕病因，最確實莫過於病蟲害防治對策。完全隔離的溫室中，用瓶苗種植並完善消毒介質，則除了病毒病與生理障礙之外，即可根絕病蟲害的發生。隔離溫室中，風扇水牆降溫系統（pad-and-fan system）的裝備不可或缺，這裝置用途原意是調降溫室的溫度，然而在蝴蝶蘭的栽培上，則因需要與外面隔絕，又要加溼的關係，因而作為裝備的必備品。

於蝴蝶蘭會發生的生育異常有以下三種：①眞菌、細菌、病毒之三種病原菌（匯集稱爲病原菌）爲直接原生而發生的病害；②由小動物和昆蟲等害蟲引起之傷害，或由於換盆和移動形成的物理傷害；③由養分或水分過剩、不足、環境汙染、強光、弱光、低溫、高溫等，不適當的栽培環境所引起的生理障礙。但在實際環境裡（生產現場），其構成的原因，在於換盆時的物理傷害而引起鐮胞菌感染，或由強光灼燒的葉片部分引起褐斑病菌入侵，之後這些要因變成複合作用而誘發病害的案例則較多。從而其防治方法，並非單一的方法，而是需要複合的防治對策方爲上策。

　　當然，沒有引起生育異常的原因，就不會發生生育異常。因此病原菌不存在時，就不會發生病害。在無菌培養瓶內育成的實生瓶苗或增殖的分生苗，因在不帶細菌、眞菌等病原菌的無菌條件培養，故不帶病原菌。因而出瓶後瓶苗能在無菌的栽培環境，其因無病害則無法發病。透過學習無菌豬的飼養法，而在隔離溫室栽培蝴蝶蘭時，就可以做完全無農藥的蝴蝶蘭栽培。老練的生產者都熟知無菌溫室的重要性。而蝴蝶蘭的栽培中，新投入生產者較幸運，剛開始從事蝴蝶蘭栽培的環境，病害較少。到現在爲止，對未從事於蝴蝶蘭栽培的環境而言，蝴蝶蘭病原菌並未存在。因而由培養瓶中移出的小苗開始栽培後，病害就不會發生了。

　　當溫室逐漸老舊後，病原菌密度就會增加，病害也容易發生。但是，並非病原菌增加，就必定引起病害。如果能適切的栽培管理，即可能抑制病害。雖非無菌，但只要盡可能將病菌控制於低密度範圍內，其感染機會就會降低。將生產環境保持整潔，其感染的機會保持於最小限度範圍內，則可抑制病害的發生。

　　病害防治的基本原則爲在乾淨又良好的環境培育健康的植物，

因此若不清理植床下的雜草、落葉或枯死老株等，則其極易成為感染源，發病株擱置不處理時，可成為新感染源，所以只要發現病株，即須注意在孢子不飛散的情況下，將病株放入垃圾袋處理掉（燒毀）。如果不注意植株健康狀況的管理法，會引起植體抗病性的下降，而間接助長病害發生。氮素肥料的過度施用，也可助長病害發生。防治害蟲亦有助於病害防治對策。由害蟲的蟲害、吸汁的侵害、蘭苗移動、換盆作業造成根系傷害等，或因為強光引起葉片灼傷、不適當的農藥施用引起的藥害，因為低溫或是過剩的施肥等，致根系受傷害，尤其用肉眼無法確認的輕度葉片灼傷等，即其發病機會增加。所以適當的衛生管理、栽培管理則是病害防治的基本條件。

一、病害

　　病害對策的基礎在於栽培管理，而農藥的使用乃是預防及補助性質的使用。從農藥整體的消費量觀察時，在洋蘭栽培的使用藥量是有限的，然而以蝴蝶蘭為對象，被登錄為防治藥劑者至今並無見到。所以蝴蝶蘭在農藥使用上，即難以從使用說明書上看到。在農藥使用的場合，則要使用登錄於花卉類的農藥，並參考對待其他作物的使用農藥注意事項，甚至於多參考其他生產者的使用經驗，則是必要的。

　　在農藥使用上，必須要有「農藥並非治療藥劑」的認知。當蝴蝶蘭發病，即急於施用農藥，則無法期待治療效果。所以農藥的使用重點為預防性施用，其目的為防止擴大感染而使用。另外，選擇農藥時，必須明瞭防治的對象，確認是細菌性病害或是真菌性病害之後，方可使用農藥。真菌性病害的預防，如不慎錯用細菌防治用途的農藥施用，則難有效果。

（一）眞菌病害

　　原由鐮胞菌引起的病害，在蝴
蝶蘭栽培上，是最難以處理的病害之
一。不但有腐生性，又能在水苔中繁
殖，因而介質即成爲感染源。倘若
不愼感染鐮胞菌時，可能會持續受
害，而栽培上需要使用有機質的蝴

圖 6-1　素燒盆經過水洗後，直接以
電熱爐加熱後使用。

蝶蘭，對於栽培介質，則必須執行消毒。另外，栽培用的木製植床
（bench）、木製換盆用工作臺、鋪設在植床上的不織布，以及使用
過的老舊植盆等，都是病原菌隱藏場所。爲了減少感染機會，需要不
朽材質，並做定期性消毒，爲必要的對策。舊盆再次使用時，素燒盆
的話，則須經水清洗後殺菌並再燒盆一次滅菌，塑膠盆即用氯化物
（鹽）類殺菌劑浸泡消毒。

　　由於鐮胞菌危害症狀的進展並無明顯的劇烈變化，反而，在罹病
之後因無法速知植株已受感染而變成慢性化的危害使植株發育弱化。
如症狀感染於根部的情況，根群會變黑及腐爛、葉和莖基部呈紫紅色
變化，之後就呈現葉片的早期黃變並落葉。從蝴蝶蘭來看，無論實生
苗或分生苗都是無菌狀態，而發病原因則是在小苗出瓶後受到感染的
機會。然而最大感染的機會，仍舊是小苗出瓶的時候，當其表皮組織
尙未充分生長完成，對病原菌攻擊仍是無法防備。另外，由於植株伴
隨而來的物理性重複傷害，其爲最易感染的危險時間點。瓶苗出瓶或
幼苗引進之時，爲防止感染，則更需細心注意防備的必要性。爲避免
小苗出瓶的感染：

　　①小苗出瓶作業場，必須隔離栽培場的清潔作業。

　　②小苗需做預防性消毒作業。

③可能容易受汙染的介質需做蒸氣消毒作業。

④種植完成後，需做預防性或定期性的殺菌劑盆內灌注作業。

另外，在盡可能的範圍內，於小苗生產階段，要無菌瓶苗移植作業後，應適當的馴化，才符合要求。

換盆作業時，根群容易遭受物理性傷害，因此也具有高度危險性。換盆用途的介質材料——水苔或樹皮，如蘊藏病原菌時，從受到物理傷害的部分，則容易有提高感染的可能性。不論何時，水苔雖經過蒸氣消毒，但因作業場所遭受汙染，在換盆的作業中，被感染的可能性因而存在。換盆時，如混雜感染苗株，換盆作業本身則成為感染原因，致使引起病害擴大的可能性。在老舊植株移植，換盆作業階段：

①認定有罹病植株應廢棄或隔離換盆，並隔離栽培。

②由植盆拔出苗株宜事先浸泡於殺菌劑溶液中，或換盆之前需灌注殺菌劑。

③作業場所需仔細殺菌消毒。

另外，換盆的場所宜用不鏽鋼或膠膜（plastic film）把作業臺妥當覆蓋，並在作業前後，以次氯酸鈉溶液消毒後才使用。又使用經消毒後之水苔之時，如溫室內存在感染源，而在經一段時間後，其感染的危險性逐漸增大。為避免栽培中感染，有必要做定期性的植盆內預防消毒。

Rhizoctonia（真菌）是一種茶褐色黴菌，可感染根部，並徐徐傷害根部。共生菌雖是 *Rhizoctonia* 菌的同類，但寄生細胞的菌根細胞，不至於達到死亡。病原性的 *Rhizoctonia* 是寄生於根部的細胞，由於最後會殺死蘭根細胞，所以當病狀加快時，根群會失去正常的機能。當病狀又再加速時，在蘭株貼近介質（水苔）面處可見到蜘蛛絲狀的褐

色菌絲時，因根系停止吸水，新葉即有脫水症狀而萎凋，致不正常展開吸水。防治法應按照鐮胞菌防治法。

（二）細菌性褐斑病

　　細菌性褐斑病是蝴蝶蘭常見的病害，它跟鐮胞菌的感染情況有所不同，症狀會急遽加快。水浸狀的病斑變成同心圓狀而擴大。嗣後留下表皮，其病斑的內部，常可見溢出的乳白色菌泥（液體狀）。又常常因為灑水衝擊病斑部時，由於病原菌向外飛散，所以發現到發病株時，應隨手撿拾處理。至於貴重植株，宜將病斑大幅切除，則可救活植株。葉片或花朵上的水滴或水的薄膜，仍是細菌初期生育合適的培養基。故高溼度條件是延遲水分的蒸發或蒸散作用，這種情形就容易引起病害。低溼條件栽培時，細菌性褐斑病是不會發生的，唯蝴蝶蘭的生育會受到顯著的抑制。依據季節性的需要，規劃不同的溼度管理制度執行。一方面維持夜間的高溼度，另一方面，抑制細菌性褐斑病發生，也是蝴蝶蘭栽培的要點。

　　此病害的起因，仍是葉片受到物理的傷害而引誘細菌入侵，以致發病，因此使蘭株健全生長，也是有效的防治法。葉面由於遭受害蟲食害而受傷時，從其傷口感染而發病的危險性即增加。另外，因施用殺蟲劑不當，致使助長病害的情況亦有，所以殺蟲劑的施用，必須以現在最低量範圍內使用（注意用藥濃度）。尤其展著劑、乳劑等，若使用不當，會傷害葉片表皮，引起藥害發生。在高溫時段，或高濃度應避免頻繁式的施用藥劑。

　　葉面上，不積存水分也是重要的課題，避開從葉面灑水，栽培立葉性品種等，也是防治細菌性褐斑病的要點。又在發病之前，預防性的施用殺菌劑，也能抑制發病。

二、蟲害

　　葉片、花朵的蟲害症狀等，雖然容易識別出來，但要確定由哪一種害蟲食害則相當困難，所以不在蟲害現場加以觀察，則難以辨別害蟲種類。對觀賞用的蝴蝶蘭而言，葉片或花朵受到蟲害，則其產品價值會顯著降低。周圍都是雜草地時，需除草以斷絕入侵源，此也是重要作業。又周圍是旱地、水田等的場合，由於害蟲會繼續入侵，故需設置防蟲網，防止害蟲入侵，才是防治手段的最上策。

　　蟎類、薊馬類、蚜蟲類、介殼蟲類等啜吸汁液害蟲，其單一隻的個別危害很少，如不適當防治時，即多量發生，而引起嚴重危害。另外，由於受到吸汁而引起細胞傷害，如此現象就成爲病原菌入侵的場合，最終即成爲其他病害發病的原因。因此，需要細心觀察植體，在確認害蟲在擴大危險前，施用殺草劑，以防制危害。尤其移動性的薊馬、蚜蟲等，原因爲病毒的媒介是昆蟲，所以防治這些害蟲，則是病毒病防治對策上的重要的環節。

（一）昆蟲、小動物

　　蛾類幼蟲（夜盜蟲等）、金龜類、蟋蟀、蝸蝓、扁蝸牛、蟑螂、小老鼠等，會食害新根、花莖、嫩葉（芽）、花蕾、花朵、花粉等，其危害是零星發生。又其危害情形雖不認定爲直接危害，但藏於盆內的蝸蝓、蟑螂等會食害新根。

（二）葉蟎類

　　不僅是葉面防治，在葉背進行灑水也能夠有效進行防治。選擇立葉性品種或可使葉片挺直的栽培管理（合理的高光管理方法），從病

害防治觀點而言,可謂之理想。蟎類大量出現之時,需要施用殺蟎劑,然蟎類對農藥具有抗藥性,所以需使用特定藥劑並繼續使用(最好選用 2-3 種交替使用)。

(三)腐食酪蟎(*Tyrophagus putrescentiae*)

原來出現於乾燥食品的食品害蟲被悉知,也就是在豐富的食品碎渣的室內常有的室蟎。已知常使用有機介質、有機肥的設施園藝,較易發生農業害蟲,以危害作物。所以施用油粕即會助長腐食酪蟎的發生。在溫室人員出入的地方,因通路側邊會有顯著發生的情形,可以預料有機會經由人員帶入室內。如有經常性出現落蕾情形,究其原因,認為應是由工作人員帶入而在水苔中繁殖者。蝴蝶蘭合適的栽培環境恰如腐食酪蟎的適宜環境。另外,此害蟲喜歡攝食鐮胞菌等真菌的菌絲(青木,2002)。但在落蕾原因中,有急劇的溼度變化等,以及其他原因亦可列入觀察。

此害蟲進入花蕾的理由雖不清楚,但在夜間,可觀察到其沿著花梗攀登的情形,另外,從變黃的花蕾中,可發現蟎的繁殖情形,所以足以證明花蕾裡面對蟎而言,是容易生存的環境。如果視力良好,即可用肉眼觀察到蟎活動的機會,如不使用顯微鏡則難以發現。

被害部位都發生在花苞或花朵上的情況,可探究原因是蟎在夜間盆中沿著花梗攀登而產生危害,所以在盆中需施用殺蟎劑防治。花苞黃化、花朵提早萎凋的原因,是由於蟎食害黏著體周邊部位而引起刺激,致誘發乙烯後,使花朵呈萎凋情形。發生原因經確認後,則可噴灑防治殺蟎粒劑於盆面,或灌注殺蟎劑,澈底防治。

（四）介殼蟲

　　常見介殼蟲包括咖啡硬介殼蟲（*Saisettia coffeae*）、並盾介殼蟲（*Pinnaspis aspidistrae*）、扁堅介殼蟲（*Coccus hesperidum*）等數種。介殼蟲以啜吸汁液危害植株，其排泄物又可誘發煤煙病。幼蟲會移動，成蟲卻不移動。成蟲耐藥性強，但幼蟲卻耐藥性弱，所以在幼蟲出現時期爲目標，噴殺蟲劑數次，以求效果。

（五）粉介殼蟲

　　雖無蟲殼，但蟲體表面覆著蠟狀白粉物質。幼蟲在葉面上踱來踱去啜吸汁液加害植株，並誘發煤煙病。幼蟲容易附著花朵上，並侵入花苞內，有的會引起與腐食酪蟎同樣的症狀。常見的粉介殼蟲有長尾粉介殼蟲（*Pseudococcus longispinus*）、桔粉介殼蟲（*Planococcus citri*）等。因其增殖速度快速，一旦見到，應速予殺蟲劑根除。殺蟲劑施用後，再施用脫皮阻害劑後，其防治效果能夠更確實。

（六）稻大蚊（*Tipula aino*）

　　在水稻田繁殖的害蟲，過溼狀態之下，水苔中亦會出現。周圍爲水稻田的場域，以水苔作爲介質，經常在過溼狀態下灌水時出現。因爲幼蟲開始食用水苔的同時就開始分解，也會食害根部等，致使病害的發生似乎與其有關。故可施用殺蟲劑（粒劑）於水苔表面即具防治效果。

（七）臺灣花薊馬（*Frankliniella intonsa*）和 西方花薊馬（*Frankliniella occidentalis*）

其藏於花瓣及萼片的重疊部分，以食害花萼片維生，其食害部分陷落，成為半透明的傷口。本害蟲為多犯性害蟲，周邊的雜草裡如有繁殖者亦會入侵溫室內，可用防蟲網，以防害蟲入侵危害。用青色黏紙陷阱（trap）引誘捕獲，並確認如其侵入室內即刻施用殺蟲劑防治。此等薊馬可媒介番茄斑萎病毒（*Tomato spotted wilt virus*, TSWV）及鳳仙花壞疽斑點病毒（*Impatiens necrotic spot virus*, INSV）的病原病毒。

三、病毒病

依靠眾多實生苗生產而來的蝴蝶蘭，病毒病（virus）並非那麼恐怖的疾病。但一旦從感染的植株要「去除病毒」，則是件困難的作業，受感染之蘭株價值，將大幅損失。是以切花株、分生苗的親本管理需要格外注意，切勿感染病毒。

蘭花的病毒病，多數已知悉，而在蝴蝶蘭中，常見的是蕙蘭嵌紋病毒及齒舌蘭輪斑病毒。菸草嵌紋病毒（*Tobacco mosaic virus*, TMV）不感染蘭花。曾有與齒舌蘭輪斑病毒及菸草嵌統病毒類似的病毒，其被稱為 TMV-O，唯菸草嵌紋病毒本身對蘭花不感染。所以對於有吸菸習慣者，亦不必特別注意。蕙蘭嵌紋病毒與齒舌蘭輪斑病毒為多犯性，會感染多種蘭花。

蕙蘭嵌紋病毒與齒舌蘭輪斑病毒是因接觸罹病株的病毒粒子而汙染到植盆、植床、工具、作業臺、手、水等感染。除了在根系中含

有多量病毒粒子外，其原因在於根系又容易感染病毒，尤其在換盆作業時更容易感染。因此如能將換盆次數減少，即可降低感染病毒的風險。另外，在蘭花栽培方面，用完全成熟種子播種（裂開果莢）就不會發生感染病毒的危險。但用未成熟種子播種之時，在切開蒴果時，就有可能由果莢汁液感染。蕙蘭嵌紋病毒與齒舌蘭輪斑病毒不是由昆蟲作爲媒介。病徵有帶白色斑點、斑點或明晰輪狀斑紋、條紋花樣以及褐變一部分的發生等情況（井上，2001）。又加強遮光及多施氮素肥料之情況下，再以此爲根據進行栽培管理時，其病徵有時顯現不出來。

其他對蝴蝶蘭具有感染風險而廣爲人知者，尚有胡瓜嵌紋病毒（*Cucumber mosaic virus*, CMV）、番茄斑萎病毒（井上，2001）。番茄斑萎病毒對蘭花的感染，於 1992 年夏威夷有報告外，又鳳仙花壞疽斑點病毒同年在美國加州亦有所報告過（Orchid Pests and Diseases, 1955）。已知番茄斑萎病毒與鳳仙花壞疽斑點病毒雖可感染 500 種以上的蔬菜及觀葉植物，但對蝴蝶蘭而言並無造成太嚴重的病害。原因爲其感染途徑仍依據汁液的汙染，均由薊馬作爲媒介。

蝴蝶蘭生產一直是依靠實生繁殖法爲主體，因而病毒在花朵上造成的顯著障礙，是不受到認定之事。另外，因盆栽生產中，蘭株均短時間內獲得更新，所以病毒病在盆栽生產中並非重要病害。但是隨著分生苗的普及化，病毒病的危害已開始引人注目並逐漸受到重視。蝴蝶蘭的分生苗增殖是以在試管內扦插的方法實施，但此法不能去除病毒。從而，在親本選擇的階段，對病毒病的檢驗是最重要的。病毒病的診斷法有依據指標作物的生物檢定、電子顯微鏡檢查、抗血清免疫檢定法。最近已經能夠以高敏感度的分子生物學方法檢定病毒。日本植物防疫協會（hattp://www.jppa.or.jp/）或美國 Agdia 公司（http://

www.agdia.com/）可以收費方式做各種病毒的檢定。

　　杜絕病毒病需防治不好的病害，其防治方法是無病毒株的引進、罹病株的廢棄、根絕傳播（媒介）昆蟲、使用清潔工具、雜草防治等。切取花莖的剪刀工具，每一次須浸泡於福馬林（2%）及氫氧化鈉（2%）混合液消毒。當消毒液變成綠色即須更換使用。另外，在 1,000 c.c. 水中，溶解無水磷酸三鈉 164 g 或磷酸三鈉 377 g 的溶液，用以消毒工具亦效果良好。乾熱殺菌也有效果，故剪刀等每次使用 70% 變性酒精液或 70% 異丙醇（isopropanol）浸泡之後用火焰燒烤後清水冷卻使用亦可。罹患病株為防患其病害擴大，宜隔離或燒毀。而保留貴重罹病株的唯一方法，就是莖頂培養，但不一定可以去除病株。

四、生理傷害

　　凡原因不清楚的異常情形都歸納為生理障礙，但也有可能是病毒造成。

（一）黃斑病

　　葉片上可辨認出同心圓狀白色斑紋，其發生原因不明。最初被疑為病毒病，以往認為是感染蘭花病毒，目前已知不是病毒病。如加強光照就容易發生，多遮光而陰暗些其病狀就不易被認定（辨認）。因而，為花期調節（催花）將成熟株移入涼溫冷房時，即容易出現此病症，品種間具有差異性。病斑的形成、可能是水滴透鏡效果的障礙、低溫障礙、氣體障礙等各種原因。

　　黃斑症的特徵：

　　①黃色同心圓狀病斑，其病斑輕微者，可恢復正常。

①品種差異性受認定。

③實生苗、分生苗皆可發病。

④移入冷房調節花期之際，容易發病。

（二）花瓣變質

花瓣的一部分變成透明般的質感，嚴重的情況下，花卉品質會顯著損傷，所以生產現場相當重要。在接力式栽培及分生苗株的普及化下，此問題已經受到注目。原因尚未能解釋明白，但有其為病毒病症狀的可能性。

（三）落蕾、花朵提早枯萎

蝴蝶蘭花朵對乙烯的感受性比較敏感，乙烯濃度高時花朵會提早萎凋。乙烯的發生，除使用保溫機裝置、燃燒不完全發生之外，腐食酪蟎的食害、蕊柱先端的花藥蓋脫離，以及花粉塊的脫離，花朵本身亦可產生乙烯。在乾燥條件下，花朵或花苞本身也會產生乙烯，花、花苞亦容易掉落。氣溫上升，天窗自動開閉操作開始之時，可見到花苞落下的情況，這是由於受到戶外的乾燥空氣影響，因而引起花苞本身產生乙烯的障礙。另勉強地以人為方式彎曲花梗以導引花序時，或由於低溫、水分不足，致水分供應無法充足下，花會提早枯萎，有時候花苞亦會掉落。

目前尚有猜不透原因的狀況，例如：提早開的小花已經部分老化而枯萎。另在已開花序中，有部分花序在開花中，即有花朵凋萎，則明顯降低花的品質。在症狀上而言，推測是受到乙烯障礙的影響，因而其原因歸於任何誘發乙烯發生有關的生理現象。

用語解說

1. ATP（adenosine triphosphate，腺核苷三磷酸、三磷酸腺核苷）：高能化合物腺核苷 -5'- 三磷酸，在很多生物化學系統中起作用。它被水解為腺苷 -5'- 一磷酸，或腺苷 -5'- 二磷酸，隨著水解反應釋放大量自由能，這種自由能用於各種代謝反應。

2. BA 處理（benzyl adenine）：使用 BA（為植物荷爾蒙細胞分裂素的一種）處理時，可促進不定芽的形成與生長。廣泛被利用於發芽與打破休眠、細胞分裂促進、細胞肥大，以及抑制老化與離層等現象。

3. C3 型光合成（C3 cycle, Calvin-Benson cycle, Calvin cycle）：CO_2 由 Calvin-Benson cycle 固定的光合成。在光合成的過程中，CO_2 於最初時與核酮糖二磷酸（RuBp）作用，形成兩個三碳的磷酸甘油酸（PGA, 3-phosphoglyceric acid）。經一系列反應，一部分代謝物脫離循環形成果糖、葡萄糖等光合產物，另一部分再重新轉化為 RuBp 以繼續另一次循環。由於本循環所產生之最初產物為三碳的 PGA，故又稱三碳路徑（光合作用的暗反應）。

   CO_2 濃度高時，光合成效率可提高，CO_2 濃度低時，光合成效率降低，CO_2 吸收與釋出成為相等之點（CO_2 補償點）則高。光合成時，當增加光度，光合成速度不增加之點（光飽和點）則低。又隨著光合成進行，為 CO_2 釋放（光呼吸）的表示。這適於古時代大氣組成的植物，現今的大氣組成（低 CO_2、高氧濃度）下，其光合成速率變差。

4. C4 型光合成（C4 pathway, Hatch-Slack pathway，四碳途徑）：光合作用中二氧化碳在葉肉細胞中先由磷酸烯醇丙酸羧化酶（PEP

carboxylase）所催化，形成四碳的雙羧酸，如草醯乙酸、蘋果酸等，再進入維管束鞘細胞而將 CO_2 釋出的過程。

Cavin-Benson cycle（第二循環）之前，CO_2 由於明反應濃縮回路（第一循環、C4 dicarboxylic acid 回路、Hatch-Slack pathway），將 CO_2 貯存於葉肉細胞內，並利用 CO_2 的明反應形成的 ATP 時，首先需將 C4 化合物天冬醯胺（asparagine）或蘋果酸固定，故稱之 C4 植物。日間「光能」可將 CO_2 利用於濃縮與還原的兩方面，其「光能」效率高；若是相反而「光能」少、CO_2 濃度高的場合、要濃縮 CO_2 時，則需要多耗用「光能」，如與 C3 型作比較，其效率即降低。C4 化合物在維管束細胞再次轉換爲 CO_2，故可同 C3 型一樣的循環被固定。低 CO_2 濃度、高溫、高光度條件下，其光合成效率高，故爲適合於現今的大氣組成而進化的植物。維管束周圍的維管束鞘發達，此處存有葉綠體並進行第二循環。第一循環則在葉綠體的葉肉細胞內進行。

5. CAM 型光合成（crassulacean acid metabolism，景天酸代謝）：夜間氣孔打開吸收 CO_2 經羧化作用合成蘋果酸，至日間將氣孔關閉，蘋果酸經脫羧作用放出 CO_2 進行卡爾文循環的植物。許多仙人掌類多肉植物、鳳梨科、一些蘭科植物屬於本類型光合成。

存在於植物三種光合成型式的一種，如仙人掌科、景天酸科、鳳梨科等（多肉植物等），在水分獲取不易的環境中，植物生育的光合成方式，以吸收 CO_2 固定以進行景天酸代謝者稱之。

從持有濃縮 CO_2 循環的點而言，CAM 型是與 C4 型爲相似的，但其維管束鞘不發達，濃縮途徑及固定途徑在葉肉細胞同一處進行。在夜間氣孔吸收 CO_2，以 C4 化合物蘋果酸被固定，並貯藏於細胞內液胞中。從而細胞內的 pH 值在夜間時段降低，並在日間時

段升高（景天酸型有機酸代謝）。CAM 植物爲便於貯藏蘋果酸，其液胞較發達，葉片呈現厚質多汁。在夜間固定 CO_2，並非由於明反應的 ATP 直接使用，而是經一次合成糖的分解後形成 ATP 來使用，故使光合成效率較差。但因爲在夜間打開氣孔（通常夜間的大氣溼度高），致由氣孔散失水分少，另因有多肉質及富有貯水能力的特性，致耐旱性極優，故爲一種能適應乾旱性植物。CAM 型植物並非全是原生於乾燥地帶，如一些蘭科或鳳梨科（Bromeliads）植物，多數生長於多雨量的熱帶、亞熱帶的森林地區。其著生環境雖是水分難以獲得的場所，卻非乾燥條件。這種植物生育緩慢、光合成效率較差，故與其他植物無競爭的夜間固定二氧化碳，以進行 CO_2 吸收而言，爲本植物所有的一種進化光合成型式。

6. MADS box genes：稱爲 MADS box 保守區之胺基酸鹽基序列之領域（domain）而控制其他基因之轉錄功能的遺傳基因群之意。MADS 係由酵母菌之 MCM1、山芥荣（*Arabis petraea*）之 AGAMOUS（AG）、金魚草（*Antirrhinum majus L.*）之 DEFICIENS（DEF）、人類的 SRF 等具有構造共通特性蛋白質組成字義，爲控制植物花器形成相關的遺傳基因。MADS Domain 與 DNA 結合有關聯。

7. NADPH（reduced form of nicotine adenine dinucleotide phosphate，菸鹼醯胺腺嘌呤二核苷磷酸的還原態）爲光合成之明反應，以葉綠體利用光能所作成之還原物質。NADPH 在暗反應時，被 CO_2 還原利用，而形成 NADP（nicotinamide adenine dinucleotide phosphate，菸鹼胺腺嘌呤二核苷磷酸），再次明反應時會還原再被利用。

8. PCR（polymerase chain reaction）：聚合酶連鎖反應，爲 DNA 增幅

技術的名稱，為可選擇特定 DNA 斷片的增幅。又增幅僅需短暫 2 小時、時程單純、為全自動桌上用裝置，可大量增幅同一 DNA 片段。PCR 的發明者為 Dr. B. Mullis 等人，並於 1993 年榮獲諾貝爾化學獎。

9. 暗反應、卡爾文循環（Calvin-Benson cycle, C3 cycle, Calvin cycle，三碳途徑、三碳循環）：卡爾文循環為光合作用的暗反應，為 CO_2 的同化過程，首先 CO_2 與核酮糖二磷酸（RuBp）作用形成兩個三碳的磷酸甘油酸（PGA, phosphoglyceric acid），經一系列反應，一部分代謝物脫離循環形成果糖、葡萄糖等光合產物；另一部分再重新轉化為 RuBp 以繼續另一次循環，由於本循環所產生的最初產物為三碳的磷酸甘油酸（PGA），又稱三碳循環。光合成的暗反應為 CO_2 同化為碳水化合物的代謝途徑，亦是光合成的基本途徑。此途徑為 C3、C4、CAM 型光合成共同的途徑。而在明反應形成之 ATP 及 NADPH 為 CO_2 的還原所需被利用，但此途徑自體並無不要光能的關係，則可稱為暗反應。

10. 還原性物質（還原酵素）≒還原性物質（維生素 C、殼胱甘肽、兒茶素 catechin、多酚類 polyphenol 等）：為物質自體被氧化後再還原為過氧化物。一次被氧化的還原物質，可再使重新恢復原狀的還原酵素類有去氫抗壞血酸還原酶（dehydroascorbate reductase, DHAR）及單去氫抗壞血酸還原酶（monodehydroascorbate reductase, MDHAR）等。

11. 氣孔導度（stomatal conductance）：表示 CO_2、水蒸氣等通過氣孔的難易性。氣孔抵抗則為其逆數。為表示氣孔開啟情形（開度）：氣孔導度高，氣孔打開；氣孔導度低，氣孔關閉。

12. 葉綠體 DNA（chloroplast DNA）：葉綠體是真核細胞中進行光合作用的胞器，並有獨立的 DNA，並能獨自增殖。

13. 抗氧化酵素（氧化酵素）：生物受到各種環境逆境及較高濃度氧氣支配下營生。其環境中因存著各種不同的逆境而發生活性氧、以氧化營生必要的脂質等。超氧歧化酶（superoxide dismutase, SOD）把活性氧分解為無毒害的氧及過氧化氫的一種酵素，它會去除氧化的危害。另外多餘的過氧化氫會被氧化為酵素類（catalase，過氧化氫酶；guaiacol peroxidase，愈創木酚過氧化酶；peroxide，抗氧化酶）分解而變成水。

14. 氧氣電極法：飽和 KCl 溶液中存有 O_2 時，加以電極即可產生同比例氧氣量的電流量，由此得知氧氣濃度。電極及飽和 KCl 溶液以鐵氟龍（teflon）膜覆蓋後，O_2 隔著鐵氟龍膜與膜外 O_2 濃度達成平衡狀態，則可知溶液及外部氣相 O_2 濃度。在光合成的明反應時，水被分解產生氧氣。此等氧氣的發生量以氧氣電極法測定亦可得知明反應的狀態。

15. 單性生殖（apomixis，無配生殖）：廣義上為植物的一種無性生殖（營養繁殖）。植物的種子發育不經有性過程，及無正常減數分裂與受精（而由體細胞而來以形成種子的生殖形式）。

16. 光呼吸：在過剩光條件下所發生的超氧化物自由基（superoxide radical）的危害減輕，使光合成細胞從超氧化物自由基形成具有加以保護的功能。

17. 光飽和點（light saturation point）：C3、C4 型植物在光合成時，增加光量，其 CO_2 吸收量隨的逐漸增加，直至吸收量不再增加時，此時光強度即為光飽和點，其過多光能不被光合作用所利用。光飽和點雖為遺傳性，卻可能因生育環境不同而有變化。又 CO_2 不足或水分不足狀態時，也可能產生變化。CAM 型光合成在光條件下，因無法見到 CO_2 吸收的關係，在原理上不易測定。

18. 不減數配子：減數分裂時不明原因導致配子染色體數未減半。

19. 流式細胞儀（flow cytometer）：測定細胞中核酸含量的儀器，雖然無法直接明瞭染色體數，但比對染色體數或是 DNA 含量已了解的基本品種時，其倍數性可依 DNA 含量來了解。

20. 質子幫浦（proton pump）：存在於細胞膜的一種酵素，它用能量（ATP）使細胞內 H+ 質子排出於細胞外之功能。細胞質的 pH 需經常保持一定數值，以維持生理代謝的穩定。

21. PEPC（phosphoenolpyruvate carboxylase，磷酸烯醇式丙酮酸羧化酶）：C4 或 CAM 型途徑為濃縮 CO_2 的酵素。溶解於水中的 CO_2（HCO_3^-）是以 PEP（phosphoenolpyruvic acid，磷酸烯醇丙酮酸）與 PEPC 代謝為草醋酸（C4），之後繼續以 NADPH 代謝為蘋果酸或天門冬醯胺，到此為止的反應則在葉肉細胞進行。

22. 麥芽糖（maltose）：由兩個葡萄糖分子結合的雙糖類，它在大麥發芽之後大量產生，故亦可謂之麥芽糖。是飴糖的主要成分。植物組織培養時，替代蔗糖供能源用途。可供單子葉植物之癒合組織（callus）增殖或促進植物體再生。

23. 水分潛勢（water potential）：表示水分吸收難易概念之意，水勢高表示水分容易吸收。滲透壓的負值為水勢值，為水中無任何溶解物的水勢 0 值的水（純水），為植物最容易吸收的水。
    水的化學勢，即水分子自由能大小的指標，水分子在純水中自由能最大，在其他系統的溶液則減少。純水水分子與溶液水分子間自由能的差數即為水勢。一般將純水的水勢定為零，故溶液的水勢為負值，水勢通常由滲透勢（osmotic potential）、基質勢（matric potential）、壓力勢（pressure potential）和重力勢（gravitational potential）所組成。

24.明反應：利用葉綠素吸收的光能以製造 ATP（光能）、NADPH（還原性物質）的反應，在此階段做出的物質爲暗反應（Calvin-Benson 途徑）產物，然後將 CO_2 還原而產生碳水化合物的形態（化學能）以保存。

資料來源：園藝事典、植物 Biotechnology 事典（朝倉書店）。

参考文献

雨木若慶・樋口春三．　1988．　*Doritaenopsis* PLB の分割方法と増殖効率．　園学要旨．　63 春 :378-379.

安藤敏夫．　1978．　培養容器中のガス環境に関する研究（1）密閉フラスコ内で生育中のランのガス環境．　園学要旨．　53 秋 :368-369.

安藤敏夫・銅金裕司．　1991．　炭素固定．　市橋正一編集・翻訳．　ランの生物学 I.　P.281-299.　誠文堂新光社．

青木由美．　2002．　チューリップ球根貯蔵中に発生つるケナガコナダニの発生防止対策．　とやま農技センターだより．　65:8-9.

青山幹男．　1993．　ファレノプシス交雑種の倍数性．　広島農技セ研報．　57:55-62.

青山幹男．　1996. ランの染色体研究とその利用．　全日本蘭協会誌．　35:92-97.

青山幹男．　2000．　リカステの倍数体と育種の発展．　全日本蘭協会誌．　39:36-40.

浅田浩二．　2003．　植物の活性酸素生物学．　化学と生物．　41:254-262.

Chin, D. P.・三柴啓一郎・三位正洋．　2002．　シンビウムにおけるアグロバクテリウム法によるプロトコーム状球体の形質転換．　育研 4.　別 2:206.

段建雄・片岡圭子・矢澤進．　1993a．　サイトカイニンによるファレノプシスの茎伸長と節培養．　園学雑．　62 別 1:450-451.

段建雄・水田洋一・矢沢巡．　1993b．　培地内の Ca 濃度が in vitro 培養におけるファレノプシスの実生苗の生長に及ぼす影響．　園学雑．　62 別 2:518-519.

土井元章・野口宝司・浅平端．　1986．　*Phalaenopsis* の in vitro 培養における CO_2 施肥の影響．　園学要旨．　61 秋 :324-325.

土井元章・小田尚・浅平端．　1987．　培養器内への CO_2 施用が異なる日長下の培養植物の生育に及ぼす影響．　園学要旨．　62 秋 :524-525.

遠藤宗男・宮崎丈史．1987．ファレノプシスの養液栽培における植物体内の有機酸・糖類の日変化．園学要旨．62 秋 :552-553.

遠藤宗男・杉義人．1992．養液栽培ファレノプシスの 1 年固の生育及び養分吸吸収の推移．園学要旨．61 別 2:532-533.

江藤哲也・雨木若慶・樋口春三．1995．ファレノプシス属のプロトコーム及びプロトコーム様球体（PLB）切片の培養における増殖能の種間差異。園学雑．64 別 2:604-605.

五味清・萩野之泰・田中豊秀．1980a．ファレノプシス *Phalaenopsis* hybrid の施肥と培養土．宮大農報．27:267-276.

五味清・田中豊秀・松野孝敏．1980b．カトレヤとファレノプシスの生長に及ぼす培養土と施肥の影響．園学要旨．55 秋 :352-353.

長谷川茂人・小森照彦・米田和夫．2003．ファレノプシスの花茎発生と開花に及ぼすてき蕾処理の影響．園学雑．72 別 1．288.

平岩英明・市橋正一．1992．ファレノプシス類のカルスの特性に関する研究（第 2 報）カルス培養用培地の組成について．園学雑．61 別 2:496-497.

廣近洋彦．1994．培養によるトランスポゾンの活性化．P.55-58．第 4 回植物組織培養シンボジウム要旨．日本植物組織培養学会．

廣近洋彦．1996．植物のレトロトランスポゾンとゲノム機能．P.114-121．大山莞爾・飯田滋・島本功堅修．「植物のゲノムトエンス－遺伝子・染色体から生態機能を解明する」.植物細胞工学別冊．秀潤社．

広島農試島しょ部支場．1991．瀬戸内における高品質花きの効率的生産システムの確立 (4) ファレノプシス CP 苗の生産に及ぼす温度と日長の影響．平成 2 年度花き試験研究成績概要集 (近畿・中国).

広島県農技セ島しょ部研究部．1992．瀬戸内における高品質花きの効率的生産システムの確立 .(8) ファレノプシス培養苗のフラスコ出し時の大きさが生育に及ぼす影響．花き概要集．近畿中国・広島県－ 16:610-611.

久校完・杉山祥丈・窪田聡・腰岡政二．2001．暗黒処理によるファレノプシスの抑制栽培．園学雑．70:264-266.

堀尾志織・市橋正一．2003．窒素施用による低温時のファレノプシスの開花制御．園学雑．72 別 2:223.

市橋正一．1979．*Ascocenda* の茎頂培養による栄養繁殖．愛教大研報．28:143-156.

市橋正一．1980．キバナセッコク、ツルラン、ガンゼキランの種子発芽とその後の生育における培地の無機塩組成の影響．愛教大研報．29:177-190.

市橋正一．1982．ラン科植物の施肥に関する研究・（第 2 報）育苗時における施肥の好適組成．園学要旨．57 秋:428-429.

市橋正一．1984．デンドロビュームの種子発芽培地における有機物質添加の影響．愛教大研報．33:107-105.

市橋正一．1985．ラン科植物の種子発芽培地．P.382-388．増補 / 園芸植物の器官と組織の培養．加古舜治編著．誠文堂新光社．

市橋正一・上原康雄・岩堀勝弥．1988．培地の物理・化学性に関する基礎的研究（第 2 報）寒天のゲル強度増加法について．園学要旨．63 秋:522-523.

市橋正一．1991．ファレノプシスの若い花茎の腋芽培養による微細繁殖法．園学雑．60 別 2:470-471.

市橋正一．1993．若い花茎の腋芽培養．市橋正一編著　花専※育種と栽培ファレノプシス．P.84-91．誠文堂新光社．

市橋正一・太田弘一．1995．ファレノプシスの栽培法に関する研究．（第 2 報）葉温変化に及ぼす環境要因の影響．園学雑．64 別 1:544-545.

市橋正一．1996．ファレノプシスの栽培法に関する研究（第 4 報）蛍光灯下での栽培．園学雑．65 別 2:642-643.

市橋正一．1998．ファレノプシス植え込み材料の吸水特性．愛教大研報．47:51-56.

市橋正一・平岩英明．1992．ファレノプシス類のカルスの特性に関する研究（第 1 報）カルス誘導と生育に及ぼす炭水化物の影響．園学雑．61 別 1:456-457.

市橋正一・平岩英明．1993．ファレノプシス類のカルスの特性に関する研究（第3報）培地・培養条件がカルスの生育に及ぼす影響．園学雑．62別2:514-515.

市橋正一・樋口妙美・柴山浩子・太田弘一．2000．ファレノプシスの CO_2 吸収特性．園学雑．69別2:220.

市橋正一・都築正文・Chenna Reddy Aswath．2000．ファレノプシス類の微細繁殖法の改善．愛教大研報．49:51-56.

市橋正一・伊藤裕司・小栗達也・加藤淳太郎．2001．フローサイトメーターによるラン科植物の倍数性調査．愛教大研報．50:39-45.

市橋正一．2004．ラン類未受粉花へのオーキシン処理によるラン類の半数体作出方法及びラン類育成方法．特開2004-049163

市川泰子・市橋正一．2002．ハクサンチドリの完熟種子の無菌発芽に関する研究．園学雑．71別2．396.

稲田勝美編著．1984．光と植物生育．養賢堂．

位田晴久・橋本りつ子・田中豊秀．1995．施肥の濃度ならびに頻度がファレノプシスの生長、開花に及ぼす影響．園学雑．64別1．40-41.

井上成信．1984．生長点組織培養によるウイルス罹病 *Cymbidium* の無毒化と抗血清処理の効果．農学研究　60:123-133.

井上成信．2001．原色ランのウイルス病．農文協．

井上喜雄・樋口春三．1988．人工光（人工太陽照明灯）照射によるファレノプシスの開花誘導．園学要旨．63春:370-371.

井上喜雄・樋口春三．1989．ファレノプシスの開花誘導に及ぼす蛍光灯照射時間の影響．園学雑．58別2:550-551.

石田源次郎・坂西義洋．1974．ファレノプシスの生育開花習性と温度の影響について．園学要旨．49秋:298-299.

伊藤博孝・藤井利行・細井克敏・石黒幸雄・安藤敏夫．1994．光独立栄養培養したファレノプシス培養苗の光合成に及ぼす炭酸ガス濃度および光強度の影響．園学雑．63別1:522-523.

伊藤博孝・余郷克己・細井克敏・石黒幸雄・安藤敏夫．1995．光独立栄養培養したファレノプシス苗の光合成に及ぼす温度および日長の影響．園学雑．64別1:540-541.

梶原真二・青山幹男・吉田隆徳．1992．温度及び日長がファレノプシスの生長に及ぼす影響．園学雑．61別2:833.

梶原真二・青山幹男．1993．温度及び日長がファレノプシス苗の生長に及ぼす影響．園学雑．62別2:56-57.

加古舜治．1988．ランの繁殖と育種の現代的課題．加古舜治編著「図解ランのバイオ技術」．P.2-7．誠文堂新光社．

狩野邦雄．1976．ランの無菌発芽培養基に関する研究．P.93-152．増補・ラン科植物の種子形成と無菌培養．鳥潟博高編著．誠文堂新光社．

狩野敦・内藤雅拓・大川清．1992a．ファレノプシスの光合成特性を利用した明期長の制御技術．園学雑．61別1:460-461.

狩野敦・内藤雅拓・大川清．1992b．*Phalaenopsis* の炭酸ガス吸収パターンに及ぼす明暗期長の影響．植物工場学会講演要旨:85-86.

狩野敦・内藤雅拓・大川清．1992c．*Phalaenopsis* の炭酸ガス吸収パターンに及ぼす気温と光強度の影響．植物工場学会講演要旨:87-88.

狩野敦・内藤雅拓．2001．明暗期の気温がコチョウランの CO_2 吸収に及ぼす影響．植物工場学会誌　13:137-142.

加藤範夫・市橋正一・椴山彬彦・太田弘一．1993．ファレノプシスの栽培法に関する研究．(第1報)施肥、潅水、培地の効果．園学雑．62別2:564-565.

河瀬晃四郎．1984．ファレノプシス花茎培養における黄化処理の影響．園学要旨．59秋:368-369.

河瀬晃四郎．1987．アレノプシス花茎培養における培地組成の検討．園学要旨．62秋:556-557.

河瀬見四郎・吉岡麻里．1991．花茎えき芽培養による *Phalaenopsis* の増殖．園学雑．60別1:516-517.

木嶋利夫．1992．拮抗微生物による病害防除．農文協．

木村康夫．1991．コチョウラン大量増殖法の改良．群馬農業研究 6:33-40.

木村康夫・栗原則雄．1991．コチョウラン大量増殖法．農業および園芸 66:61-68.

金勳・市橋正一．2002．植え込み材料からのイオン放出と培養液からのイオン吸収並びにドリテノプシスの生育について．園学雑．71:434-440.

金勳・福井博一・市橋正一．2004．ドリテノプシスの生育とイオン吸収量に及ぼす培養液のイオン組成の影響．園学雑．73:280-286.

金勳・福井博一・市橋正一．2005．植込み材料と施肥潅水頻度がドリテノプシスの生育と化学組成に及ぼす影響．愛教大研報．54:67-73.

喜多晃一．半田高・Topik Hidayat・伊藤元巳・遊川知久．2005．ラン科ナゴラン亜連の系統と形質進化．4．コチョウラン属とドリティス属の再定義．園学雑．74 別 2:207.

小林光子・米内貞夫．1990．ファレノプシスの組織培養による大量増殖について．栃木農研報．37:57-70.

小林光子・小松田美津留・米内貞夫．1990．ファレノプシスの根端培養による増殖法．園学雑．59 別 2:664-665.

近藤保・鈴木四郎．1974．カンテン．近藤・鈴木編著．食品コロイド化学．P.231-241．三共出版．

古在豊樹・北宅善昭．1993．植物組織培養における環境調節．橋本・高辻・野並・高山・古在・北宅・星編著．植物種苗工場．P.103-133．川島書店．

窪田聡・深井忠進・米田和夫．1990．ファレノプシスの生育並びに養分吸収に及ぼす施肥の影響．園学雑．59 別 2:688-689.

窪田聡・米田和夫．1990．ファレノプシスの生育並びに養分吸収に及ぼす温度と施肥の影響．園学雑．59 別 1:554-555.

窪田聡・浅井重雄・米田和夫．1991．ファレノプシスの生育・開花に及ぼす窒素施与時期の影響．園学雑．60 別 2:472-473.

窪田聡・竹地京子・米田和夫．1991．ファレノプシスの生育・開花並びに養分吸収に及ぼす光強度の影響．園学雑．60 別 1:526-527.

窪田聡・米田和夫．1993a．ファレノプシスの発育と栄養状態に及ぼす光強度の影響．園学雑．62:173-179.

窪田聡・米田和夫．1993b．ファレノプシスの花成誘導前の光強度が花成誘導時の温度感応性におよぼす影響．園学雑．62:595-600.

窪田聡・加藤哲郎・米田和夫．1993．ファレノプシスの生育に及ぼす施肥ならびにミズゴケと素焼鉢の理化学性の影響．園学雑．62:601-609.

窪田聡・豊田祐二・染宮祐一・張杰煌・米田和夫．1993．ファレノプシスの炭酸ガス吸収と生育・開花に及ぼす光強度と施肥の影響．園学雑．62 別 1:378-379.

窪田聡・太田正二・米田和夫．1994．ファレノプシスの炭酸ガス吸収と生育・開花におよぼす光管理方法の影響．園学雑．63 別 1:456-457.

窪田聡・穴見隆明・吉原昭市・米田和夫．1995．ファレノプシスの花茎発生におよぼす生長調節物質の影響．園学雑．64 別 1:542-543.

楠元守・武田恭明・古川仁朗・小泉正和．2000．有機物添加培地への活性炭の添加が Phalaenopsis 原塊体の生長に及ぼす影響．園学雑．69 別 1:369.

李進才・松井鋳一郎．2001．低温処理が Cattleya と Cymbidium 葉の抗酸化酵素活性に及ぼす影響．園学雑．70:360-365.

牧野周・前忠彦．1994．C3 型植物葉の最大光合成能力と葉身窒素．化学と生　32:409-413.

三位正洋・三柴啓一郎・徳原憲．1997．コチョウランの polysomaty と倍数体の識別．育種学雑誌　47:373.

三柴啓一郎・三位正洋．1999．植物研究への応用　中内啓光監修 フローサイトメトリー自由自在．秀潤社

三吉一光．1988．難発芽性地生ランーエビネ属種子の発芽促進．加古舜治編著　図解ランのバイオ技術．P.30-35．誠文堂新光社．

三吉一光．2004．ラン科半数体植物．国際公開番号 :WO2004/032607

水谷高幸・岩田修・田中孝幸．2002．西表島に自生するナリヤラン *Arundina graminifolia* の保護を目的とした生態学的研究．P.88-91．石原俊洋・市橋正一編　あいち花フェスタ・名古屋国際蘭展記録．フラワードーム実行委員会

百瀬博文・米田和夫．1992．ファレノプシス花茎培養由来植物を利用した栄養系増殖に及ぼす BA 濃度と温度の影響．園学雑．61 別 1:458-459.

百瀬博文・米田和夫・佐々木弘康．1985．ファレノプシス花穂部切除処理が PLB 形成におよぼす影響．園学要旨．60 秋 :382-383.

百瀬博文・米田和夫・佐々木弘康．1987a．ファレノプシスの根端部の培養について．園学要旨．62 春 428-429.

百瀬博文・米田和夫・佐々木弘康．1987b．ファレノプシス花茎腋芽の節位別花茎培養について．園学要旨．62 秋 :558-559.

向山晴美・妻鹿洵子・小林豊子．1977．果汁羹のゲル化に及ぼす有機酸塩の影響．家政学雑誌　28:183-187.

長島時子．1985．第 6 章ランの種子形成と未熟種子の発芽．加古舜治編著　増補 / 園芸植物の器官と組織の培養．P.377-381．誠文堂新光社．

長島時子．1988．ランの種子形成と未熟種子の発芽能力．加古舜治編著　図解ランのバイオ技術．P.18-23．誠文堂新光社．

長島時子．1993．ラン科植物の胚発生過程と発芽との関係に関する研究．園学雑．62:581-594.

中浜信子．1966．寒天ゲルのレオロジー的研究．家政学雑誌　17:197-202.

中田耕二・渋谷紀子・安藤敏夫．1984．*Dendrobium* における類縁関係について (第 6 報) セッコクの微量要素要求性．園学要旨．59 春 :356-357.

Nhut, Duong Tan・高村武二郎・五井正憲・渡辺博之・佐藤昌孝・田中道男．2000．LED 光源の赤色 / 青色混合比がファレノプシスのクローン苗の生育に及ぼす影響．園学雑．69 別 2:218.

新居宏延・川村泰史・吉原均．2004．切れ目処理がファレノプシスの PLB 形成に及ぼす影響．園学雑．73 別 1:191.

西村悟郎・小杉清. 1972. ランの花芽分化に関する研究. (第 6 報)
Phalaenopsis の花梗伸長および開花に及ぼす温度と日長の影響. 園学要
旨. 47 春 :342-343.

小川理恵・西尾譲一. 2003. ファレノプシスの花成に及ぼす昼夜温度の影
響. 園学雑. 72 別 1:289.

大橋司郎・越智敬志・浅井以和夫・山崎美樹. 1986. ジェランガム. フー
ドケミカル 1986:61-68. 大分温熱花試・研究部. 1990. ファレノプシス
の株養成技術. 花き概要集. 大分県- 12.

太田弘一・森岡公一・山本幸男. 1991. ファレノプシスにおける CAM 型光
合成への葉齢・花序・水分・温度・光条件の影響. 園学雑. 60:125-132.

太田弘一・川居敦彦・市橋正一. 1992. ファレノプシスにおける有効な肥培
管理と CAM 型光合成に関する研究. 園学雑. 61 別 2:534-535.

坂西義洋・今西英雄. 1977. ファレノプシスの生育開花習性と温度の影響
について (第 2 報) 開花にたいする温度処理効果. 園学要旨. 昭 52
春 :336-337.

坂西義洋. 1986. ファレノプシスの花茎えき芽の発育に対する培地の糖濃度
の効果. 園学要旨. 61 秋 :402-403.

澤完. 1977. *Phalaenopsis* の開花に及ぼす Benzyladenin および Gibberellin の
影響. 園学要旨. 52 春 :338-339.

千田良信・田中道男・長谷川暁. 1974. 根の組織培養によるラン科植物の繁
殖に関する研究 (予報) *Phalaenopsis* および *Vanda* の根瑞培養による繁殖
の可能性について. 園学要旨. 49 春 360-361.

Shrestha, B. R・三位正洋. 2003. ファレノプシスのプロトプラスト培養と分
化. 育研 5 別 1:265.

下村講一郎・鎌田博. 1986. 植物組織培養における培地固化剤の役割. 植
物組織培養. 3(1): 38-41.

篠田耕三. 1974. 溶液と溶解度. 丸善.

Siahril,R.・三柴啓一郎・徳原憲・三位正洋. 2002. ファレノプシスの
embryogenic callus を用いた形質転換法の改良. 育研 4 別 2:207.

須藤憲一・篠田浩一・伊藤秀和・臼井太．1991．ファレノプシスの生育に及ぼす潅水施肥法の影響．園学雑．60 別 1:524-525.

須藤憲一．1993．ファレノプシスの炭酸ガス代謝に及ぼす光環境の影響．園学雑．62 別 1:380-381.

周天甦・田中道男．1995．ファレノプシス類の葉片培養における PLB 形成能の品種間差異について．園学雑．64 別 2:602-603.

周天甦・黒田久夫・伊藤一敏．1998．ファレノプシス類のクローン増殖における脱ウイルス化について．小林・市橋編．フラワードーム '98 あいち花フェスタ・名古屋国際蘭展記録．P.87-93.

Tanaka, R.・H. Kamemoto. 1991. 染色体リスト (その調査と染色体数)．市橋正一編集．ランの生物学 II. P.257-335. 誠文堂新光社．

田中道男・坂西義洋．1977．単茎性ラン科植物の組織培養による栄養繁殖に関する研究 (第 3 報) *Phalaenopsis* の花茎えき芽由来シュートから採取した葉片の PLB 形成に及ぼす花茎培養時の温度と培地条件の影響．園学要旨．52 秋 :354-355.

田中道男・西村芽美・五井正憲．1984．単茎性ラン科植物の組織培養による栄養繁殖に関する研究 (第 6 報) *Phalaenopsis* の葉片培養における PLB 形成能の品種間差異．園学要旨．59 秋 :366-367.

田中道男・久村宗憲・五井正憲．1985．単茎性ラン科植物の組織培養による栄養繁殖に関する研究 (第 7 報) *Phalaenopsis* の花茎培養における腋芽発育要因．園学要旨．60 秋 :380-381.

田中道男・村口浩・五井正憲．1987．単茎性ラン科植物の組織培養による栄養繁殖に関する研究 (第 8 報) *Phalaenopsis* の葉片培養により得られた植物体の花の形質．園学要旨．62 秋 :560-561.

田中道男・高橋恭一・五井正憲・東浦忠司．1990．フッ素樹脂フィルムの植物組織培養への応用 (第 7 報) 'Culture Pack'・ロックウールシステムによる洋ランの新しい種苗生産法．園学雑．59 別 1:566-567.

田中道男・西渕昇・深井誠一・五井正憲．1991．フッ素樹脂フィルムの植物組織培養への応用 (第 11 報) 'Culture Bag' を用いたファレノプシスの葉片培養における PLB 形成．園学雑．60 別 2: 524-525.

田中道男．1993．ファレノプシスの微細繁殖研究の歩み．市橋正一編著花専科※育種と栽培ファレノプシス．P.38-84．誠文堂新光社．

田中道男・石井敬子・三野勝道・深井誠一・五井正憲．1993．ファレノプシスのエンブリオジェニックカルスの誘導と増殖．園学雑．62 別 2:516-517.

田中豊秀・枡田正治・井上伸之．1985．ボラ・ピート混合土とバークの化学性または物理性の改良、および鉢の透明度がファレノプシスの生長に及ぼす影響．園学要旨．60 秋 :370-371.

田中豊秀・枡田正治・楮本亮治・茶谷正孝．1986．窒素の形態、施肥時期がファレノプシスの生長と開花に及ぼす影響並びに施肥窒素の花茎への寄与率．園学要旨．61 秋 : 410-411.

田中豊秀・井上信之．1987．ファレノプシスの生長に及ぼすリン濃度の影響．園学要旨．62 秋 : 554-555.

田中豊秀・松野孝敏・桝田正治・五味清．1988．ファレノプシスの生長と化学組成に及ぼす培養液濃度と培養土の影響．園学雑．57:78-84.

栃木農試花き部．1990．洋ランの生育習性解明による生産安定技術の確立．(2) ファレノプシスの苗における電照が生育・開花に及ぼす影響．平成元年度花き試験研究成績概要集．

富安美紀子・加藤淳太郎・中島克・伊藤裕司・小栗達也・市橋正一．2004．*Cymbidium pumilum* の第一世代交配種が形成した非還元雌性配偶子．園学雑．73:206.

筒井登．1988．ランの種子形成と共生菌．加古舜治編著　図解ランのバイオ技術．P.24-29．誠文堂新光社．

上原康雄・市橋正一．1987．培地の物理・化学性に関する基礎的研究 (第 1 報) 寒天のゲル強度に影響を及ぼす要因について．園学要旨．62 秋 :526-527.

山崎清子・加藤悦．1957．寒天調理に関する研究 (第 2 報)．家政学雑誌
　　8:242-245.

山崎清子・加藤悦．1959．寒天調理に関する研究 (第 4 報)．家政学雑誌
　　10:3-7.

梁川　正・臼井壮一．1995．プラスチック容器を用いた数種花き幼苗の簡易
　　な無菌培養について．園学雑．64 別 2:64-65.

梁川　正・山本絵美・前口良太郎．2003．殺菌剤によるプラスチック容器
　　を用いた簡便な無菌培養法によるラン類の増殖．市橋正一編．名古屋
　　国際蘭会議記録本 (NIOC2003)．P.15-18.

梁川　正・船井リマ・山本絵美・西山杏奈．2006．塩素殺菌剤を用いたラ
　　ンの簡便な in vitro クロン増殖．市橋正一編．名古屋国際蘭会議記録本
　　(NIOC2006)．P.29-34.

米田和夫・坂本立弥・佐々木弘康．1983．洋ラン類の茎頂培養に関する研究
　　Ⅲ．ファレノプシスの PLB 形成、増殖、萌芽、育苗について．日大農
　　獣医研報．40:1-13.

米田和夫・百瀬博文・佐々木弘康．1984．洋ラン類の茎頂培養に関する研
　　究．園学要旨．59 春 : 352-353.

米田和夫・上野俊士・佐々木弘康・内村忠久．1984．施肥打切り時期なら
　　びに株令の差異がファレノプシスの開花に及ぼす影響．園学要旨．59
　　秋 :350-351.

米田和夫・佐々木弘康・百瀬博文．1988．山上げ栽培に伴う生長調節物質の
　　産婦がファレノプシスの開花に及ぼす影響．園学要旨．63 秋 :538-539.

米田和夫・百瀬博文．1989．ファレノプシスの株齢と温度並びに日長が開花
　　に及ぼす影響．園学雑．58 別 2:546-547.

米田和夫・百瀬博文．1990．山上げ栽培に伴う生長調節物質の散布がファレ
　　ノプシスの開花に及ぼす影響．日大農獣医研報　47:71-74.

米田和夫・窪田聡・百瀬博文．1991．ファレノプシスの開花に及ぼす山上げ
　　前の光環境の影響．日大農獣医研報．48:1-5.

米田和夫・小森昭彦・長谷川茂人．2004．ファレノプシスの摘らい処理が花茎発生・開花に及ばす影響．園学研．3:283-286.

Ali, M. B., E.-J. Hahn and K.-Y. Paek. 2005a. Effects of temperature on oxidative stress defense systems, lipid peroxidation and lipoxygenase activity in *Phalaenopsis*. Plant Physiology and Biochemistry 43:213-223.

Ali, M. B., E.-J. Hahn and K.-Y. Paek. 2005b. Effects of light intensities on antioxl-dant enzymes and malondialdehyde content during short-term acclimatization on micropropagated *Phalaenopsis* plantlet. Environmental and Experiental Botany 54:109-120.

Amaki, W. and H. Higuchi. 1989. Effects of dividing on the growth and organogenesis of protocorm-like bodies in *Doritaenopsis*. Scientia Horticulturae 39:63-72.

Anzai, H., Y. Ishii, M. Shichinohe, K. Katsumata, C. Nojiri, H. Morikawa and M. Tanaka. 1996. Transformation of *Phalaenopsis* by particle bombardment. Plant Tissue Cult. Lett. 13:265-272.

Aoyama, M. 2001. Cytology and breeding of Epidendrums. P.75-76. In H. Nagata and S. Ichihashi, (eds). Proc. 7th Asia Pacific Orchid Conf. Nagoya, Japan.

Arditti J. 1967a. Factors affecting the germination of orchid seeds. Bot. Rev. 33:1-97.

Arditti, J. 1967b. Niacin biosynthesis in germinating x *Laeliocattleya* orchid embryo and young seedling. Amer. J. Bot. 54:291-298.

Arditti, J. 1992. Cytology. P.135-158. In J. Arditti (ed). Fundamentals of Orchid Biology. John Wiley & Sons.

Ardilti, J. and A. K. A. Ghani. 2000. Tansley review No. 110. Numerical and physical properties of orchid seeds and their biological implications. New Phytol. 145:367-421.

Arditti, J., E. A. Ball and D. M. Reisinger. 1977. Culture of flower-stalk buds:a method for vegetative propagation of *Phalaenopsis*. A. O. S. Bull. 46:236-240.

Arends, J.C. 1970. Cytological observations on genome homology in eight interspecific hybrlds of *Phalaenopsis*. Genetica 41:88-100.

Asada, K. 1999. The water-water cycle in chloroplasts: Scavenging of active oxygen and dissipation of excess photons. Annu. Rev. Plant Physiol. Plant Mol. Biol. 50:601-639.

Balarmino, M. M., and M. Mii. 2000. *Agrobacterium*-mediated genetic transformation of a *Phalaenopsis* orchid. Plant Cell Rep. 19:435-442.

Bechtold, N., J. Ellis and G. Pelletier. 1993. In planta Agrobabterium-mediated gene transfer by infiltration of adult *Arabidopsis thaliana* plants. C. R. Acad. Sci. Paris, Life Sciences 316:1194-1199

Begum, A. K. M. Tamaki, M. Tahara and S. Kako. 1994. Somatic embryogenesis in *Cymbidium* through in vitro culture of inner tissue of protocorm-like bodies. J. Japan Soc. Hort. Sci. 63:419-427.

Belarmino, M. M. and M. Mii. 2000. Agrobacterium-mediated genetic transformation of a *Phalaenopsis* orchid. Plant Cell Rep. 19:435-442.

Bowler C., M. V. Montagu and D. Inze. 1992. Superoxide dismutase and stress tolerance. Annu. Rev. Plant Physiol. 43:83-116.

Chai, M. L., C. J. Xu, K. K. Senthil, J. Y. Kim and D. H. Kim. 2002. Stable transfor-mation of protocorm-like bodies in *Phalaenopsis* orchid mediated by *Agrobacterium tumefaciens*. Scientia Hort. 96:213-224.

Chan, Y. L., K. H. Lin, Sanj aya, L. HJ. Liao, W. H. Chen and M. T. Than 2005. Gene stacking in *Phalaenopsis* orchid enhances dual tolerance to pathogen attack. Tranegenic Res. 14:279-288.

Chansean, M., A. Nakano and S. Ichihashi. 2006. Control of spiking in *Phalaenopsis* by application of mineral salts and plant growth regulator's. Bull. Aichi Univ. Edu. 55(Natural Science):39-44.

Chen, W.H., T.M. Chen, Y.M. Fu, R.M. Hsieh and W.S. Chen. 1998. Studies on somaclonal variation in Phalaenopsis. Plant Cell Report 18:7-13.

Chen, W.-S., H.-W. Chang, W.-H. Chen and Y.-S. Lin. 1997. Gibberellic acid and cytokinin affect *Phalaenopsis* flower morphology at high temperature. HortScience 32:1069-1073.

Chen, W.-S., H.-Y. Liu, Z.- H. Liu, L. Yang and W.-H. Chen. 1994. Gibberellin and temperature influence carbohydrate content and flowering in *Phalaenopsis*. Physiol. Plant. 90:391-395.

Chia, T. F.,Y. S. Chan and N. H. Chua. 1994. The firefly luciferase gene as a non-invasive reporter for Dendrobium transformation. Plant J. 6:441-446.

Dorn, E.C. and H. Kamemoto. 1962. Chromosome transmission of *Dendrobium phalaenopsis* 'Lyons Light No. 1'. A. O. S. Bull. 31:997-1006.

Endo, M. and l. Ikusima. 1997a. Effects of CO_2 enrichment by combustion of liquid petroleum gas on growth of Doritaenopsis. J. Japan. Soc. Hort. Sci. 136:163-168.

Endo, M. and 1. Ikusima. 1997b. Effects of CO_2 enrichment on yield and preservability of cut flowers in *Palaenopsis*. J. Japan. Soc. Hort. Sci. 66:169-174.

Ernst, R. 1967a. Effect of select organic nutrient additives on growth in vitro of *Phalaenopsis* seedlings. A. O. S. Bull. 36:694-704.

Ernst, R. 1967b. Effect of carbohydrate selection on the growth rate of freshly germi nated *Phalaenopsis* and *Dendrobium* seed. A. O. S. Bull. 36:1068-1073.

Ernst, R., J. Arditti and P. L. Healey. 1970. The nutrition of orchid seedling. A. O. S. Bull. 39:691-700.

Ernst, R., J. Arditti and P. L. Healey. 1971. Carbohydrate physiology of orchid seedling II. Hydrolysis and effects of oligosaccharides. Amer. J. Bot. 58:827-835.

Fujli, K., M. Kawano and S. Kako. 1999. Effects of benzyladenine and α-naphthale-neacetic acid on cell division and nuclear DNA contents in outer tissue of *Cymbidium* explants cultured in vitro. J. Japan. Soc. Hort. Sci. 68:41-48.

Fukai, S., A. Hasegawa, and M. Goi. 2002. Polysomaty in *Cymbidium*. HortScience 37:1088-1091.

George, E. F. and P. D. Sherrington. 1984. Control of pH. P.200-203. In E.F.

George and P. D. Sherrington (eds). Plant Propagation by Tissue Culture. Exegetics. Hants. England.

Goh, M. W. K., P. P. Kumar, S. H. Lim and H. T. W. Tan. 2005. Random amplified polymorphic DNA analysis of the moth orchids, *Phalaenopsis* (Epidendroideae: Orclsidaceae) Euphytica 141:11-22.

Hamner, K. C., C. B. Lyon and C. L. Hamnar. 1942. Effects of mineral nutrition on the ascorbic acid content of the tomato. Bot. Gaz. 103:580-616.

Hew, C. S. 1987. Respiration in orchid. P.227-259. In J. Arditti (ed.), Orchid Biology, Review and Perspectives. IV. Cornell University Press, Ithaca, New York.

Hiei, Y., S. Ohta, T. Komani and T. Kumashiro. 1994. Efficient transformation of rice (*Oryza sativa* L.) mediated by *Agrobacterium* and sequence analysis of the boundaries of the T-DNA. Plant J. 6:271-82.

Hiei, Y., T. Komari and T. Kubo. 1997. Transformation of rice mediated by *Agrobacterium tumefaciens.* Plant Mol. Biol. 35:205-218.

Hinnen, M. G. J, R. L. M. Pierik and F. B. F. Bronsema. 1989. The influence of macronutrients and some other factors on growth of *Phalaenopsis* hybrid seedling in vitro. Scientia Horticulturae 41:105-116.

Hirai, J., T. Oyamada and T. Takano. 1991. Effects of sugar addition or replacement of nutrients on the growth of *Cymbidium* protocorm-like bodies in liquid culture P. 60-66. In T. Kimura, S. Ichihashi, H. Nagata (eds). Proc. Nagoya lntr. Orchid Show'91. Nagoya, Japan.

Homma, Y. and T. Asasira. 1985. New means of *Phalaenopsis* propagation with internodal sections of flower sralk. J. Japan. Soc. Hort. Sci. 54:379-387.

Horsch, R.B., Fry, J., Hoffmann, N.L., Wallroth, M., Eichholtz, D., Rogers, S.G. and Fraley, R.T. 1985. A stimple and general method for transferring genes into plants. Science 227:1229-1231.

Hsu, H. F. and C. H. Yang 2002. An orchid (*Oncidium* Gower Ramsey) AP3-like MADS gene regulates floral formation and initiation. Plant Cell Physiol. 43:1198-1209.

Hsu, H. F., C. H. Huang, L. T. Chou and C. H. Yang. 2003. Ectopic expression of an orchid (*Oncidium* Gower Ramsey) AGL6-like gene promotes flowering by activating flowering time genes in *Arabidopsis thaliana*. Plant Cell Physiol. 44:783-794.

Ichihashi, S. 1978a. Studies on the media for orchid seed germination II. Jour. Japan. Soc. Hort. Sci. 46:521-529.

Ichihashi, S. 1978b. Studies on the media for orchid seed germination III. Jour. Japan. Soc. Hort. Sci. 47:524-536.

Ichihashi, S. 1979. Studies on the media for orchid seed germination IV. Jour. Japan. Soc. Hort. Sci. 48:345- 352.

Ichihashi, S. 1989. Seed germination of *Ponerorchis graminifolia*. Lindleyana 4:161-163.

Ichihashi, S. 1990. Effects of light on root formation of *Bletilla striata* seedling. Lindleyana 5:140 -143.

lchihashi, S. 1992. Micropropagation of *Phalaenopsis* through the culture of lateral buds from young flower stalks. Lindleyana 7:208-215.

Ichihashi, S. 2003. Effects of nitrogen application on leaf growth, inflorescence development and flowering in *Phalaenopsis*. Bull. Aichi Univ. Edu. 52:35-42.

Ichihashi, S. and H. Hiraiwa. 1996. Effects of solidifiers, coconut water, and carbohydrates source on growth of embryogenic callus in *Phalaenopsis* and allied genera. J. Orchid Soc. India 10:81-88.

Ichihashi, S. and M. O. Islam. 1999. Effects of complex organic additives on callus growth in three orchid genera, *Phalaenopsis*, *Doritaenopsis*, and *Neofinetia*. J. Japan. Soc. Hort. Sci. 68:269- 274.

Ichihashi, S. and M. Yamashita. 1977. Studies on the media for orchid seed germination I. J. Japan. Soc. Hort. Sci. 45:407-413.

Ichihashi, S. and S. Shigemura 2002. *Phalaenopsis* callus and protoplast culture. Proc. 17th World Orchid Confer. P.257 -261.

Intuwong, O. and Y. Sagawa.1974. Clonal propagation of *Phalaenopsis* by shoot tip cul-ture. A. O. S. Bull. 54:893- 895.

Ishida, Y., H. Saito, S. Ohta, T. Komari and T. Kumashiro. 1996. High efficiency transformation of maize (*Zea mayz* L.) mediated by *Agrobacterium tumefaciens*. Nature Biotechnol. 4:745-750.

Isii, Y., T. Takamura, M. Goi, and M. Tanaka. 1998. Callus induction and somatic embryogenesis of *Phalaenopsis*. Plant Cell Rep. 17:446-450.

Islam, M. O., S. Ichihashi and S. Matui. 1998. Control of growth and development of protocorm like body derived from callus by carbon sources in *Phalaenopsis*. Plant Bioteohnology 15:183-187.

Islam, M. O. and S. Ichihashi. 1999. Effects of sucrose, maltose and orbitol on callus growth and plantlet regeneration in *Phalaenopsis*, *Doritaenopsis*, and *Neofinetia*. J. Japan. Soc. Hort. Sci. 68:1124-1131.

Islam, M. O., A. R. M. M. Rahman, S. Matsui and A. K. M. A. Prodhan. 2003. Effects of complex organic extracts on callus growth and PLB regeneration through embryogenesis in the *Doritaenopsis* orchid. JARQ 37:229-235.

Jeon, M.-W., M. B. Ali, E.-J. Hahn and K.-Y. Paek. 2005. Effects of photon flux density on the morphology, photosynthesis and growth of a CAM orchid, *Doritaenopsis* during post-micropropagation acclimatization. Plant Growth Regulation 45:139-147.

Jeon, M.-W., M. B. Ali, E.-J. Hahn, K.-Y. Paek. 2006. Photosynthetic pigments, morphology and leaf gas exchange during ex vitro acclimatization of micropropagated CAM *Doritaenopsis* plantlets under relative humidity and air temperature. Environmental and Experimental Botany 55:183-194.

Jones, W. E. and A. R. Kuehnle. 1998. Ploidy idintification using flow cytometry in tis-sues of *Dendrobium* species and cultivars. Lindleyana 13:11-18.

Kano, K. 1965. Studies on the media for orchid seed germination. Memories Faculty Agric. Kagawa Univ. No.20.

Kao, Y.-Y, S.-B. Chang, T.-Y. Lin, C.-H. Hsieh, Y.-H. Chen, W. -H. Chen and C.-C. Chen. 2001. Differential accumulation of heterochromatin as a cause for karyotype varration In *Phalaenopsis* orchids. Annals of Botany 87:387-395.

Kataoka, K., K. Sumitomo, T. Fudano and K. Kawase. 2004. Changes in sugar content of *Phalaenopsis* leaves before floral transition. Scientia Horticulturae 102:121-132.

Keithly, J. H., and H. Yokoyama. 1990. Regulation of plant productivity I:Improved seedling vigor and floral performance of *Phalaenopsis* by 2 -(3,4-dichlorophenoxy) tri- ethylamine [DCPTA]. Plant Growth Regulation 9:19-26.

Keithly, J. H., D. P. Jones, and H. Yokoyama. 1991. Survival and growth of transplanted orchid seedlings enhanced by DCPTA. HortScience 26:1284-1286.

Kim, M. S., C. W. Morden, Y. Sagawa, J. Y. Kim. 2003. The Phylogeny of *Phalaenopsis Species*. P.41-43. Proc. Nagoya Intr. Orchid Show'03. Nagoya, Japan.

Knapp, J. E., A. P. Kausch and J. M. Chandlee. 2000. Transformation of three genera of orchid using the bar gene as a selectable marker. Plant Cell Rep. 19:893-898.

Knudson, L. 1922. Nonsymbiotic germination of orchid seeds. Bot. Gaz. 73:1-25.

Knudson, L. 1925. Physiological study of the symbiotic germination of orchid seeds. Bot. Gaz. 79:345-379.

Knudson, L. 1946. A new nutient solution for the germination of orchid seeds. A. O. S. Bull. 15:214-217.

Kobayashi, S., T. Kameya and S. Ichihashi. 1993. Plant regeneration from protoplasts derived from callus of *Phalaenopsis*. Plant Tissue Cult. Lett. 10:267-270.

Konow, E. A. and Y-T. Wang. 2001 Irradiance levels affect in vitro and greenhouse growth, flowering, and photosynthetic behavior of a hybrid *Phalaenopsis* orchid. J. Amer. Hort. Sci. 126:531-536.

Kubota, S. T. Hisamatsu, K. Ichimura and M. Koshioka. 1997. Effect of light condition and GA3 application on development of axillary bud during cooling treatment in *Phalaenopsis*. J. Japan. Soc. Hort. Sci. 66:581-585.

Kuehnle, A. R. and N. Sugii. 1992. Transformation of *Dendrobium* orchid using particle bombardment of protocorms. Plant Cell Rep. 11:484-488.

Lawson, R. H. 1995. Viruses and their control. P.74-97. In American Orchid Society (ed). Orchid Pests and Diseases. American Orchid Society.

Li, S. H., C. S. Kuoh, Y. H. Chen, H. H. Chen and W. H. Chen. 2005. Osmotic sucrose enrichment of single-cell embryogenesis and transformation efficiency in *Oncidium*. Plant Cell Tissue Organ Cult. 81:183-192.

Liao, L. J., Y. C. Pan, Y. L. Chan, Y. H. Hsu, W. H. Chen and M. T. Chan. 2004. Transgene silencing in transgenic *Phalaenopsis* expressing the coat protein of *Cymbidium* Mosaic Virus is a manifestation of RNA - mediated resistance. Mol. Breed. 13:229-242.

Liau, C. H., J. C. Lu, V. Prasad, J. T. Lee, H. H. Hsiao, S. J. You, H. E. Huang, T. Y. Feng, W. H. Chen, N. S. Yang and M. T. Chan. 2003. The sweet pepper ferredoxin-like protein (pflp) conferred resistance against soft rot disease in *Oncidium* orchid. Transgenic Res. 12:329-336.

Liau, C. H., S. J. You, V. Prasad, H. H. Hsiao, J. C. Lu, N. S. Yang and M. T. Chan. 2003. *Agrobacterium tumefaciens-mediated* transformation of an *Oncidium* orchid. Plant Cell Rep. 21:993-998.

Li m, S. H., X. Chen, S. M. Wong, Y. H. Lee, J. Kuo, T. W. Yamand J.-J. Lin. 1999. AFLP analysis of Vandaceous orchids. P.95-100. In T. Ishihara and S. Ichihashi (eds). Proc. Nagoya Intr. Orchid Show'99. Nagoya, Japan.

Lin. C.-C. 1986. In-vitro culture of flower stalk internodes of *Phalaenopsis* and *Doritaenopsis*. Lindleyana 1:158-163.

Lin, M.-J. and B.-D. Hsu. 2004. Photosynthetic plasticity of *Phalaenopsis* in response to different light environments. J. Plant Physiol. 161:1259- 1268.

Lin, S., H.-C. Lee, W.-H. Chen, C.-C. Chen, Y.-Y. Kao, Y.-M. Fu, Y.-H. Chen and T.-Y. Lin. 2001. Nuclear DNA contents of *Phalaenopsis* sp. and *Doritis pulcherrima*. J. Amer. Soc. Hort. Sci. 126:195-199.

Lugo Lugo, H. 1955. The effect of nitrogen on the germination of *Vanilla planifolia*. Amer. J. Bot. 42:679-684.

Melchers, G., M. D. Sacristan and A. A. Holder.1978. Somatic hybrid plants of pota-to and tomato regenerated from fused protoplasts. Carlsberg Res. Commun. 43, 203-218.

Men, S., X. Ming, R. Liu, C. Wei and Y. Li. 2003. *Agrobacterium*-mediated genetic transformation of a *Dendrobium* orchid. Plant Cell Tissue Organ Cult. 75:63-71.

Men, S., X. Ming, Y. Wang, R. Liu, C. Wei and Y. Li. 2003. Genetic transformation of two species of orchid by biolistic bombardment. Plant Cell Rep. 21:592-598.

Mishiba, K. and M. Muii. 2001. Increasing ploidy level in cell suspension cultures of Doritaenoposis by exogenous application of 2, 4-dichlorophenoxyacetic acid. Physiol. Plant. 112:142-148.

Mishiba, K., T. Okamoto., and M. Mii. 2001. Increasing ploidy level in cell suspension culture of *Doritaenopsis* by exogenous application of 2, 4-dichlorophenoxyacetic acid. Physiol. Plant. 112:142-148.

Mishiba, K., Chin, D. P. and M. Mii. 2005. *Agrobacterium*-mediated transformation of *Phalaenopsis* by targeting protocorms at an early stage after germination. Plant Cell Rep. 24:297-303.

Miyoshi, K. 1997. Propagation of *Cypripedium* species from seed in vitro for production, breeding and conservation. Ann. Tsukuba Bot. Gard. 16:61-67.

Murashige, T. and F. Skoog. 1962. A revised medium for rapid growth and bio assays with tobacco tissue culture. Physiologia Plantarum 15:473-497.

Nagata, T. and I. Takebe. 1970. Cell wall regeneration and cell division in isolated tobacco mesophyll protoplasts. Planta 92:301-308.

Niimi, Y. 2001. Gene transformation by using *Agrobacterium* in some orchidaceous plants. In: Proc. 7th Asia Pacific Orchid Conference. Nagoya, Japan. Pp.29-42.

Niimi, Y., L. Chen and T. Hatano. 2002. *Agrobacterium* mediated transformation of orchid plants. Proc. 17th World Orchid Conference. P.310-317. Ogawa, Y. and M.

Mii. 2001. Ti-and cryptic-plasmid-borne virulence of wild type *Agrobacterium tumefaciens* strains CNI5 isolated from chrysanthemum (Dendrantherma grandiflora, Tvelev.) Arch. Microbiol. 173:311-315.

Ogawa, Y. and M. Mii. 2004. Screening for highly active β-lactam antibiotics against *Agrobacterium tumefaciens*. Arch. Microbiol. 181:331-336.

Ogawa, Y. and M. Mii. 2005. Evaluation of twelve β-lactam antibiotics for Agrobacterium-mediated transformation through in planta antibacterial activities and Phytotoxicities. Plant Cell Rep. 23:736-743.

Ota, K., N. Yamamoto and S. Ichihashi. 1996. Effects of supplied nitrogen form and concentration on growth and CAM photosynthesis in *Phalaenopsis*. P.203-207. In R. Tanaka and H. Okubo (eds). Proc. 5th APOC. Fukuoka, Japan.

Ota, K., T. Ono and S. Ichihashi. 2001. Characteristics of CAM photosynthesis in light phase measured by O2-electrode method in *Doritaenopsis*. P.206-507. In H. Nagata And S. Ichihashi (eds). Proc. 7th APOC. Nagoya Japan.

Poole, H. A., and J. G. Seeley. 1978. Nitrogen, potassium and magnesium nutrition of three orchid genera. J. Amer. Soc. Hort. Sci. 103:485-488.

Price, G. R. and E. D. Earle. 1984. Source of orchid protoplasts for fusion experi-ments. Amer. Orchid Soc. Bull. 53:1035-1043.

Raghavan, V. 1964. Effects of certain organic nitrogen compounds on growth in vitro of seedling of *Cattleya*. Bot. Gaz. 125:260-267.

Raghavan, V. and J. G. Torrey. 1964. Inorganic nitrogen nutrition of the seedling of the orchid *Cattleya*. Amer. J. Bot. 51:264-274.

Rahman, A. R. M. M., M. O. Islam, A. K. M. A. Prodhan and S. Ichihashsi. 2004. Effects of complex organic extracts on plantlet regeneration from PLBs and plantlet growth in the *Doritaenopsis* orchid. JARQ 38:55-59.

Reisinger, D. M., E. A. Ball and J. Arditti. 1976. Clonal propagation of *Phalaenopsis* by means of flower-stalk node cultures. The Orchid Review 84:45-52.

Roter, G. 1949. A method of vegetative propagation of *Phalaenopsis* species and hybrids. A. O. S. Bull. 18:738-739.

Roter, G. B. 1959. The photoperiodic and temperature responses of orchids. P.397-417. In C. L. Withner (ed). The Orchids The Ronald Press Company. New York.

Sagawa, Y. 1961. Vegetative propagation of *Phalaenopsis* stem cutting. A. O. S. Bull. 30:808-809.

Sagawa, Y. 1990a. Orchids, other considerations. P.638-653. In P.V. Ammirato, D. A. Evans, W.R. Sharp, and Y. P. S. Bajaj (eds). Handbook of Plant Cell Culture (5), Ornamental Species. MacGraw-Hill Publishing Company, New York.

Sagawa, Y. 1990b. Biotechnology in orchids. P.46-48. In T. Kimura, S. Ichihashi, H. Nagata (eds). Proc. Nagoya Intr. Orchid Show'90. Nagoya, Japan.

Sajise, J. U., H. L. Valmayor, and Y. Sagawa Y. 1990. Some major problem in isolation and culture of orchid protoplasts. P.84-89. In T. Kimura, S. Ichihashi, H. Nagata (eds). Proc. Nagoya Intr. Orchid Show'90. Nagoya, Japan.

Sajise, J. U., and Y. Sagawa Y. 1991. Regeneration of plantlets from callus and proto-plasts of *Phalaenopsis* sp. Malaysia Orchid Bull. 5:23-28.

Sakanishi, Y., H. Imanishi and G. Ishida. 1980. Effects of temperature on growth and flowering of *Phalaenopsis amabilis*. Bull. Univ. Oosaka. Pref. 32:1-9.

Scull, R. M. 1966. Stem propagation of *Phalaenopsis*. A. O. S. Bull. 35:40-42.

Shindo, K. and H. Kamemoto. 1963. Karyotype analysis of some species of *Phalaenopsis*. Cytologia 28:390-398.

Sjahril, R. and M. Mii. 2006. High-efficiency Agrobacterium-mediated transformation of *Phalaenopsis* using meropenem, anovel antibiotic to eliminate Agrobacterium. J. Hort. Sci. Biotechnol. 81:458-464.

Sjahril, R. D. P. Chin, R. S. Khan, S. Yamamura, I. Nakamura, Y. Amemiya and M. Mii. 2006. Transgenic *Phalaenopsis* plants with resistance to *Erwinia carotavora* produced by introducing wasabi defensin gene using *Agrobacterium* method. Plant Biotechnol. 23:191-194.

Spoerl, E. 1948. Amino acid as sources of nitrogen for orchid embryo. Amer. J. Bot. 35:88-95.

Stoutarnire, W. P. 1974. Terrestrial orchid seedlings. P. 101-108. In C. L. Withner (ed.) The Orchid: Scientific Studies. J. Wiley and Sons, New York.

Su,V., B.-D. Hsu and W.-H. Chen. 2001. The photosynthetic activities of bare rooted *Phalaenopsis* during storage. Scientia Horticultuirae 87:311-318.

Suzuki, S., K. Supaibulwatana, M. Mii and M. Nakano. 2001. Production of transgenic plants of the Liliaceous ornamental plant *Agapanthus pracox* ssp. *orientalis* (Leighton) via *Agrobacterium*-mediated transformation of embryogenic calli. Plant Sci. 161:89-97.

Takano, T. and F. Kawazoe. 1973. Balanced nutrient solutions for vegetable crops determined by Homes' method of systematic variations. Sci. Rept. Fac. Agr. Meijo Univ. 9:7-15.

Tanaka, M., Y. Senda and A. Hasegawa. 1976. Plantlet formation by root-tip culture in *Phalaenopsis*. A. O. S. Bull. 45:1022-1024.

Tanaka, M.and Y. Sakanish. 1977. Clonal propagation of *Phalaenopsis* by leaf tissue Culture. A. O. S. Bull. 46:733-737.

Tanaka, M. and Y. Sakanish. 1978. Factors affecting the growth of in vitro cultured lateral buds from *Phalaenopsis* flower stalks. Scientia Horticulturae 8:169-178.

Tanaka, M. 1992. XVII Micropropagation of *Phalaenopsis* spp. P.246-268. In Y. P. S. Bajaj (ed). Biotechnology in Agriculture and Forestry, vol. 20. Sgringer-Verlarg, Berlin Heidelberg.

Tee C. S., M. Marziah, C. S. Tan, M. P. Abdullch. 2003. Evaluation of different promoters driving the GFP reporter gene and selected target tissues for particle bombardment of *Dendrobium* Sonic 17. Plant Cell Rep. 21:452-458.

Tee C. S., and M. Maziah. 2005. Optimization of biolistic bombardment par ammeters for *Dendrobium* Sonia 17 calluses using GEP and GUS as the reporter system. Plant Cell Tiss Org Cult 80:77-89.

Teo, C. K. H. and K. Neumann. 1978. The culture of protoplasts isolated from *Renantanda* Rosalind Cheok. Orchid Rev. 86:156-158.

Teo, C. K. H. and K. H. Neunann. 1978. The isolation and hybridization of protoplas-ts from orchids. Orchid Rev. 86:186-189.

Thompson, P. A. 1974. Orchid from seeds: A new basal medium. The Orchid Rev. 82:179-183.

Tokuhara, K. and M. Mii. 1993. Micropropagation of *Phalaenopsis* and *Doritaenopsis* by culturing shoot tips of flower stalk buds. Plant Cell Reports 13:7- 11.

Tokuhara, K. and M. Mii. 1998. Somaclonal variation in flower and inflorescence axis in micropropagated plants through flower stalk bud culture of *Phalaenopsis* and *Doritaenepsis*. Plant Biotechnology 15:23-28.

Tokuhara, K. and M. Mii. 2001. Induction of embryogenic callus and cell suspension cultures from shoot tips excised from flower stalk buds of *Phalaenopsis* (Orchidaceae). In Vitro Cell. Dev. Biol.-Plant 37:457- 461.

Tokuhara, K. and M. Mii. 2003. Highly-efficient somatic embiyogenesis from cell suspension cultures of *Phalaenopsis* by adjusting carbohydrate source. In Vitro Cell. Dev. Biol.-Plant 39:635-639.

Tsai, C. C., S. C. Huang and C. H. Chou. 2006. Molecular phylogeny of *Phalaenopsis* Blume (Orchidacaae) based on the internal transcribed spacer of the nuclear riboso- mal DNA. Pl. Syst. Evol. 256:1-16.

Tsai, W. C. S. Kuoh, M. H. Chuang, W. H. Chen and H. H. Chen. 2004. Four DEP-like MADS box genes displayed distinct floral morphogenetic roles in *Phalaenopsis* orchid. Plant Cell Physiol. 45:831-844.

Tsai, W. C., P. F. Lee, H. I. Chen, Y. Y. Hsiao, W. J. Wei, Z. J. Pan, M. H. Chuang, C. S. Kuoh, W. H. Chen and H. H. Chen. 2005. PeMADS6, a GLOBOSA/PISTILLA-TA-like gene in *Pahalaenopsis equestris* involved in petaloid formation, and correlated with flower longevity and ovary development. Plant Cell Physiol. 46:1125- 1139.

Tse, A. T.-Y, R. J. Smith and W. P. Hackett. 1971. Adventitious shoot formation on *Phalaenopsis* nodes. A. O. S. Bull. 40:807-810.

Tsukamoto, Y. K. Kano and T. Katsuura. 1963. Instant media for orchid seed germi-Nation. A. O. S. Bull. 32:354-355.

Tsukazaki, H., M. Mii., K. Tokuhara, and K. Ishikawa. 2000. Cryopreservation of *Doritaenopsis* suspension culture by vitrification. Plant Cell Rep. 19:1160-1164.

Vajrabhaya, T. 1977. Variation in clonal propagation. P. 176-201. In J. Arditti ed. 'Orchid Biology. Reviews and Perspectives, I.

Wang, W.-Y., W.-S. Chen, W.-H. Chen, L.-S. Hung and P.-S. Chang. 2002. Influence of abscisic acid on flowering in *Phalaenopsis* hybrida. Plant Physiol. Biochem. 40:97-100.

Wang, Y.-T. 1995. *Phalaenopsis* orchid light requirement during the induction of spiking. HortScience 30:59-61.

Wang, Y. -T. 1996. Effects of six fertilizers on vegetative growth and flowering of *phalaenopsis* orchid. Scientia Horticulturae 65:191-197.

Wang, Y. -T. 1998. Deferring flowering of greenhouse-grown *Phalaenopsis* orchids by alternating dark and light. J. Amer. Soc. Hort. Sci. 123:56-60.

Wang, W.-Y., W.- S. Chen, K.-L. Huang, L.-S. Hung, W.-H. Chen and W.-R. Su. 2003. The effects of daylength on protein synthesis and flowering in *Doritis pulcherrima*. Scientia Horticulturae 97:49-56.

Wimber, D. E., S. Watrous and A. J. Mollahan. 1987. Colchicine induced polyploidy in orchid. P.65-69. In:Saito, K. and R. Tanaka (eds). Proc. 12th World Orchid Conf. Tokyo, Japan.

Withner C. L. 1959a. Orchid physiology. P.319-360. In C. L. Withner (ed.) The Orchid. Ronald Press, N.Y.

Withner C. L. 1959b. Orchid culture media and nutrient solution. P.589-599. In C. L. Withner (ed.) The Orchid. Ronald press, N.Y.

Yam, T.-W., R. Ernst, J. Arditti and S. Ichihashi. 1991. The effects of complex additives and 6 -(y, y-dimethylallylamino)-purine on the proliferation of *Phalaenopsis* protocorms. Lindleyana 6:24-26.

Yanagawa, T., M. Nagai, T. Ogino and M. Maeguchi. 1995. Application of disinfection to orchid seeds, plantlet and media as a means to prevent in vitro contamination. Lindleyana 10:33-36.

Yanagawa, T. 2001. Simple sterile culture for orchid seeds, PLBs and plantlets by direct application of chlorine disinfectants. P.98. In H. Nagata and S. Ichihashi (eds). Proceedings of APOC7. Nagoya.

Yang, J., H. J. Lee, D. H. Shin, S. K. Oh, J. H. Seon, K. Y. Paek and K. H. Han. 1999. Genetic transformation of *Cymbidium* orchid by particle bombardment. Plant Cell Rep. 18:978-984.

Yasugi, S. 1984. Shortening the period from pollination to getting seedlings by ovule or ovary culture in *Doritis pulcherrima*. J. Japan. Soc. Hort. Sci. 53:52-58.

Yasugi, S. 1989. Isolation and culture of orchid protoplasts. In:Y.P.S. Bajaj. (ed.), Biotechnology in Agriculture and Forestry. Vol 8. Plant Protoplasts and Genetic Engineering I. Springer-Verlag, Berlin, Heidelberg. P.235-253.

You, S. J. C.H.Liau, H. E. Huang, T. Y. Peng, V. Prasad, H. H. Hsiao, J. C. Lu and M. T. Chan. 2003. Sweet pepper ferredoxin-like protein (pflp) gene as a novel selec- tion marker for orchid transformation. Planta 217:60-65.

Yu, H. and C. J. Goh. 2000. Identification of three orchid MADS-box genes of the AP1/AGL9 subfamily during floral transition. Plant Physiol. 123:1325-1336.

Yu, H., S. H. Yang and C. J. Goh. 2000. DOH1, a class 1 knox gene, is required for maintenance of the basic plant architecture and floral transition in orchid. Plant Cell 12:2143-2159.

Yu, H., S. H. Yang and C. J. Goh. 2001. Agrobacterium-mediated transformation of a *Dendrobium* orchid with the class 1 knox gene DOH1. Plant Cell Rep. 20:301-305.

Yu, H., S. H. Yang and C. J. Goh. 2002. Spatial and temporal expression of the orchid floral homeotic gene DOMADS1 is mediated by its upstream regulatory regions. Plant Mol. Biol. 49:225-237.

Yu, Z., M. Chen, L. Nie, H. Lu, X. Ming, H. Zheng, L. J. Qu end Z. Chen. 1999. Recovery of transgenic orchid plants with hygromycin selection by particle bombard-ment to protocorms. Plant Cell Tissue Organ Cult. 58:87-92.

國家圖書館出版品預行編目資料

實用花卉園藝技術蝴蝶蘭栽培和生產／市橋正
一，三位正洋著；邱永正等譯. -- 初版. --
臺北市：五南，2020.06
　　面；　　公分

1.蘭花 2.栽培

435.4312　　　　　　　　　109001026

5N24

實用花卉園藝技術──
蝴蝶蘭栽培與生產

作　　　者 ― 市橋正一、三位正洋
譯　　　者 ― 邱永正、許世炫、沈榮壽、徐善德、蔡婿婷
　　　　　　 陳彥銘
審　　　訂 ― 陳福旗
發 行 人 ― 楊榮川
總 經 理 ― 楊士清
總 編 輯 ― 楊秀麗
主　　　編 ― 李貴年
責任編輯 ― 何富珊
封面設計 ― 王麗娟
出 版 者 ― 五南圖書出版股份有限公司
地　　　址：106台北市大安區和平東路二段339號4樓
電　　　話：(02)2705-5066　　傳　　　真：(02)2706-6100
網　　　址：http://www.wunan.com.tw
電子郵件：wunan@wunan.com.tw
劃撥帳號：01068953
戶　　　名：五南圖書出版股份有限公司
法律顧問　林勝安律師事務所　林勝安律師
出版日期　2020年6月初版一刷
定　　　價　新臺幣520元

經典永恆・名著常在

五十週年的獻禮 —— 經典名著文庫

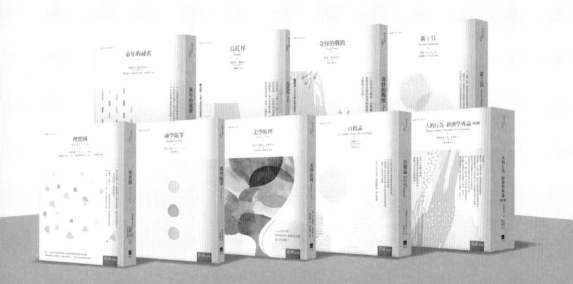

五南，五十年了，半個世紀，人生旅程的一大半，走過來了。

思索著，邁向百年的未來歷程，能為知識界、文化學術界作些什麼？

在速食文化的生態下，有什麼值得讓人雋永品味的？

歷代經典・當今名著，經過時間的洗禮，千錘百鍊，流傳至今，光芒耀人；

不僅使我們能領悟前人的智慧，同時也增深加廣我們思考的深度與視野。

我們決心投入巨資，有計畫的系統梳選，成立「經典名著文庫」，

希望收入古今中外思想性的、充滿睿智與獨見的經典、名著。

這是一項理想性的、永續性的巨大出版工程。

不在意讀者的眾寡，只考慮它的學術價值，力求完整展現先哲思想的軌跡；

為知識界開啟一片智慧之窗，營造一座百花綻放的世界文明公園，

任君遨遊、取菁吸蜜、嘉惠學子！